职业技术教育发电与供电专业特色教材

电站电气系统原理与维修

主 编 刘谊露
副主编 姚晓山
参 编 朱子梁 杨 光 胡 亮
　　　　王 凡 陈 贺 杨明擘
主 审 张友荣

国防工业出版社

·北京·

内容简介

本书紧贴电站装置保障工作的实际需求，坚持理论与实际、典型与普遍、传承与创新相结合的原则，主要介绍柴油发电机组（移动电站）电气系统的基础知识，特别是在康明斯电站等新型电站装备上应用的电子调速、发电机参数监控、柴油机参数监控、全自动并联运行等新技术、新器件方面，结合实际案例和维修经验对常见故障和维修方法进行较系统的阐述和分析。

本书可以作为发电与供电等相关专业的电气课程配套教材，也可供相关的工程技术人员参考。

图书在版编目（CIP）数据

电站电气系统原理与维修/刘谊露主编．—北京：国防工业出版社，2024.5
ISBN 978-7-118-13188-8

Ⅰ.①电… Ⅱ.①刘… Ⅲ.①发电厂—电气设备—运行②发电厂—电气设备—维修 Ⅳ.①TM62

中国国家版本馆 CIP 数据核字（2024）第 073975 号

※

国防工业出版社出版发行
（北京市海淀区紫竹院南路23号　邮政编码100048）
北京富博印刷有限公司印刷
新华书店经售

*

开本 787×1092　1/16　印张 20　字数 456 千字
2024年5月第1版第1次印刷　印数 1—2000 册　定价 68.00 元

（本书如有印装错误，我社负责调换）

国防书店：(010)88540777　　书店传真：(010)88540776
发行业务：(010)88540717　　发行传真：(010)88540762

前　言

移动电站是独立的中小型发电设备，一般作为重要负载的备用电源，是电网供电的有效补充。书中的电站特指柴油发电机组，也就是往复式内燃机驱动的交流发电机组，由于它具有机动灵活、供电快捷和可靠性高等特点，因此广泛应用于国民经济和军事领域。

近年来，柴油发电机组电气系统呈现快速发展的趋势，维修保障的难度也随之增加。但是市面上关于电站电气系统的技术资料过于简单，并且相关图纸可读性差，导致一线技术人员缺少系统、实用的学习资料，制约了维修能力的形成和提升。本书既可以满足发电与供电专业电气课程的教学需求，也可以供移动电站技术保障人员参考和培训使用。

本书紧贴电站装备保障工作的实际需求，坚持理论与实际、典型与普遍、传承与创新相结合的原则，在介绍常用仪表、低压电器和发电机基本知识的基础上，主要介绍同步发电机、配电线路和各类控制模块结构原理，特别是在新型电站装备上应用的电子调速、发电机参数监控、自动并联运行等新器件、新技术方面，结合实际案例和维修经验对其常见故障和维修方法进行了较系统的阐述和分析。

本书编写人员主要来自空军预警学院雷达士官学校，刘谊露主编，姚晓山副主编，张友荣教授主审。本书共分7章和附录：第1章由杨光编写；第2、5章由刘谊露编写；第3章由姚晓山编写；第4章由朱子梁编写；第6章主要由胡亮和中国人民解放军93253部队陈贺工程师提供了典型案例，并编写了第6章部分内容；第7章由王凡编写；附录由杨明擘编写。刘谊露、姚晓山负责全书统稿工作，朱子梁、杨明擘参与本书的绘图工作。在教材的编写过程中，空军预警学院亓迎川教授、陆军工程大学军械士官学校张凌教授等提出了宝贵意见，江西清华泰豪三波电机有限公司等单位给予了支持，在此一并致谢！

由于作者水平有限，书中难免会有错漏和不妥，敬请读者批评指正。

作者

2023年6月

目 录

第1章 常用仪表 ... 1

1.1 指示仪表 ... 1
1.1.1 电流表 ... 1
1.1.2 电压表 ... 3
1.1.3 频率表 ... 4
1.1.4 功率表 ... 4
1.1.5 功率因数表 ... 6
1.1.6 同步表 ... 7

1.2 测量仪表 ... 8
1.2.1 万用表 ... 8
1.2.2 兆欧表 ... 15
1.2.3 接地电阻测试仪 ... 18
1.2.4 钳形电流表 ... 24
1.2.5 直流平衡电桥 ... 25
1.2.6 电枢检验仪 ... 29

思考题 ... 29

第2章 低压器件 ... 31

2.1 按钮及低压开关 ... 31
2.1.1 控制按钮 ... 31
2.1.2 组合开关 ... 32
2.1.3 低压断路器 ... 33
2.1.4 双电源自动切换空气开关 ... 36

2.2 继电器 ... 38
2.2.1 时间继电器 ... 38
2.2.2 热继电器 ... 41
2.2.3 交流接触器 ... 42

2.3 变压器和互感器 ... 43
2.3.1 变压器 ... 43

2.3.2　互感器 …………………………………………………………………… 46
2.4　其他低压器件 …………………………………………………………………… 48
　　2.4.1　熔断器 …………………………………………………………………… 48
　　2.4.2　计时器 …………………………………………………………………… 49
　　2.4.3　无功补偿电容器 ………………………………………………………… 49
　　2.4.4　避雷器 …………………………………………………………………… 51
　　2.4.5　中线电抗器 ……………………………………………………………… 54
思考题 …………………………………………………………………………………… 54

第3章　交流同步发电机 …………………………………………………………… 55

3.1　交流同步发电机的基本原理和结构 …………………………………………… 55
　　3.1.1　交流同步发电机的基本原理 …………………………………………… 55
　　3.1.2　交流同步发电机的基本形式 …………………………………………… 61
　　3.1.3　交流同步发电机与柴油机的连接 ……………………………………… 63
　　3.1.4　交流同步发电机的结构 ………………………………………………… 63
3.2　交流同步发电机的电枢反应及基本特性 ……………………………………… 69
　　3.2.1　电枢反应 ………………………………………………………………… 70
　　3.2.2　基本特性 ………………………………………………………………… 72
3.3　交流同步发电机的励磁系统 …………………………………………………… 73
　　3.3.1　励磁系统的组成 ………………………………………………………… 73
　　3.3.2　励磁系统的分类 ………………………………………………………… 74
　　3.3.3　典型励磁系统 …………………………………………………………… 79
3.4　交流同步发电机的并联运行 …………………………………………………… 80
　　3.4.1　并联运行的条件 ………………………………………………………… 81
　　3.4.2　并联运行的方法 ………………………………………………………… 82
3.5　交流同步发电机的额定参数 …………………………………………………… 85
3.6　交流同步发电机的维护保养 …………………………………………………… 87
　　3.6.1　交流同步发电机的拆卸 ………………………………………………… 87
　　3.6.2　交流同步发电机的检查维护 …………………………………………… 90
　　3.6.3　交流同步发电机的装配 ………………………………………………… 93
思考题 …………………………………………………………………………………… 93

第4章　自动控制器件 ……………………………………………………………… 94

4.1　励磁调节器 ……………………………………………………………………… 94
　　4.1.1　DTW5型励磁调节器 …………………………………………………… 94
　　4.1.2　SE350型励磁调节器 …………………………………………………… 98
　　4.1.3　R448型励磁调节器 …………………………………………………… 101
　　4.1.4　MX321型励磁调节器 ………………………………………………… 106
　　4.1.5　SX440型励磁调节器 ………………………………………………… 112

4.1.6　Ⅲ540型励磁调节器 …………………………………… 116
4.2　发电机监控器 …………………………………………………… 118
4.2.1　MP-40J型发电机综合监控器 …………………………… 118
4.2.2　RT409-JK型发电机综合监控器 ………………………… 122
4.2.3　过欠压保护板 …………………………………………… 126
4.2.4　逆功率保护模块 ………………………………………… 129
4.3　自动同步控制器 ………………………………………………… 132
4.3.1　结构与功能 ……………………………………………… 132
4.3.2　系统设置与工作过程 …………………………………… 134
4.3.3　常见故障 ………………………………………………… 136
4.4　自动负荷分配器 ………………………………………………… 137
4.4.1　结构与功能 ……………………………………………… 137
4.4.2　系统设置与工作过程 …………………………………… 139
4.4.3　常见故障 ………………………………………………… 142
4.5　柴油机传感器 …………………………………………………… 142
4.5.1　机油压力传感器 ………………………………………… 143
4.5.2　温度传感器 ……………………………………………… 144
4.5.3　转速传感器 ……………………………………………… 145
4.5.4　燃油液位传感器 ………………………………………… 146
4.6　柴油机控制器 …………………………………………………… 147
4.6.1　30TP-2型柴油发动机控制器 …………………………… 147
4.6.2　S2001型柴油机监控仪 ………………………………… 152
4.6.3　MP-30J型柴油机监控器 ………………………………… 155
4.6.4　超速保护板 ……………………………………………… 161
4.7　柴油机转速控制器及执行器 …………………………………… 162
4.7.1　ESD5500E型转速控制器 ………………………………… 162
4.7.2　C1000A型转速控制器 …………………………………… 166
4.7.3　康明斯转速控制器 ……………………………………… 170
4.7.4　电磁执行器 ……………………………………………… 172
4.8　柴油机低温启动与预热装置 …………………………………… 173
4.8.1　循环冷却液加热系统 …………………………………… 174
4.8.2　进气加热装置 …………………………………………… 174
4.8.3　机油加热装置 …………………………………………… 175
4.8.4　喷注冷启动液装置 ……………………………………… 176
4.8.5　低温蓄电池 ……………………………………………… 177
4.8.6　蓄电池自动充电器 ……………………………………… 177
4.9　柴油发电机组控制器 …………………………………………… 178
4.9.1　HGM6110K型柴油发电机组控制器 …………………… 178
4.9.2　IL-NT-MRS16 LT型发电机组控制器 ………………… 189

思考题 198

第5章 典型电站控制电路 199

5.1 75GF-W6-3925.4型电站电路 199
5.1.1 SB-W6-75型三相无刷同步发电机的导线连接关系 199
5.1.2 P50.25.25型控制屏 200

5.2 120GF-W6-2126.4f型电站电路 208
5.2.1 SB-W6-120型三相无刷同步发电机的导线连接关系 208
5.2.2 P52.28.26a型控制屏 208

5.3 120GF-H615-03C型电站电路 219
5.3.1 LSG35S6型三相无刷同步发电机的导线连接关系 219
5.3.2 PF161型控制屏 220

5.4 200GC-A型自动化电站电路 230
5.4.1 自动化电站的基本构成及功用 230
5.4.2 斯坦福UCDI274K13型同步发电机 232
5.4.3 机旁控制屏 234
5.4.4 主控制柜、并机控制柜和ATS切换配电柜 239

思考题 251

第6章 电站电气故障的检修 252

6.1 发电机电路故障的检修 252
6.1.1 电压不能建立或突然消失 252
6.1.2 电压表指示的电压过低 254
6.1.3 电压表指示的电压过高 255
6.1.4 电压表指示的电压不稳 255
6.1.5 没有电能输出或三相电不平衡 256

6.2 柴油机电路故障的检修 257
6.2.1 机组不能启动 257
6.2.2 启动后起动机不能及时与飞轮脱开 258
6.2.3 机组转速过低 259
6.2.4 机组突然停机 259
6.2.5 机组不能停机 259
6.2.6 TP表可能显示的其他故障 259

思考题 260

第7章 电站电气安全 261

7.1 安全用电措施 261
7.1.1 电气安全的有关概念 261
7.1.2 安全用电的一般措施 263

  7.1.3 怎样安全用电 ·· 266
 7.2 触电救护 ··· 266
  7.2.1 脱离电源 ·· 266
  7.2.2 触电伤员脱离电源后的急救处理 ··· 267
  7.2.3 人工呼吸法 ·· 267
  7.2.4 胸外按压心脏的人工循环法 ·· 268
 7.3 电站的接地与接零保护装置 ·· 269
  7.3.1 电站供电系统触电的可能性 ·· 269
  7.3.2 接地和接零保护的要求 ·· 272
 思考题 ··· 274

附录1 半导体基础知识 ·· 275

附录2 TP型柴油发动机控制器 ··· 282

附录3 HF4-14-40型控制屏电路原理图 ··· 287

附录4 HF4-81-75c型控制屏电路原理图 ··· 288

附录5 PF3-24型控制屏电路原理图 ·· 289

附录6 P15.25.25c型控制屏电路原理图 ·· 290

附录7 P20-120LB2型控制屏电路原理图 ··· 291

附录8 30GF2-1型控制屏电路原理图 ·· 292

附录9 30GF2-2型控制屏电路原理图 ·· 293

附录10 64GF2型控制屏电路原理图 ·· 294

附录11 P52.28.26a型控制屏交流电路原理图(断路器带失压脱扣器) ·············· 295

附录12 P52.28.26a型控制屏直流电路原理图(进口TP表) ··························· 296

附录13 P50.25.25型控制屏电路接线图 ·· 297

附录14 P50.25.25型控制屏电路原理图 ·· 298

附录15　P52.28.26a 型控制屏电路接线图 …………………………………………… 299

附录16　P52.28.26a 型控制屏电路(交流部分)原理图 ………………………………… 300

附录17　P52.28.26a 型控制屏电路(直流部分)原理图 ………………………………… 301

附录18　PF161 型控制屏电路(直流部分)原理图 …………………………………… 302

附录19　PF161 型控制屏电路(交流部分)原理图 …………………………………… 303

附录20　主控制柜、并联控制柜电路原理图 ………………………………………… 304

附录21　ATS 切换控制柜电路原理图 ………………………………………………… 305

附录22　ATS 切换及配电柜输出控制电路原理图 …………………………………… 306

参考文献 …………………………………………………………………………………… 307

第1章 常用仪表

1.1 指示仪表

测量电气参数(如电压、电流、频率及功率等)的指示仪表称为电气测量指示仪表,通常简称为指示仪表。指示仪表结构简单,工作稳定,可靠性比较高。指示仪表的种类很多,主要有以下几种分类:

(1)按工作原理分类,主要有磁电式、电磁式、电动式、感应式、静电式、整流式等;

(2)按被测量的名称(单位)分类,可分为电流表、电压表、频率表、功率表、功率因数表、欧姆表、电能表、同步表、高阻表等;

(3)按工作电流分类,主要有直流表、交流表、交直流两用表;

(4)按使用方式分类,主要有安装式、便携式等;

(5)按工作位置分类,主要有水平使用和垂直使用。

指示仪表的主要作用是将被测量(如电压、电流、功率等)变换成仪表活动部分的偏转角位移,通常由测量机构和测量线路两个部分组成。测量机构是指示仪表的核心部分,分为活动部分和固定部分,主要作用是产生转动力矩、反作用力矩和阻尼力矩。测量线路用于将被测量变换成测量机构可以直接测量的电磁量。

1.1.1 电流表

电流表用于测量电路中的电流值。电流表按所测电流性质分为直流电流表、交流电流表和交直流两用电流表,就其测量范围又有微安表(μA)、毫安表(mA)和安培表(A)之分。还有一种检测电流有无的电流表,即检流计,主要用于接地电阻测量仪和电桥中。常用的电流表有磁电式和电磁式两种形式。

1. 电流的测量

电流表在测量电流时要串联在电路中。为了使电流表的接入不致影响电路的原始状态,电流表的内阻抗要尽可能小,或者说,电流表的内阻抗与负载阻抗相比要小很多。因此,如果不慎将电流表并联在负载两端,就有可能将电流表烧毁。

1)直流电流的测量

直流电流的测量一般采用磁电式电流表,测量时电流必须从仪表的正极流入,负极流出(仪表接线端的"+""-"极端标记),如图1-1(a)所示。

磁电式仪表的灵敏度高,其游丝和线圈导线的截面积都很小,不能直接测量较大的电流,为此常用一个电阻与磁电式仪表并联,以扩大其量程,并联电阻为分流电阻和分流器,起分流作用,如图1-1(b)所示。电站控制屏中的充电电流表就是直流电流表。

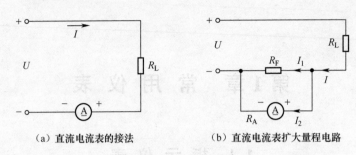

(a) 直流电流表的接法　　(b) 直流电流表扩大量程电路

图 1-1　直流电流的测量

2) 交流电流的测量

交流电流的测量一般采用电磁式电流表。由于电磁式仪表的被测电流通过固定线圈，只要加大固定线圈的导线截面积，就可以通过大电流，因此电磁式电流表的量程可以做得较大，最大可以达到 200A，其接法如图 1-2(a) 所示。大于 200A 的电流可以通过电流互感器扩大交流电流表的量程，尤其是高压线路中的电流，安全起见，必须采用电流互感器进行测量，如图 1-2(b) 所示。

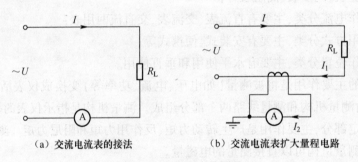

(a) 交流电流表的接法　　(b) 交流电流表扩大量程电路

图 1-2　交流电流的测量

电站控制屏中电流表的量程均为 5A(二次侧电流)，只要改变电流互感器的电流比(变流比)，就可测出不同的负载电流(一次侧电流)。如一只电流比为 600A/5A 的电流互感器与一只 5A 的电流表配套使用，当测出二次侧电流为 2A 时，则可知一次侧电流为 240A，这样就实现了交流电流表量程的扩大。通常情况下，电流互感器的电流比和电流表的应该相同。

2. 电流表的使用

因电流有交流、直流之分，在用电流表指示电流时，应注意以下几个方面。

(1) 明确电流的性质。若被测电流是直流电，则使用直流电流表；若被测电流是交流电，则使用交流电流表。

(2) 必须将电流表串联在被测电路中，由于电流表具有一定内阻抗，串入电流表后，总的等效电阻有所增加，使实际测得的电流值小于被测电流值。为减小这种误差，要求电流表内阻抗越小越好。由于电流表内阻抗很小，故严禁将电流表并联在负载 R_L 的两端，否则有可能将电流表烧毁。

(3) 直流电流表应注意极性连接正确。连接直流电流表时，应使电流从标有"+"的接线端子流入，从标有"-"的接线端子流出。

(4) 注意电流表量程范围。若测量值超过量程，则有可能导致电流表烧毁。

电站控制屏中常用的交流电流表主要有 62T51、81T2、6L2 和 YM80L1 等型号。

1.1.2 电压表

电压表用来测量电路中的电压值。按所测电压的性质分为直流电压表、交流电压表和交直流两用电压表。就其测量范围,又有毫伏表(mV)、伏特表(V)之分。常用的电压表有磁电式、电磁式和电动式3种形式。

1. 电压的测量

电压表测量电压时要并联在电路中。为了使电压表的接入不至于影响电路的原始状态,电压表的内阻抗要尽可能大,或者说,电压表的内阻抗与负载阻抗相比要大很多。

1)直流电压的测量

直流电压的测量一般采用磁电式,测量时仪表接线端的正、负极要分别和被测电压的正、负极相连,如图1-3(a)所示。测量较大电压时,可与一个电阻串联,以扩大其量程,串联电阻为分压器,起分压作用,如图1-3(b)所示。

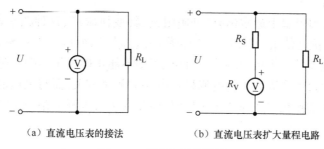

(a) 直流电压表的接法　　　　(b) 直流电压表扩大量程电路

图 1-3　直流电压的测量

2)交流电压的测量

交流电压的测量可以采用电磁式或电动式,前者主要用于安装式仪表,后者主要用于便携式仪表,二者的量程都可以做得较大,最大可以达到600V,其接法如图1-4(a)所示。高于600V的电压应该通过电压互感器进行测量。电压互感器的作用:一是扩大表头量程;二是将主电路与测量电路进行隔离,尤其是高压线路中的电压测量,安全起见,必须采用电压互感器进行测量,如图1-4(b)所示。

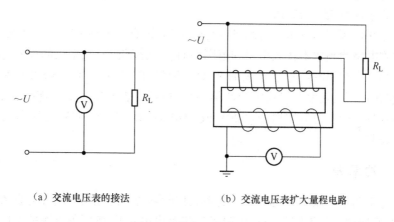

(a) 交流电压表的接法　　　　(b) 交流电压表扩大量程电路

图 1-4　交流电压的测量

2. 电压表的使用

电压有交流电压、直流电压,以及大小之分,在使用中应注意以下几点。

(1) 明确电压的性质,选择对应的交流或直流电压表进行测量。

(2) 电压表应并联在负载两端,由于电压表具有一定的内阻,并入电路后使负载两端的等效电阻下降,从而使实际测得的电压值比负载两端的真实电压略低。为了减小这种误差,就要求电压表的内阻尽可能大。

(3) 注意直流电压表的正、负极性连接正确。

(4) 注意电压表量程范围。若测量值超过量程,可能导致仪表损坏。

电站控制屏中常用的交流电压表主要有62T51、81T2、6L2 和 YM80L1 等型号。

1.1.3　频率表

频率表用来测量电路中的频率值。按所测频率的范围可分为工频(50Hz)频率表和中频(400Hz)频率表。常用的频率表有磁电式、电磁式、电动式和铁磁电动式比率表等。

1. 频率的测量

早期频率表的刻度盘上通常标有"外附阻抗器(变换器)",这种频率表应与阻抗器(Z)或频率变换器(P)配套使用,其接线方式如图1-5(a)、(b)所示。图1-5(a)所示的频率表,接线时必须与阻抗器的三个接线端一一对应,否则不能正确显示频率。阻抗器和频率变换器的功能就是使流过频率表表头的电流只与电路的频率有关,而与电压的大小无关。目前广泛采用的频率表的接线方法与电压表相同,即并联接入被测电路中,其接线如图1-5(c)所示。

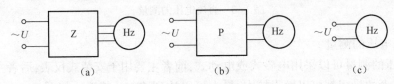

图 1-5　频率表的接线

2. 频率表的使用

(1) 注意测量频率的范围,即确认工频还是中频,其中工频频率表的量程为 45~55Hz,中频频率表的量程为 350~450Hz。

(2) 注意测量频率的电压。若测量值超过量程,则有可能导致频率表烧毁。

(3) 被测电路的频率不在频率表的范围内时,一般情况下,频率表的指针会满偏。

电站控制屏中常用的频率表主要有 62T51、81L2、81T2、6L2 和 YM80L1 等型号。前两种频率表应与阻抗器、频率变换器配套使用;后三种频率表直接与电源连接,在使用中应根据频率表刻度盘上标明的额定电压(220V 或 380V)接线,标有 380V 的频率表通常情况下直接与电压表并联。

1.1.4　功率表

功率表用来测量电路中的功率值。功率表按所测功率的性质不同分为直流功率表和交流功率表,按所测功率的不同分为有功功率表和无功功率表,按所测电源的不同分为单相功率表和三相功率表。就其测量范围,又有瓦特表(W)和千瓦表(kW)之分。常用的功率表主要为电动式。电站控制屏中采用的是三相交流有功功率表。

1. 功率的测量

直流电路中,功率是被测电路电压和电流的乘积($P=UI$);单相交流电路中,功率是被测电路电压、电流,以及电压和电流之间相位差的余弦,即功率因数的乘积($P=UI\cos\varphi$)。

如图1-6所示,功率表中的可动线圈与附加电阻 R 串联后接入被测电路反映电压,固定线圈串联接入被测电路中反映电流。

显然,通过固定线圈的电流就是被测电路的电流,所以通常固定线圈称为电流线圈;可动线圈两端的电压就是被测电路两端的电压,所以通常可动线圈称为电压线圈。

图1-6(a)所示的电压线圈前接方式适用于负载电阻比功率表电流线圈电阻大得多的情况。图1-6(b)所示的电压线圈后接方式适用于负载电阻比功率表电压线圈支路电阻小得多的情况。

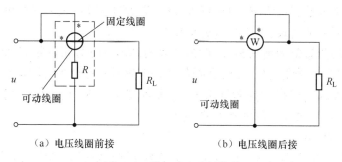

图1-6 单相功率表的接线

图1-7是三相交流有功功率表的接线图。电站控制屏采用较多的是图1-7(a)所示的由功率变换器(PB)和表头(kW)两个部分组成的功率表,以及图1-7(b)所示的功率变换器和表头组合在一起的功率表。

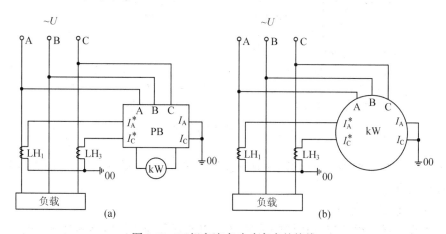

图1-7 三相交流有功功率表的接线

2. 功率表的使用

(1) 正确选择量程。在选择功率表的量程时,不仅要注意其功率量程是否足够,还要注意仪表的电流量程以及电压量程是否与被测功率的电流和电压相适应。

（2）正确接线。功率表的接线必须遵守"发电机端"原则（守则），即不带电流互感器时，功率表上标有"＊"的电流端钮必须接至电源端，而另一端接至负载端；功率表上标有"＊"的电压端接电流端钮的任一端。电路中有电流互感器时，功率表上标有"＊"的电流端接电流互感器出线端，而另一端接至电流互感器的接地端；功率表上标有"＊"的电压端接发电机的输出端。

（3）注意电流比。功率表的电流比应与电流互感器的电流比相同。

电站控制屏中常用的功率表主要有81T2、6L2和YM80L1等型号，通常与功率变换器配套使用。

1.1.5 功率因数表

功率因数表用来测量交流电路中的功率因数值，即交流电路中电压和电流之间的相位差的余弦值。功率因数表按所测电源的不同分为单相功率因数表和三相功率因数表。常用的功率因数表主要有电动式、电磁式和变换器式。

功率因数表的测量范围是 0.5～1～0.5，该表的"零点"在标尺的中间，即 $\cos\varphi = 1.0$。当指针顺时针偏转时，即刻度尺 1～0.5，表明负载是电感性（阻感性），即电流滞后电压，对应于刻度盘上的"滞后"；当指针逆时针偏转时，即刻度尺 0.5～1，表明负载是电容性（阻容性），即电流超前电压，对应于刻度盘上的"超前"。

1. 功率因数的测量

如图 1-8 所示，功率因数表中的两个可动线圈分别与电感 L 和附加电阻 R 串联后与电源相并联，两个固定线圈串联接入被测电路中用来反映电流。与功率表相同，固定线圈称为电流线圈，可动线圈称为电压线圈，其接线也分为电压线圈前接和电压线圈后接两种。

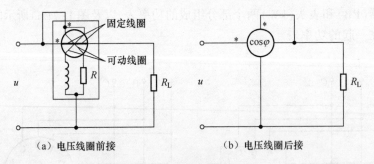

(a) 电压线圈前接　　　　(b) 电压线圈后接

图 1-8　功率因数表的接线

图 1-9 是三相电路中功率因数表的接线图，目前电站控制屏中的功率因数表采用的大多是这种接线方式。

2. 功率因数表的使用

（1）正确选择量程，即功率因数表的电压和电流量程与被测电路的电压和电流相适应，电站控制屏中的功率因数表的电压和电流量程通常是 380V/5A。

（2）正确接线。一方面，应按照"发电机端"原则进行接线；另一方面，在三相电路中还应注意相序关系，即接 B、C 相电压时，必须接 A 相电流；接 A、C 相电压时，必须接 B 相

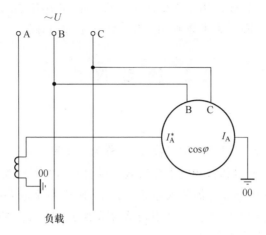

图 1-9　三相电路中功率因数表的接线

电流。

电站控制屏中常用的功率因数表主要有 6L2 和 YM80L1 等型号。

1.1.6　同步表

同步表主要用来观察将要并联供电的两部电站(机组)电压的相位是否相同,电站控制屏中 6L2 型同步表的接线如图 1-10 所示。

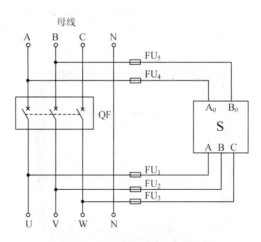

图 1-10　6L2 型同步表的接线图

两部电站并联向负载供电必须具备 5 个条件:输出电压幅值相同、相位相同、频率相同、波形相同、三相电的相序相同。波形和相序两个条件可事先人工使之满足,在并机时只要观察前 3 个条件即可。电压和频率这两个条件可以利用电压表和频率表来观察,而电压的相位是否相同就是通过同步表来观察的。

同步表(图 1-10 中代号为 S)A_0 端、B_0 端连接在母线的火线 A、B,A、B、C 端分别接待并电站的火线 U、V、W。当母线上有电,且待并电站发电后,仪表指针会左右来回摆动,摆动频率越低,说明待并电站与母线越接近同步。相位相同时,同步表的指针满偏。6L2 型同步表仪表刻度盘右上侧的指示灯通常用于观察待并电站相序(相序正确时亮)。

电站控制屏中常用的同步表主要有 6L2 和 YM80L1 等型号。

1.2　测　量　仪　表

1.2.1　万用表

万用表是一种多功能、多量程的测量仪表,又称为三用表。一般万用表可以测量直流电压、直流电流、交流电压、电阻和音频电平等参数。目前使用的万用表还可测量交流电流、电容、电感及晶体管共发射极直流电流放大系数 h_{FE} 等。随着数字电路的推广,数字式万用表已大量运用于电工、电子行业的测量。万用表结构紧凑、用途广泛、携带和测量方便,在电气维修和调试工作中得到广泛的应用。

1. 指针式万用表

指针式万用表通常由面板、表头和表盘、测量线路及转换开关 4 个部分组成,下面以 MF47 型指针式万用表为例介绍。

1) 基本结构

(1) 面板结构及测量范围。MF47 型万用表面板如图 1-11 所示。面板上部是表头指针、表盘。表盘上有 6 条标度尺。刻度盘下方正中是机械调零旋钮。机械调零旋钮下方是转换开关、零欧姆调整旋钮和各种功能的插孔。转换开关位于面板下部正中,周围标有该万用表测量功能及其量程。转换开关左上角是测 PNP 型和 NPN 型三极管插孔;左下角标有"+""-"或"COM"的插孔,分别为红、黑表笔插孔。转换开关右上角为零欧姆调整旋钮。它的右下角从上到下分别是 2500V 交、直流电压和 10A 直流电流测量专用红表笔插孔。

图 1-11　MF47 型万用表面板图

(2) 表头与表盘。

① 表头。表头是一只高灵敏度的磁电式直流电流表,有"万用表心脏"之称。万用表主要指标基本上取决于表头性能。表头性能参数较多,这里介绍最常用的灵敏度和内阻。

表头灵敏度是指表头指针满刻度偏转时,流过表头线圈的直流电流值,即表头满偏电流。这个值越小,灵敏度越高。常用表头的满偏电流为十几微安到几百微安,高档万用表可达到几微安。表头内阻指表头线圈的直流电阻,这个阻值越高,内阻越大。常用表头内阻在数百欧至20kΩ之间。

表头满偏电流越小、内阻越大,即表头灵敏度越高,万用表性能越好。

② 表盘。表盘除了有与各种测量项目相对应的6条标度尺外,还附有各种符号。正确识读标度尺和理解表盘符号、字母、数字的含义是使用和维修万用表的基础。

表盘标度尺刻度有均匀和不均匀两种;如直流电压、直流电流和交流电压共用标度尺是均匀的;如电阻、晶体管共发射极直流电流放大系数 h_{FE}、电容及音频电平标度尺等是不均匀的,其形状如图1-12所示。

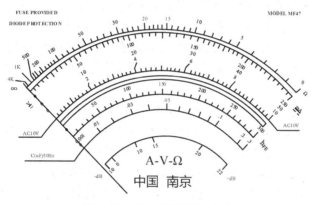

图1-12　MF47型万用表表盘

(3) 测量线路。万用表仅用一只表头就能测量多种电量,且每种电量具有多种量程,是通过对表头内测量线路的变换,使被测量变换成所能测量的直流电流。因此,测量线路是万用表的主要环节。

测量线路是由多量程的直流电流表、直流电压表、整流式交流电压表和欧姆表等的测量线路组合而成,通过拨动转换开关来选择所需的测量项目和量程。

(4) 转换开关。万用表的转换开关多采用多刀多掷开关。万用表的多刀多掷转换开关由多个固定触点和活动触点构成。当活动触点与某一个、两个或三个固定触点接触时,就可以接通它们所控制的测量线路,完成一定的测量功能。活动触点称为"刀",固定触点称为"位"。所以万用表转换开关由多刀和多位组成。

2) MF47型万用表标度尺的读法

如前面所述,MF47型万用表有6条标度尺,分别代表了各自的测量项目。其上面又用不同的数字及单位标示出相应项目的不同量程。

在均匀标度尺上读取数据时,如遇到指针停留在两条刻度线之间的某个位置,应将两刻度线之间的距离等分后再估读一个数据。

在欧姆标度尺上只有一组数字,为测量电阻专用。转换开关选择 $R \times 1$ 挡时,应在标度尺上直接读取数据。在选择其他挡位时,应乘以相应倍率。例如:选择 $R \times 1k$ 挡时,就要对已读取的数据乘以 1k,即 1000。这里要指出的是,欧姆标度尺的刻度是不均匀的,当指针停留在两条刻度线之间的某位置时,估读数据要根据左边和右边刻度缩小或扩大趋势进行估计,尽量减小读数误差。

3) 指针式万用表的选择和使用注意事项

通常应根据所要求测量的项目和精确度以及经济许可来选择万用表。在经济许可的条件下,应根据以下原则选择:灵敏度高(灵敏度高的万用表,使用时测量误差小);电压、电流挡的基本误差小;表头的倾斜误差小(倾斜误差的检查是把万用表竖立放置和向左右侧倾斜 45°放置时,表头指针偏离零点位置应不超过标度尺弧长的 ±1%,这种偏离越小越好);测量的项目多,量程范围大;表盘大;转换开关质量良好;有过载保护等。

万用表使用十分频繁,必须学会正确使用万用表,并养成良好的操作习惯。对万用表的使用一般应注意以下几点。

(1) 使用前要进行机械调零。将万用表水平放置,检查指针是否指零位,若不在零位,应调整机械调零旋钮,使指针对准刻度盘的零位。否则,测量结果不准确。

还应检查表笔位置是否正确,红表笔应接在标有"+"号的接线柱上;黑表笔应接在标有"-"或"COM"的接线柱上。测量高压时,应将红表笔插在交、直流 2500V 的高压测量端钮接线柱上,黑表笔不动。

(2) 测量前,要根据被测电量的项目和大小,把转换开关拨到合适的位置。量程的选择,应尽量使表头指针偏转到刻度尺满刻度偏转的 2/3 左右。如果事先无法估计被测量的大小,可以在测量中从最大量程挡逐渐减小到合适的挡。

(3) 测量时,要根据选好的测量项目和量程挡,明确应在哪一条标度尺上读数,并应清楚标度尺上一个小格代表多大数值。读数时眼睛应位于指针正上方。对有弧形反射镜的表盘,当看到指针与镜中像重合时,读数最准确。一般情况下,除了应读出整数值外,还要根据指针的位置再估计读取一位小数。

(4) 测量完毕,应将转换开关拨到关闭位置或最高交流电压挡,防止下次测量时不慎损坏表头。

4) 指针式万用表的基本使用方法

前面比较详细地介绍了指针式万用表的结构和使用注意事项。下面介绍指针式万用表测量交、直流电压、直流电流、电阻等的使用方法。

(1) 交流电压的测量方法和注意事项。

① 测量前,必须将转换开关拨到对应的交流电压量程挡。如果误用直流电压挡,表头指针会不动或略微抖动;如果误用直流电流挡或电阻挡,轻则打弯指针,重则烧坏表头,这是很难修复的。

② 测量时,将表笔并联在被测电路中或被测元器件两端。

③ 严禁在测量中拨动转换开关选择量程,在测量较高电压时更是如此,这样可以避免电弧烧坏转换开关触点。

④ 测电压时,要养成单手操作的习惯。特别是测高电压时,用高压测试棒更应如此,即预先把一支表笔固定在被测电路公共接地端(若表笔带鳄鱼夹,则更方便),单手拿另一

支表笔进行测量。

⑤ 表盘上交流电压标度尺是按照正弦交流电的有效值来刻度的。如果被测电量不是正弦量(如锯齿波、方波等),则误差会很大,这时的测量数据只能作参考。

⑥ 表盘上大多数都标明了使用频率范围,一般为 45~1000Hz,如果被测交流电压频率超过了这个范围,则测量误差仍会增大,这时的数据也只能作参考。

(2) 直流电压的测量方法与注意事项。直流电压的测量方法和注意事项与测量交流电压基本相同,下面只介绍不同之处。

① 注意正确选择测量项目,如果误选了交流电压挡,则读数可能偏高,也可能为零(与万用表接法有关);如果误选了电流挡或电阻挡,仍然会造成打弯指针或烧毁表头的后果。

② 测量前,必须注意表笔的正、负极性,将红表笔接被测电路或元器件的高电位端,黑表笔接被测电路或元器件的低电位端。若表笔接反了,表头指针会反向偏转,容易撞弯指针。

如果事先不知道被测点电位的高低,可将任意一支表笔先接触被测电路或元器件的任意一端,另一支表笔轻轻地试触一下另一被测端。若表头指针向右(顺时针)偏转,则说明表笔极性接法正确;若表头指针向左(逆时针)偏转,则说明表笔极性接反了,交换表笔即可。

(3) 直流电流的测量方法与注意事项。

① 万用表必须串联到被测电路中,且必须先断开电路再串入万用表。如果将置于电流挡的万用表误与负载并联,因它的内阻很小,会造成短路,导致电路和仪表被烧毁。

② 必须注意表笔的正负极性,即红表笔接电路断口高电位端,黑表笔接低电位端。如果事前不能判断断口处电位的高低,则可以参照直流电压的测量与注意事项进行。

③ 测量前,将转换开关拨到直流电流挡的适当量程,严禁在测量过程中拨动转换开关选择量程,以免损坏转换开关触点,同时也可以避免误拨到过小量程挡而撞弯指针或烧毁表头。

(4) 电阻的测量方法与注意事项。用万用表欧姆挡测电阻时,必须注意以下几点。

① 每换一次倍率挡,必须重新进行一次欧姆调零。

② 不允许带电测量电阻,因为测量电阻的欧姆挡是由干电池供电的,带电测量相当于外加一个电压,不但会使测量结果不准确,而且有可能烧坏表头。

③ 不允许用万用表的电阻挡直接测量微安表表头和检流计等的内阻,否则可能会损坏被测设备,而且测量值不准确。

④ 不能用两只手拿住表笔的金属部分测电阻,否则会将身体的电阻并接在被测电阻两端,引起测量误差。

⑤ 用指针式万用表电阻挡判断二极管极性时,表笔的极性与内部电池极性正好相反。

⑥ 用万用表电阻挡测量晶体管参数时,应选择电池电压低的高倍率挡,如 $R\times100$ 或 $R\times1k$ 挡进行测量。因为晶体管所能承受的电压较低且允许通过的电流较小,所以这样选择就可以避开最高倍率挡的高电压和低倍率挡的大电流。

⑦ 测量完毕后,将转换开关旋至交流电压最高挡或空挡。这样可以防止转换开关放在欧姆挡时表笔短路,长期消耗电池。更重要的是,防止在下次测量时,忘记拨挡即去测量电压,从而烧坏万用表。

⑧ 在检测热敏电阻时,应注意由于电流的热效应会改变热敏电阻的阻值,这种测量读数只供参考。

2. 数字式万用表

数字式万用表的核心是数字电压表,在此基础上配以具有多种测量功能的电路,就构成了数字式万用表。常用的数字式万用表可以测量直流电压、交流电压、直流电流、交流电流、电阻、电导、晶体管共发射极直流电流放大倍数 h_{FE}、电容等。有的数字式万用表还可以用于测量频率、温度、50Hz 的方波输出以及用于检查线路通断的蜂鸣器等。下面以 VC9804A$^+$ 型数字式万用表为例介绍。

VC980 系列数字式万用表是性能稳定、可靠性高且具有高度防震的多功能、多量程测量仪表。它可以用于测量交流电压、直流电压、交流电流、直流电流、电阻、电容、二极管、晶体管、音频信号频率等。

虽然万用表的型号繁多,但其面板布局大同小异,所含内容基本相同。图 1-13 是 VC9804A$^+$ 型数字式万用表的面板图。

图 1-13　VC9804A$^+$ 型数字式万用表的面板图

1) 基本结构

(1) 电源开关(POWER)。按下 POWER 按钮时,电源接通,仪表即可使用。测量完毕后再按下 POWER 按钮,断开电源,以免损耗电池。

(2) 显示屏。仪表具有自动调零和自动显示极性功能。如果被测电压为负,显示值的前面出现"-"。当电池电压低于一定值时,显示屏左上方显示低电压指示符号。超量程时显示屏左侧显示"1"或"-1",由被测电压的极性而定,小数点由量程开关进行同步控制,使其左移或者右移。

(3)"VΩHz""COM"插孔。"VΩHz"孔插入红表笔,"COM"插入黑表笔。在测量电压、检查二极管及检查线路通断时,应记住此时红表笔为正,黑表笔为负,这与指针式万用表电阻挡的极性正好相反,在用其测量有极性的元器件时,要特别注意。

(4)"mA"插孔。测量毫安级电流(200mA以下)时,将红表笔插入此插孔。

(5)"20A"插孔。测量大电流(20A以下)时,将红表笔插入此插孔。

(6)"$C_X h_{FE}$"插孔。测量电容时,将被测电容器的两个管脚插入外接连接器对应的孔内;测量晶体管直流放大系数h_{FE}时,将被测晶体管的3个管脚插入外接连接器对应的e、c、b孔内(需在中间两个插孔插入外接插座)。

(7)转换开关。转换开关是为选择不同的测量项目及量程而设置的。根据测量内容及量程大小,将其转换至所需位置即可。

2)基本使用方法

(1)使用前的检查与注意事项。

① 按下POWER按钮时,显示屏应有数字或符号显示。若显示屏出现低电压符号,应立即更换内置的9V电池。

注意:该仪表停止使用或停留在一个挡位时间超出30min时,电源将自动切断,使仪表进入停止工作状态。若要重新开启电源,应重复按动POWER按钮两次。

② 表笔插孔旁的警示符号表示测量时输入电流、电压不得超过量程规定值,否则将损坏内部测量线路。

③ 测量前转换开关应置于所需量程。测量交、直流电压,交、直流电流时,若不知被测数值的高低,可将转换开关置于最大量程挡,在测量中按需要逐步下降。

④ 若显示屏左侧显示"1",表示量程选择偏小,转换开关应置于更高量程。

⑤ 在高电压线路上测量电流、电压时,应注意人身安全。

(2)电压测量。将红表笔插入"VΩHz"插孔内,将转换开关旋转至合理的挡位(应注意被测电压是交流还是直流)。测量时把两表笔(可不分正负)并联在待测电压的两点上,在显示屏上即可读出被测电压数值。若红表笔接被测电压的负极,则显示屏所显示的数字带负号。

注意事项:

① 不同的量程,测量精度也不相同。不要用高量程挡去测量小电压,那将会产生较大的误差。

② 如果事先不知道被测电压的大小,应先将转换开关旋至最高量程挡试测一次,然后根据实际情况选择合适的量程。

③ 如果在测量时,显示屏显示"1",说明被测电压已超出所选量程,此时应改换更高的量程进行测量。

④ 该表不得用于测量高于1000V的直流电压。

⑤ 该仪表不得用于测量高于700V的交流电压。

(3)电流测量。将红表笔插入"mA"或"20A"插孔,根据合理选择直流挡位及量程,再把数字式万用表串联接入被测电路中,显示屏上即可显示出被测量的数值。

注意事项:

① 当被测电流源的内阻很低时,应尽量选用较高的电流量程,提高测量的准确度。

② 通常"20A"插孔未设置保护,因此要求测量大电流的时间不得超过 10~15s,以免表内的锰铜丝电阻发热后使其电阻值发生改变,影响读数的准确性。

③ 禁止在测量 0.5A 以上的大电流时旋转转换开关,以免产生电弧,烧坏开关触点。

④ 如果测量时显示屏显示"1",说明被测电流值已超出所选量程,此时应该换为更高的量程进行测量。

(4) 电阻的测量。将黑表笔插入"COM"插孔,红表笔插入"VΩHz"插孔(红表笔极性为"+")。将转换开关置于"Ω"范围适当量程。仪表与被测电阻并联。

注意事项:

① 所测电阻值不乘倍率,直接按所选量程及单位读数。

② 测量大于 1MΩ 电阻时,通常情况下要几秒钟后读数才能稳定。

③ 表笔开路状态,显示为"1"。

④ 严禁带电测量电阻,电路中有电容时必须先放电。

⑤ 用 200Ω 电阻挡测量低电阻时,应首先将两支表笔短路,测出两支表笔的引线电阻,一般为 0.1~0.3Ω,每次测量完毕需把测量结果减去此值才是实际电阻值。对于 2kΩ~200MΩ 挡,此引线电阻可以忽略不计。

(5) 电容的测量。将转换开关置于"F"范围合适量程。将待测电容两管脚插入"C_X h_{FE}"插孔(不用表笔)即可读数。

注意:

① 测量大容量电容时,应先对电容进行放电处理,再测量。测量时,通常情况下需要一定的时间读数才能稳定。

② 仪表内部对电容挡已设置保护电路,在电容测量过程中,不必考虑电容极性和充放电。

(6) 二极管测试及带蜂鸣器连续测试。将黑表笔插入"COM"插孔,红表笔插入"VΩHz"插孔(红表笔极性为"+")。将转换开关先后置于二极管和蜂鸣器位置。红表笔接二极管正极,黑表笔接其负极即可测二极管正向压降近似值。将表笔接于待测电路两点,若待测电路电阻值小于 70Ω,蜂鸣器将发声。

(7) 晶体管 h_{FE} 的测试。将转换开关置于 h_{FE} 位置。将已知 PNP 型或 NPN 型晶体管的 3 个管脚分别插入仪表面板右上方对应插孔,显示屏将显示出 h_{FE} 近似值。

注意事项:

① 使用"h_{FE}"插孔测量晶体管电流放大系数时,管子的 3 个极和选择的挡位(PNP 或 NPN)均不得有误。

② 设计"h_{FE}"挡时未考虑穿透电流 I_{CEO} 的影响,当测量穿透电流较大的锗管时显示屏上显示的值会比用晶体管测试仪测出的典型值偏高 20%~30%。

(8) TEST 挡的作用。TEST 挡用于识别火线和零线,相当于试电笔。使用时,黑、红表笔分别插入"COM""VΩHz"插孔,黑表笔接地,红表笔接被测线路,显示屏左侧显示"1"时,该线路为火线。本挡只能检测 AC110~380V 的火线。

数字式万用表除以上介绍的基本使用功能外,还有其他扩展功能,需要在实践中不断总结。

另外,数字式万用表一般具有比较完善的保护功能,过载能力强。使用中只要不超过规定的极限指标,即使出现误操作(如用电阻挡去测量220V交流电压),一般也不会损坏仪表内部的大规模集成电路。但是,任何保护电路都不可能做到万无一失,一旦保护电路出现故障,就会使保护功能失效,所以应力求避免误操作。特别注意的是,数字式万用表切不可处于强电、磁场周围,否则会损坏欧姆挡。

1.2.2 兆欧表

由于绝缘材料因发热、受潮、污染、老化等原因而使其绝缘电阻值降低导致损坏,造成漏电或发生短路等事故,因此电气设备和供电线路的绝缘是否良好,关系到设备能否正常运行和操作人员的人身安全。设备检查修复后,判断其绝缘性能是否达到规定的要求,必须对绝缘电阻进行测量。因此,兆欧表在电气设备安装、检修和试验中应用十分广泛。

各种设备的绝缘电阻都有具体要求,一般来说,绝缘电阻越大,绝缘性能越好。由于绝缘电阻很大,因此仪表标尺分度用"兆欧"作单位,称为兆欧表。

兆欧表又称绝缘电阻表、摇表、高阻计等,是一种测量电气设备及电路绝缘电阻的仪表,ZC25-3型兆欧表的外形如图1-14所示。

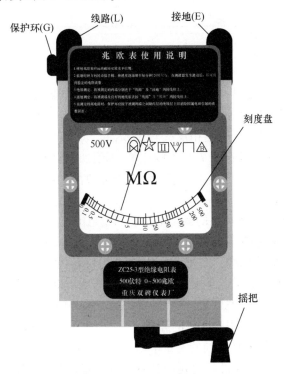

图1-14 ZC25-3型兆欧表外形

1. 结构特点

常见的兆欧表由比率型磁电式测量机构和手摇发电机两部分构成。比率型磁电式测量机构是一种特殊形式的磁电式测量机构,其结构虽然有几种,但它们的基本结构都相似。其固定部分由永久磁铁、磁极(极掌)和开口圆柱形铁芯组成。由于其中一个磁极的形状比较特殊,使铁芯与磁极间气隙不等,所以在气隙中的磁场是不均匀的,这是和一般磁电式测量机构不同的地方。可动部分由呈丁字形交叉放置的线圈1和线圈2与转轴固定在一起组成。由于没有产生反作用力矩的游丝，所以测量机构在不通电时，其指针可以停留在任意位置。两动圈的电流均采用柔软的细金属丝(简称为导丝)引入。

兆欧表的手摇发电机多为永磁发电机，能产生 500V、1000V、2000V 或 2500V 等直流电压。一般发电机还设置有离心调整装置，当手柄摇动速度过快时也能保持转子恒速。

2. 工作原理

兆欧表的工作原理如图 1-15 所示。

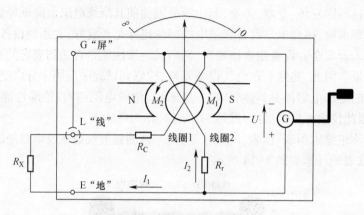

图 1-15　兆欧表的工作原理

与兆欧表表针相连的有两个线圈，线圈 1 与表内附加电阻 R_C 和被测电阻 R_X 串联，线圈 2 与表内附加电阻 R_r 串联，然后一起接到手摇发电机上。当手摇发电机时，两个线圈同时有电流 I_1、I_2 流过，在两个线圈上产生相反的转矩 M_1 和 M_2，表针就随两个合成转矩的大小偏转某一角度，这个偏转角度取决于 I_1 与 I_2 的比值，因附加电阻 R_r 是不变的，所以 I_2 的大小也是不变的，因此电流 I_1 与 I_2 的比值决定于待测电阻 R_X 的大小。

3. 兆欧表的选用

兆欧表的选用，主要是选择它的额定电压和测量范围。

兆欧表的额定电压是指手摇发电机的开路电压。兆欧表的常用规格有 250V、500V、1000V、2500V 和 5000V 等挡级。一般高压电气设备和电路的检测需要使用电压高的兆欧表。而低压电气设备和电路的检测使用电压低一点的就可以了。通常 500V 以下的电气设备和线路选用 500~1000V 的兆欧表，而瓷瓶、母线、刀闸等应选 2500V 以上的兆欧表。额定电压为 400V 的发电机一般选用 500V 的兆欧表。

各种型号的兆欧表除了有不同的额定电压外，还有不同的测量范围。兆欧表测量范围的选用原则：不要使测量范围过多地超出被测绝缘电阻的数值，以免读数时产生较大的误差。此外，有的兆欧表，其标尺不是从零开始，而是从 1MΩ 或 2MΩ 开始，此时就不宜用来测量低绝缘电阻。

4. 使用方法

兆欧表在使用时，若接线和操作不正确，不仅影响测量结果，甚至可能危及人身和设备的安全。因此，必须正确掌握其使用方法。其接线如图 1-16 所示。

兆欧表使用前的准备工作，如下：

(1) 检查兆欧表是否能正常工作。使用兆欧表前，应检查兆欧表是否能正常工作，即先

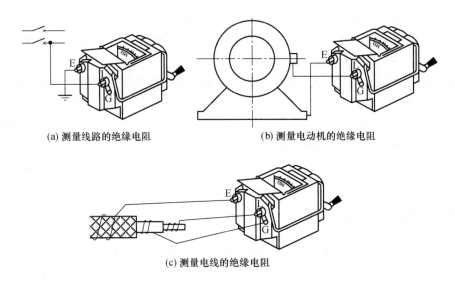

图 1-16 兆欧表与被测绝缘电阻的连接

将兆欧表端钮"线"和"地"开路,摇动发电机手柄达到其额定转速,观察指针是否指向"∞";然后将"线"和"地"端钮短接,缓慢摇动手柄,观察指针是否指向"0"。若指针指示有误,应调试修理后方可使用。

注意:在摇动手柄时不得让"线"和"地"短接时间过长,否则将损坏兆欧表。

(2) 检查被测电气设备和电路,确认是否已全部切断电源。绝对不允许设备和线路带电时用兆欧表去测量。

(3) 测量前,应对设备和线路先行放电,以免设备或线路的电容放电危及人身安全和损坏兆欧表,这样还可以减少测量误差,同时注意将被测试点擦拭干净。

(4) 对于晶体管、集成电路等弱电电路,应与测量电路断开,以免测试过程中将元件击穿。

兆欧表的使用步骤,如下:

(1) 兆欧表必须水平放置于平稳牢固的地方,以免在摇动时因抖动和倾斜产生测量误差。

(2) 接线必须正确无误。兆欧表有 3 个接线柱,即"线"(L)、"地"(E)和"屏"(G)。测量时,"L"端与被测设备的导体部分相接;"E"端与被测设备的外壳或其他导体部分相接;"G"端与被测设备上保护环或其他不需测量的部分相接,用以屏蔽表面电流,如图 1-16(c)所示。"L""E"和"G"与被测物的连接必须用单根线,绝缘良好,不得绞合,表面不得与被测物体接触。

(3) 绝缘电阻随着测量时间的长短而不同,一般采用 1min 以后的读数为准,遇到电容量特别大的被测设备时,可以等到指针稳定不变时再读取。具体操作如下:摇动手柄的转速要均匀,一般规定为 120r/min,允许有 ±20% 的变化,最多不得超过 ±25%。通常都要摇动 1min 后,待指针稳定下来再读数。如被测电路中有电容,先持续摇动一段时间,让兆欧表对电容充电,指针稳定后再读数,测完后先拆掉接线,再停止摇动。若测量中发现指针指零,应立即停止摇动手柄。

(4) 测量完毕,应对设备充分放电,否则容易引起触电事故。

(5) 禁止在雷电时或附近有高压导体的设备上测量绝缘电阻。只有在设备不带电又不可能受其他电源感应而带电的情况下才可以测量。

(6) 兆欧表未停止转动以前,切勿用手去触及设备的测量部分或兆欧表接线柱。拆线时也不可以直接触及引线的裸露部分;在兆欧表没有停止转动、被测设备没有放电之前,切不可用手触及被测设备的测量部分并进行拆线的工作。在做完具有大电容的设备的测量时,必须先将被测物体对地短路放电后再停止兆欧表的转动并拆线。

(7) 兆欧表应定期校验。校验方法是直接测量有确定值的标准电阻,检查其测量误差是否在允许范围内。

1.2.3 接地电阻测试仪

在高大建筑物或高压输电铁架上,都装有接地的避雷装置,以避免大气雷电袭击。电气设备通常也要求将设备的金属外壳、框架进行接地,以避免设备漏电危及人身安全。这些接地装置必须接地可靠。测量和检测各种接地装置的接地电阻的专用仪器称为接地电阻测试仪,或称接地电阻测量仪,也称为接地摇表,主要有指针式和钳形两种。

1. 指针式接地电阻测试仪

常用的指针式接地电阻测试仪有 ZC8 型和 ZC29 型。ZC29 型接地电阻测试仪有两种量程:一种是 0~1~10~100,另一种是 0~1~100~1000。它们都带有两根探测针,其中一根为电位探测针,另一根为电流探测针。

1) 使用方法

指针式接地电阻测试仪是按补偿法的原理制成的。下面以 ZC29B-2 型为例介绍接地电阻测试仪的使用。其外形如图 1-17 所示,测量时的接线如图 1-18 所示。

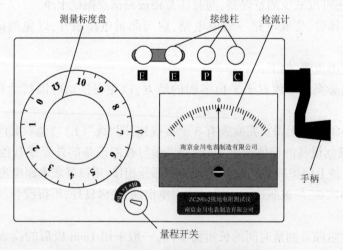

图 1-17 ZC29B-2 型接地电阻测试仪外形

测量前,首先将两根探测针分别插入地中,使被测接地极 E′、电位探测针 P′和电流探测针 C′三点在一条直线上,当被测接地电极为管状时 E′至 P′的距离为 20m,E′至 C′的距离为 40m。然后用专用线分别将 E′、P′和 C′接到仪表相应的端钮 E、P、C 上。它们的距离随被测

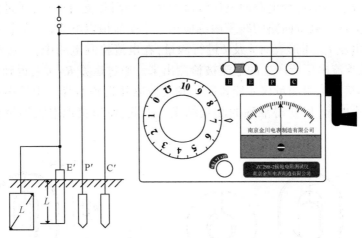

图 1-18 ZC29B-2 型接地电阻测试仪的接线

接地电极的大小形状而异,应符合表 1-1 所列的规定。测量时,需进行量程的选择并调节测量标度盘。先把仪表放在水平位置,用调零螺丝进行调零,使检流计的指针指在零刻度上,然后把量程开关置于×10 挡,慢慢转动发电机的手柄,同时调整测量标度盘,使检流计指针指向零刻度。当指针接近零刻度时,加快发电机手柄的转速,使其达到 120r/min,再调整测量标度盘,使指针位于零刻度上。如果测量标度盘的读数小于 1,则应将量程置于较小的挡位,再重新调整测量标度盘,以得到正确的读数。当检流计指针完全平衡在零刻度上以后,用测量标度盘的读数乘以量程值,即为所测的接地电阻值。

表 1-1 E′、P′和 C′的距离与被测接地电极的大小形状的关系

接地电极形状		E′、P′的距离	P′、C′的距离
管状	$L \leq 4m$	$\geq 20m$	$\geq 20m$
板状	$L > 4m$	$\geq 5L$	$\geq 40m$
沿地面成带状或网状	$L > 4m$	$\geq 5L$	$\geq 40m$

2)使用注意事项

使用接地电阻测试仪时,应注意以下两点:

(1)当检流计的灵敏度过高时,可将电位探测针 P′插入土中浅一些;当检流计的灵敏度不够时,可在电位探测针 P′和电流探测针 C′周围注水使其湿润。

(2)测量时,接地线路要与被保护的设备断开,以便得到准确的测量数据。

2. 钳形接地电阻测量仪

钳形接地电阻测量仪是按电压电流法的原理制成的,因此又称为电压电流法接地电阻测量仪,其外形如图 1-19 所示。钳形接地电阻测量仪测量接地电阻时方便、快捷,它不需辅助探测针,只需张开钳口,往被测接地线上一夹,几秒钟即可获得测量结果,极大地方便了接地电阻测量工作。钳形接地电阻测量仪还有一个很大的优点是可以对在用设备的接地电阻进行在线测量,而不需切断设备电源或断开地线。

1)钳形接地电阻测量仪的工作原理

钳形接地电阻测量仪测量接地电阻的基本原理见图 1-20。钳口部分绕有电压线圈

和电流线圈。仪表内的逆变电路向电压线圈提供一个高频支流电压,通过钳形卡环这一特殊的电磁变换器在测量回路的线缆内感应出一个交流恒定电势 e。在电势 e 的作用下,将在回路产生电流 I。钳形表对 e 及 I 进行测量,在电流检测电路中,经过滤波、放大、A/D 转换,只有该支流电压所产生的电流被检测出来。通过运算 $R=e/I$,得到所需测量的电阻值,这样钳形接地电阻测量仪才能排除工频交流电和设备本身产生的高频噪声所带来的地线上的微小电流,以获得准确的测量结果。因此,钳形接地电阻测量仪具有在线测量这一优势。

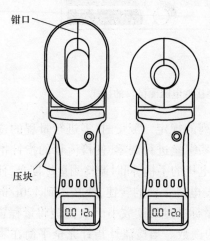 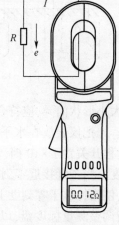

图 1-19 钳形接地电阻测量仪　　　　图 1-20 钳形接地电阻测量仪的工作原理

钳形接地电阻测量仪还可以很方便地测量电流 I,其原理与电流互感器测量原理相同,如图 1-21 所示。被测导线的交流电流 I,通过绕在钳口磁环上的线圈,在线圈的闭合回路中产生感应电流 I_1,钳形表对电流 I_1 进行测量,得到被测电流 $I=KI_1$(K 为电流互感器的变流比系数)。

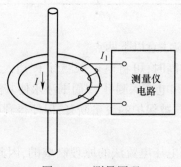

图 1-21 测量原理

虽然钳形接地电阻测量仪测试时使用一定频率的信号以排除干扰,但在被测线缆上有很大电流存在的情况下,测量也会受到干扰,导致结果不准确。所以,按照要求,在使用时应先测线缆上的电流,只有在电流不是非常大时才可进一步测量接地电阻。有些仪表在测量接地电阻时自动进行噪声干扰检测,当干扰太大以致测量不能进行时会给出提示。

2）钳形接地电阻测量仪的测量方法

（1）单点接地系统的测量。从测量原理来说，钳形接地电阻测量仪只能测量回路电阻，对单点接地是测不出来的。因此，可以利用一根测试线及接地系统附近的接地极，人为地构成一个回路进行测量。下面介绍两种用钳形接地电阻测量仪测量单点接地电阻的方法。

① 两点法。如图 1-22 所示，在被测接地体 R_A 附近找一个独立的接地较好的接地体 R_B（例如：附近的金属自来水管、建筑物的钢结构等）。将 R_A 和 R_B 用一根测试线连接起来。

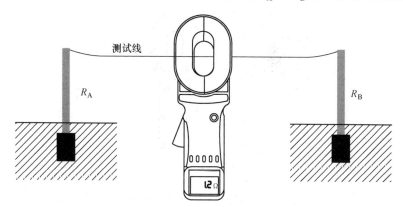

图 1-22　两点法测量单点接地系统

钳形接地电阻测量仪所测得的值是 R_A 和 R_B 两个接地电阻以及测试线电阻 R_L 的和，即

$$R_T = R_A + R_B + R_L \tag{1-1}$$

式中：R_T 为钳形接地电阻测量仪所测的阻值。

将测试线的首尾相连，可用钳形接地电阻测量仪测出其阻值 R_L。

如果测量值 R_T 小于接地电阻的允许值，那么这两个接地体的接地电阻都是合格的。

② 三点法。如果用"两点法"测得的电阻值 R_T 大于接地电阻允许值，则无法判断要测量的接地体的接地电阻是否符合规范要求。因此，可采用"三点法"，如图 1-23 所示，在被测接地体 R_A 附近找两个独立的接地体（或打两个探测针）R_B 和 R_C。

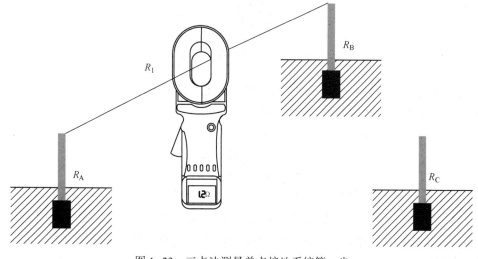

图 1-23　三点法测量单点接地系统第一步

第一步,将 R_A 和 R_B 用测试线连接起来,见图 1-23。用测量仪读得第一个阻值 R_1。

第二步,将 R_B 和 R_C 用测试线连接起来,见图 1-24。用钳形接地电阻测量仪读得第二个阻值 R_2。

第三步,将 R_C 和 R_A 用测试线连接起来,见图 1-25。用钳形接地电阻测量仪读得第三个阻值 R_3。

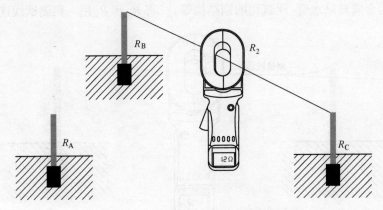

图 1-24 三点法测量单点接地系统第二步

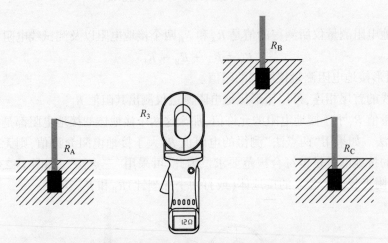

图 1-25 三点法测量单点接地系统第三步

以上三步中,每一步所测得的读数都是两个接地电阻和一个测试线电阻的串联值。这样,就可以很容易地计算出每个接地电阻值:

$$R_1 = R_A + R_B + R_L \tag{1-2}$$

$$R_2 = R_B + R_C + R_L \tag{1-3}$$

$$R_3 = R_C + R_A + R_L \tag{1-4}$$

由式(1-2)~式(1-4)可得

$$R_A = (R_1 + R_3 - R_2 - R_L)/2 \tag{1-5}$$

这就是接地体 R_A 的接地电阻值。求出接地体电阻后,其他两个作为参照物的接地体的电阻可由下式计算:

$$R_B = R_1 - R_A - R_L \qquad (1-6)$$
$$R_C = R_3 - R_A - R_L \qquad (1-7)$$

(2)多点接地系统。对多点接地系统(如输电系统杆塔接地系统、通信电缆接地系统、某些建筑物等),它们通过架空地线(或通信电缆的屏蔽层式)连接,组成了接地系统,如图 1-26(a)所示。当用钳形接地电阻测量仪测量时,其等效电路如图 1-26(b)所示。图中 R_1 为预测的接地电阻;R_0 为所有其他塔杆的接地电阻并联后的等效电阻。

虽然从严格的接地电阻理论来说,由于有"互电阻"的存在,R_0 并不是电工学意义上的并联值(它会比电工学意义上的并联值稍大),但是由于每一个塔杆的接地半径比塔杆之间的距离要小得多,而且接地点数量较多,R_0 要比 R_1 小得多,因此从工程的角度,可以假设 R_0 =0。这样,钳形接地电阻测量仪所测的电阻就应该是 R_1,实践证明上述假设是完全合理的。

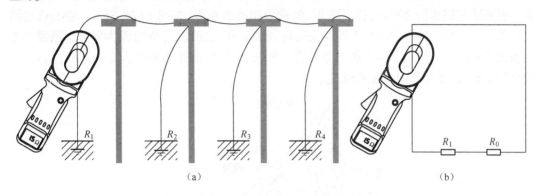

图 1-26 多点接地系统的测量及等效电路

3)钳形接地电阻测量仪测量点的选择

在某些接地系统中,应该选择一个正确的测量点进行测量,否则会得到不同的测量结果,如图 1-27 所示。

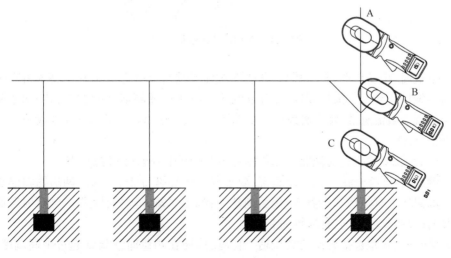

图 1-27 正确选择测量点

在图 1-27 中 A 点测量时,所测的支路未形成回路,钳形表显示"0LΩ",应更换测量点;在 B 点测量时,所测的支路是由金属导体形成的回路,钳形表显示的是金属导体回路的电阻值,该值很小,可能显示"0.01Ω"或更小,应更换测量点;在 C 点测量时,所测的才是该支路下的接地电阻值。

1.2.4 钳形电流表

前面讨论的电流的测量中,电流表必须与被测电路串联。在实际操作时就得断开线路,显然很不方便。而钳形电流表是一种不需断开电路就可以直接测电路交流电流的携带式仪表,在电气检修中使用非常方便,应用相当广泛,主要有指针式和数字式两种。

1) 基本结构和工作原理

钳形电流表的工作部分主要由一只电磁式电流表和穿心式电流互感器组成。穿心式电流互感器铁芯制成活动开口,且呈钳形,故称为钳形电流表,如图 1-28 所示。穿心式电流互感器的副边绕组缠绕在铁芯上且与交流电流表相连,它的原边绕组即为穿过互感器中心的被测载流导线。旋钮实际上是一个量程选择开关,压块的作用是开合穿心式互感器铁芯的可动部分,以便使其钳入被测载流导线。

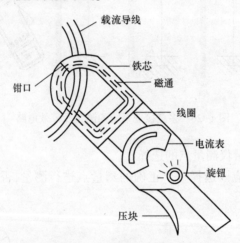

图 1-28 钳形电流表外形结构

测量电流时,按动压块,打开钳口,将被测载流导线置于穿心式电流互感器的中间。当被测载流导线中有交变电流通过时,交流电流的磁通在互感器副边绕组中感应出电流。该电流通过电磁式电流表的线圈,使指针发生偏转,在表盘标度尺上指出被测电流值。

2) 使用方法

(1) 测量前,应检查电流表指针是否指向零位;否则,应进行机械调零。

(2) 测量前,应检查钳口的开合情况,要求钳口可动部分开合自如,两边钳口结合面接触紧密。如钳口上有油污和杂物,应用溶剂洗净;如有锈斑,应轻轻擦去。测量时务必使钳口接合紧密,以减少漏磁通,提高测量精确度。

(3) 测量时,量程选择开关应置于适当位置,以便在测量时使指针超过中间刻度,以减少测量误差。如事先不知道被测电路电流的大小,可以先将量程选择开关置于高挡,然后根据指针偏转情况将量程选择开关调整到合适位置。

(4) 当被测电路电流太小,即使在最低量程挡指针偏转角都不大时,为提高测量精确度,可将被测载流导线在钳口部分的铁芯柱上缠绕几圈后进行测量。将指针指示数除以穿入钳口内导线根数,即实测电流值。

(5) 测量时,应使被测载流导线置于钳口内中心位置,以利于减少测量误差。

(6) 钳形电流表不用时,应将量程选择开关旋至最高量程挡,以免下次使用时不慎损坏仪表。

另有一种交直流两用钳形表,外形与交流钳形表类似。当钳住被测载流导线时,铁芯中产生磁场,位于铁芯缺口的测量机构的动铁片受磁场作用而偏转,带动指针,其工作原理与电磁式仪表相似。因此,它既可以用来测量交流电流,也可以用来测量直流电流。

还有一种由钳形互感器和万用表组成的多用钳形表,可作为万用表使用,目前使用的基本上是这种钳形电流表。

注意:严禁用钳形表测量高压电路的电流,否则会击穿绝缘,造成人身伤亡事故。

1.2.5 直流平衡电桥

在工程和科研实践中,经常遇到测量直流电阻的工作。一般测量的电阻值范围非常宽,为 $10^{-5} \sim 10^{12} \Omega$。磁电式测量机构可以测量直流电阻,但是准确度比较低,特别是在测量小于 1Ω 的电阻时,由于接触和导线电阻的影响而使测量无法进行。直流电阻的测量误差要求小于 1% 时,采用直流平衡电桥比较合适,直流平衡电桥分为两种,即单电桥和双电桥。前者用于测量 $10 \sim 10^9 \Omega$ 的电阻,后者用于测量 $10^{-6} \sim 10\Omega$ 的电阻。高于 10^9 和低于 10^{-6} 的电阻采用其他方法测量。直流电桥是一种比较式测量仪器。

1. 直流单臂电桥

1) 工作原理

直流单臂电桥又称为惠斯登电桥,其原理电路如图 1-29 所示。图中被测电阻 R_X 和已知电阻 R_2、R_3、R_4 互相连接成一个封闭的环形电路。4 个电阻的连接点 a、b、c、d 称为电桥的顶点;由 4 个电阻组成的支路 ac、cb、ad、db 分别称为桥臂。在电桥的两个顶点 a、b 端接一个直流电源,作为电桥的输入端;在电桥的另两个顶点 c、d 端接一个检流计,作为电桥的输出端。当电桥接通电源之后,调节桥臂电阻 R_2、R_3、R_4,使 c、d 两顶点的电位相等,即检流计两端没有电压,其电流 $I_g = 0$,称这种状态为电桥平衡状态。当电桥平衡时,满足下列条件:

$$I_X R_X = I_4 R_4 \tag{1-8}$$

$$I_2 R_2 = I_3 R_3 \tag{1-9}$$

由于 $I_g = 0$,由基尔霍夫定律可得 $I_X = I_2$ 和 $I_3 = I_4$,则

$$R_3 R_X = R_2 R_4 \tag{1-10}$$

$$R_X = R_2 R_4 / R_3 \tag{1-11}$$

式中 R_2、R_3——电桥的比例臂电阻;

R_4——比较臂电阻。

可见,当电桥平衡时,可以从 R_2、R_3、R_4 的值求得被测电阻的值。用电桥测量电阻,实际上是先将被测电阻与已知电阻放在电桥上相比较,然后求得被测电阻的一种方法。只要比例臂电阻和比较臂电阻足够准确,比较所得的 R_X 的准确度也一定比较高。

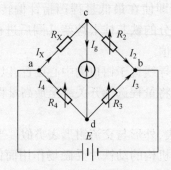

图 1-29 直流单臂电桥原理

2) 使用方法

下面以 QJ23 型直流单臂电桥为例介绍其使用方法。QJ23 型直流单臂电桥面板结构如图 1-30 所示。

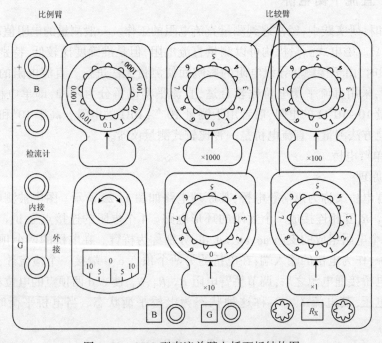

图 1-30 QJ23 型直流单臂电桥面板结构图

操作步骤如下：

(1) 测量前先打开检流计锁扣,即将 G 接线柱处的金属片由"内接"移到"外接"。开启检流计开关,将指针调到零位。

(2) 将被测电阻用短而粗的铜导线接于面板上标有"R_X"的接线桩上并将其拧紧,使其处于良好的接触状态。

(3) 估计待测电阻阻值(最好用万用表预测一个近似值),以便选择合适的比较臂与比例臂。这样不仅可以节省测量时间,而且能保证测量结果的准确度。选比较臂时,最好能使比较臂最高挡(×1000)不为零,再选择比例臂倍率。

(4) 进行电桥平衡调节,先按下按钮 B 接通电源,再按下按钮 G 接通检流计。根据检流计指针偏转方向和速度,增加或减少比较臂电阻,反复调节直至指针指零,此时电桥处于平衡。在调节平衡过程中,电桥在未接近平衡状态时,每调节一次,短时按下一次按钮 G,观察平衡情况,当检流计指针偏转已不大时,即可旋紧按钮 G,再进行反复调节。

电桥未平衡时,若指针向"+"方向偏转,应增大比较臂电阻值,反之应减小比较臂电阻值。偏转速度越快,应增减的阻值越大。

(5) 测量结束后,先松开按钮 G,再松开按钮 B,切断电源,拆除被测电阻。记录数据后,将各比较臂旋钮均置于零,并将检流计金属片从"外接"换到"内接",使其从内部短路。

(6) 计算被测电阻:R_X = 比例臂倍率×比较臂总阻值。

3) 使用注意事项

(1) 电桥内电池电压不足会影响灵敏度,应及时更换。若用外接电源必须注意极性且电压不得超过允许值。

(2) 单臂电桥不宜测量 0.1Ω 以下的电阻,如果测量 1Ω 以下的低阻值电阻,则应降低电源电压并缩短测量时间,以免烧坏仪器。

(3) 测量带电感的电阻(如电机绕组、变压器绕组)时,应先接通电桥电源,再接通检流计按钮 G。断开时应先断开检流计按钮,再断开电桥电源,以免线圈自感电动势损坏检流计。

(4) 测量中不得使电桥比较臂电流超过允许值。

(5) 电桥不用时应将检流计锁住,以免搬运时损坏。

(6) 保证桥臂及相关接触点接触良好。

2. 直流双臂电桥

直流双臂电桥又称为凯尔文电桥,专门用来测量低阻值电阻。其测量范围为 10^{-6} ~ 1Ω。采用双电桥之所以能够测量小电阻,关键是以下两点:

(1) 单电桥之所以不能测量小电阻,是因为用单电桥测出的电阻值包含了桥臂间的引线电阻和接触电阻。当它们与 R_X 相比不能忽略时,测量结果就会有很大的误差。

(2) 双电桥电流接头的引线电阻和接触电阻由于采用双电桥结构,对电桥平衡没有影响。

下面将以 QJ44 型直流双臂电桥为例介绍其使用方法。该直流双臂电桥面板结构如图 1-31 所示。

双臂电桥是在单臂电桥基础上,为了消除连接导线及相关接触电阻对测量精度的影响而研制的。所以,在该电桥面板上有两对测量端钮,即 C_1 与 C_2,P_1 与 P_2。

1) 使用方法

直流双臂电桥的使用方法和注意事项与直流单臂电桥基本相同,但必须注意以下两个方面:

(1) 被测电阻的电流端钮(C_1、C_2)和电位端钮(P_1、P_2)应和双臂电桥的对应端钮正确连接。当被测电阻没有专门的电位端钮和电流端钮时,要设法引出 4 根线与双臂电桥连接,并用内侧的一对导线接到电桥的电位端钮上,如图 1-32 所示。连接导线应尽量短而粗,并且要连接牢靠。

(2) 在开始测量时,应将控制检流计灵敏度的旋钮置于最低灵敏度位置。在调节电桥平衡过程中,如灵敏度不够,再逐步调高。

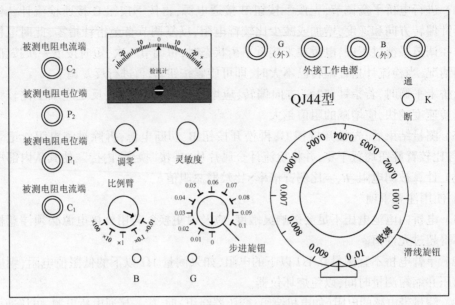

图 1-31　QJ44 型直流双臂电桥面板结构图

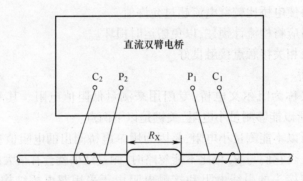

图 1-32　直流双臂电桥与被测电阻的连接

2) 使用注意事项

双臂电桥的使用注意事项与直流单臂电桥基本相同。另外还应特别注意以下几个方面：

（1）被测电阻的电位接头应与电桥的电位接线柱相连。

（2）由于各电阻都是小电阻，所以电桥的工作电流很大，相应地要用大容量的电源。如果使用电池，则要求操作速度要快，测量结束立即关闭电源开关，以免损耗电池。

（3）测量前，首先应将"K"置于接通位置，此时内部电路接通，等待 5min 后，调节"调零"旋钮使检流计指针指在零位上。

（4）在测量电感电路的直流电阻时，应先按下"B"按钮，再按下"G"按钮；断开时，应先断开"G"按钮后，再断"B"按钮。这样以免测量电感性绕组时产生较大的自感电势，冲击检流计，使检流计指针打弯甚至烧坏测量线圈。

（5）被测电阻值=比例臂读数×(步进旋钮读数+滑线旋钮读数)。

1.2.6 电枢检验仪

电枢检验仪又称为吼震器,主要用于检查发电机的电枢绕组是否有短路故障。

1. 结构组成

电枢检验仪主要由U形铁芯和线圈等部分组成,如图1-33(a)所示。

2. 工作原理

将插头接上220V交流电源后,线圈中就有交流电流,在U形铁芯中就会产生一个交变磁场,如果将需要检查的电枢放在U形槽中(图1-33(b)),交变磁场切割电枢绕组,则电枢绕组中就会产生感应电动势。

若绕组的某一部分短路后,就会构成一个回路,在感应电动势的作用下,绕组中的短路部分会产生交流电流。绕组中有交流电流时又产生一局部的交变磁场。因此,若将一薄钢片轴向放在绕组短路部分的槽上,由于交变磁场不断地吸引和排斥薄钢片,从而使薄钢片震动而发出响声。慢慢转动电枢或电枢检验仪,采用同样方法依次检查全部电枢绕组。

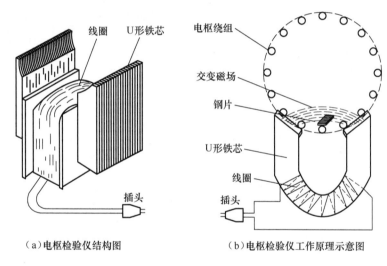

(a)电枢检验仪结构图　　(b)电枢检验仪工作原理示意图

图1-33　电枢检验仪

思 考 题

1. 交流电流表、电压表量程扩大各采用什么方法?
2. 直流电流表、电压表量程扩大各采用什么方法?
3. 阻抗器的主要作用是什么?
4. 功率表的接线注意事项是什么?
5. 简述同步表中"同步"的含义。
6. 简述用MF47型万用表测量蓄电池电压的步骤。
7. 简述用数字式万用表检测二极管的方法。

8. 简述用 ZC25-3 型兆欧表测量电线绝缘电阻时的步骤。
9. 简述 ZC29B-2 型接地电阻测量仪的使用方法。
10. 简述钳形接地电阻测量仪的使用方法。
11. 简述 QJ44 型直流双臂电桥的使用方法。
12. 简述电枢检验仪的工作原理。

第 2 章 低 压 器 件

2.1 按钮及低压开关

2.1.1 控制按钮

控制按钮(通常简称为按钮)是一种接通或分断小电流电路的器件,其结构简单、应用广泛。控制按钮触点允许通过的电流较小,一般不超过 10A,主要用于各种电站控制屏的低压控制或直流控制电路中。控制按钮通过手动发出控制信号,可以控制接触器、继电器、启动电路、合闸电路等。

控制按钮通常由按钮帽、复位弹簧、动静触点和外壳等部分组成,一般为复合式,即同时具有常开、常闭触点。通常情况下,按钮在按下时常闭触点先断开,然后常开触点闭合(接通)。去掉外力后,在复位弹簧的作用下,常开触点断开,常闭触点闭合。这种控制按钮的结构和符号如图 2-1 所示。

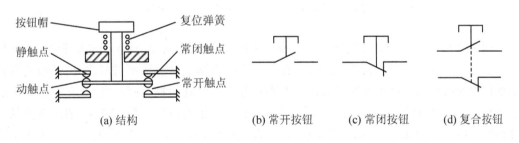

(a) 结构　　　　　　　(b) 常开按钮　　(c) 常闭按钮　　(d) 复合按钮

图 2-1 控制按钮结构

有的控制按钮(如电站控制屏中的急停按钮)在按下后,即使去掉外力,还是保持按下时的状态(通常称为自锁),必须旋转按钮帽、再次按下或者拉出(通常称为复位)时,按钮帽才会弹出,这一类按钮通常称为自锁按钮。有的自锁按钮在按钮帽上还装有指示灯(如电站控制屏中的消音按钮),按下按钮时,指示灯会发光。

控制按钮可做成单式(一个按钮)、双式(两个按钮)和三联式(三个按钮)的形式,触点数量可按需要拼装成 2 常开 2 常闭,也可根据需要拼装成 1 常开 1 常闭至 6 常开 6 常闭的形式。为便于识别各个按钮的作用,避免误操作,通常在按钮上做出不同标志或涂以不同颜色,以示区别。一般红色表示停止,绿色表示启动。另外,为满足不同控制和操作的需要,控制按钮的结构形式也有所不同,如钥匙式、旋钮式、紧急式等。

电站控制屏中主要有启动按钮、建压按钮、合闸按钮、分闸按钮、急停按钮等,常用的控制按钮主要有 LA39、LA42、LAY37 等型号。

2.1.2 组合开关

组合开关又称为转换开关,它的动触点和静触点装在封闭的绝缘件内,采用叠装式结构,其层数由动触点数量决定。动触点装在操作手柄的转轴上,随转轴旋转而改变各组触点的通断状态。由于采用了弹簧储能,可使开关快速接通和分断电路,且与手柄旋转速度无关,因此它不仅可用作不频繁地接通与分断电路、转接电源和负载、测量三相电压,还可用于控制小容量异步电动机的正反转和星形-三角形降压启动。组合开关有单级、双级和多级之分,其主要技术参数有额定电流、额定电压、允许操作频率、可控制电动机最大功率等。LW 系列万能转换开关的外形和结构如图 2-2 所示。

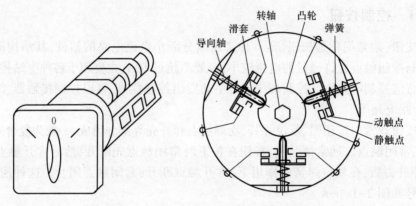

图 2-2　LW 系列万能转换开关的外形及结构

图 2-3 所示是组合开关的图形符号及文字符号。由于 LW 系列万能转换开关的触点的分合状态与操作手柄的位置有关,为此,在电路图中除画出触点图形符号之外,还应有操作手柄位置与触点分合状态的表示方法。其表示方法主要有两种:一种方法是在电路图中画虚线和画"·"如图 2-3(a) 所示,即用虚线表示操作手柄的位置,用有无"·"表示触点的闭合和断开状态。例如:若在触点图形符号下方的虚线位置上面"·",则表示当操作手柄处于该位置时,该触点是处于闭合状态;若在虚线位置上未画"·",则表示该触点是处于断开状态。另一种方法是在触点图形符号上标出触点编号,再用通断表的状态表示操作手柄位于不同位置时的触点分合状态,如图 2-3(b) 所示。在通断表中用有无"·"来表示操作手柄位于不同位置时触点的闭合或断开状态。

触点组	位置		
	左	0	右
1-2		·	
3-4			·
5-6	·		
7-8	·		

(a) 图形符号及文字符号　　(b) 通断表

图 2-3　组合开关的图形符号及文字符号与通断表

康明斯、斯太尔等系列电站控制屏中采用的组合开关主要用来检测三相电压、电流或者转换工作模式,常用的主要有 LW12-16、LW15-11 等型号。

135、105 系列电站控制屏中采用的组合开关主要是 HZ10 型,通常用来检测三相电压或者转换励磁方式,常用的主要有 HZ10-10 型,其外形、符号和结构如图 2-4 所示。

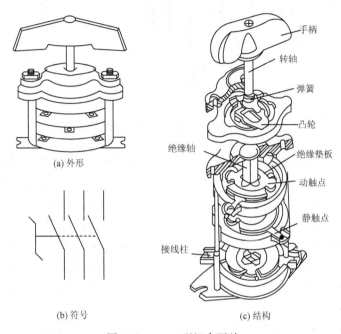

图 2-4　HZ10 型组合开关

2.1.3　低压断路器

低压断路器是指工作在 1200V 以下的低压电路中,起控制和保护作用的断路器,通常简称为断路器或空气开关(空开)。它具有完善的灭弧装置,可以接通和分断正常负荷电流和过负荷电流,还能接通和分断短路电流。其主要在不频繁操作的低压配电线路或开关柜(箱)中作为电源开关使用,并对线路、电气设备及电动机等实行保护,出现过电流、过载、短路、断相、漏电、欠压等故障时,能自动跳闸切断线路,起到保护作用。

1. 低压断路器的结构及工作原理

低压断路器主要由触点、灭弧装置、操作机构和脱扣器组成,如图 2-5 所示。

触点系统包括主触点和辅助触点。主触点用于实现对电路的接通和分断操作,应能可靠地分断极限短路电流。辅助触点通常接在控制电路中,通常用来实现电路互锁。

低压断路器一般采用金属栅片式灭弧装置,主要由使触点迅速分离的强力弹簧机构和灭弧室构成。

操作机构由传动机构和实现传动机构与触点系统联系的自由脱扣机构组成。

低压断路器的各种保护功能是由脱扣器实现的,根据保护功能的不同,脱扣器分为电磁脱扣器、热脱扣器、欠压或失压脱扣器和分励脱扣器。

图 2-5 所示的断路器处于闭合状态,3 个主触点通过传动杆与锁扣保持闭合,锁扣可绕

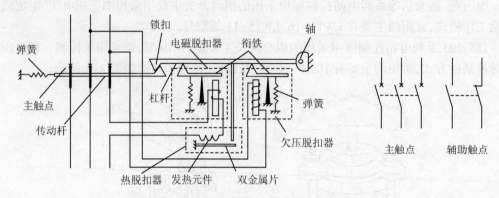

图 2-5　低压断路器的结构示意图及符号

轴转动。当电路正常运行时,电磁脱扣器的电磁线圈虽然串接在电路中,但所产生的电磁吸力不能使衔铁动作,只有当电路达到动作电流时,衔铁才被迅速吸合,同时撞击杠杆,使锁扣脱扣,主触点被弹簧迅速拉开将主电路分断。一般电磁脱扣器是瞬时动作的,用于短路保护。图 2-5 中双金属片制成的热脱扣器,用于过载保护。过载达到一定程度并经过一段时间,热脱扣器动作使主触点断开主电路。热脱扣器是反时限动作的。电磁脱扣器和热脱扣器合称复式脱扣器。图 2-5 中欠压脱扣器在正常运行时衔铁吸合,当电源电压降低到额定电压的 40%~75% 时,吸力减小,衔铁被弹簧拉开,并撞击杠杆,使锁扣脱扣,实行欠压或失压保护。

除此之外,还有实现远距离控制使之断开的分励脱扣器,其电路如图 2-6 所示。在低压断路器正常工作时常开辅助触点接通,分励脱扣线圈不通电,衔铁处于打开位置。当要实现远距离操作时,可按下停止按钮或在保护继电器动作时,使分励脱扣线圈通电,其衔铁动作,使低压断路器断开。

必须指出的是,并非每种类型的低压断路器都具有上述脱扣器,根据断路器使用场合和本身体积所限,断路器通常只具有过电流短路和过载两种脱扣器。

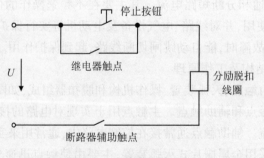

图 2-6　分励脱扣器电路

低压断路器的主要技术参数有额定电压、额定电流、通断能力、分断时间等。其中,通断能力是指断路器在规定的电压、频率以及规定的线路参数(交流电路为功率因数,直流电路为时间常数)下,所能接通和分断的短路电流值。分断时间是指切断故障电流所需的时间,包括固有断开时间和燃弧时间。

2. 常用典型低压断路器

1) 万能式低压断路器

万能式低压断路器一般有一框架结构底座,所有的组件均进行绝缘后安装于此底座中。这种断路器一般有较高的短路分断能力和动稳定性,多用作电路的主保护开关。目前使用的万能式低压断路器主要有 DW15、DW18、DW40 型,以及 ME 型、AH 型和 AE 型等。万能式低压断路器容量较大,可装设多种脱扣器,辅助触点的数量也多,不同的脱扣器组成可形成不同的保护特性,其操作方式有手柄操作、电动机操作和电磁操作等。

2) 塑壳式低压断路器

塑壳式低压断路器所有机构及导电部分都装在塑料壳内,在塑壳中央有操作手柄,在壳面中央有分合位置指示。目前常用的塑壳式低压断路器主要有 DZ20、DZ15、DZX10 型,以及 H 型、TO 型等。其中 DZX10 型为限流式断路器。

当电路出现短路、过载等情况下,塑壳式低压断路器会自动跳闸,此时手柄处于中间位置即自由脱扣位置,此时必须将手柄扳到分闸位置时(通常称为复位),才能再次进行合闸操作。

3) 电动切换空气自动断路器

电动切换空气自动断路器由空气开关和电动切换装置(电动操作机构)两部分组成。空气开关部分与断路器基本相同,不同之处在于脱扣器部分采用了失压线圈。失压线圈实际就是一个电磁铁线圈,当失压线圈两端加上额定电压时,脱扣装置处在正常工作状态;当失压线圈两端的电压消失后,脱扣装置处在脱扣状态,开关无法合闸(接通)。下面介绍 PF161 型控制屏中采用的电动切换空气自动断路器。

电动切换装置的作用是完成自动合(分)闸动作。其简化电路如图 2-7 所示,K_1、K_2 是微动开关,它们分别装在同一凸轮的下止点和上止点处,因此 K_1 称为"下位"开关,K_2 称为"上位"开关。当断路器处于"断路"位置时,凸轮处于下止点,其凸起部分顶动"下位"开关 K_1,将 K_1 的中心点与 A_2 接通;此时,K_2 处于自由状态,其中心点与 B_2 接通。

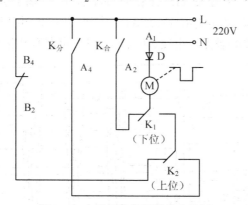

图 2-7 电动切换装置简化电路图

按下合闸按钮 $K_合$ 时,交流 220V 电源(当 N 为正时)经二极管 D→直流电动机 M→K_1 中心点→A_2→$K_合$→220V 火线端。直流电动机 M 获得单相半波整流电源而旋转,直流电动机带动凸轮,凸轮驱动输出开关手柄向上(合闸方向)运动。当凸轮将开关 K_1 的中心点与 A_2 断开,而与 K_2 的中心点接通时,输出开关并没有接通,220V 电源通过电动切换空气自动断路器自身的辅助常闭触点(B_2、B_4)、上位开关 K_2 继续向直流电动机供电,直流电动机带动输出开关手柄继续向上运动。当手柄位置到达输出开关接通位置时,凸轮到达上止点并碰撞 K_2,将 K_2 的中心点与 A_4 接通,直流电动机失电而停止旋转,输出开关手柄维持在接通位置。同时,因输出开关接通,其辅助常闭触点(B_2、B_4)断开。

按下分闸按钮 $K_分$ 时,交流220V电源(当N为正时)经二极管 D→直流电动机 M→K_1 中心点→K_2 的中心点→A_4→$K_分$→220V火线端。直流电动机旋转,带动凸轮向下止点运动,凸轮带动输出开关手柄向下(分闸方向)运动。当电动机带动凸轮离开上止点时开关 K_2 与 A_4 断开,同时上位开关 K_2 的中心点与 B_2 接通,这时因开关断开,其辅助常闭触点(B_2、B_4)接通,继续向电动机 M 供电。当电动机 M 带动凸轮和输出手柄运行到下止点时,凸轮碰撞下位开关 K_1,使 K_1 的中心点与 A_2 接通,电动机 M 失电而停止旋转。

3. 智能化断路器

传统的断路器保护功能是利用热磁效应原理,通过机械系统的动作来实现的。智能化断路器的特征是采用了以微处理器或单片机为核心的智能控制器(智能脱扣器),不仅具备普通断路器的各种保护功能,同时还具备定时显示电路中的各种电器参数(电流、电压、功率、功率因数等)功能,对电路进行在线监视、自行调节、测量、试验、自诊断、可通信等功能。此外,它还能够对各种保护功能的动作参数进行显示、设定和修改,保护电路动作时的故障参数能够存储在非易失存储器中以便查询。

2.1.4 双电源自动切换空气开关

典型自动切换空气开关(ATS)的外形如图2-8所示。自动切换空气开关通常由主回路和控制回路两部分组成,图2-9为它的接线图。

1. 主回路

自动切换空气开关(以下简称ATS)的主回路由封装在一起的两个开关组成。ATS的前面上、下接线端子组成一个开关ATS-Ⅰ;ATS的后面上、下端子组成另一个开关ATS-Ⅱ。这两个开关结合成ATS后,有这样的特点:ATS-Ⅰ和ATS-Ⅱ两组开关触点可同时切断,但不能同时接通。两组开关的触点一组接通时,另一组一定在断开状态。

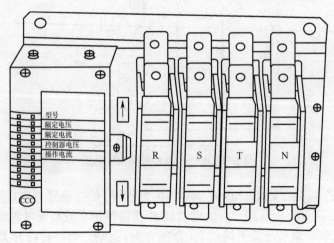

图2-8 ATS开关外形

将 ATS 上面的两组开关的端子并联起来连接在向负载端送电的母线 R、S、T、N 上；将机组母线三相四线 U、V、W、N 接在 ATS 后面下端的端子上；将市电三相四线 U_0、V_0、W_0、N_0 接在 ATS 前面下端的端子上，这样就组成了市电供电和机组供电两个回路的自锁系统。在同一时刻不会造成市电和机组两个供电系统同时向负载供电，从而避免了在市电供电和机组供电需切换时，因切换不当而造成的事故，保证了切换的安全。

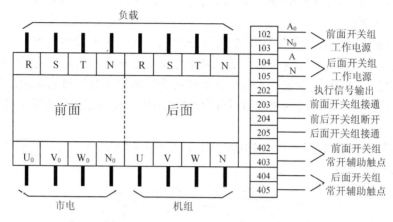

图 2-9　ATS 开关接线图

2. 控制回路

ATS 的控制回路大致相同。控制回路的输入、输出线从 ATS 的侧面引出。其端子的功能如下：

（1）前面开关组工作电源输入端子（102、103）。从该端子组提供前面开关组的控制电源，包括失压线圈电源、驱动电机电源、执行控制电路的电源。输入 220V 交流电源，其中 103 端子应接中性线，在切换控制柜中它取自市电输入端的 A 相。

（2）后面开关组工作电源输入端子（104、105）。从该端子组提供后面开关组的控制电源，包括失压线圈电源、驱动电机电源、执行控制电路的电源。输入 220V 交流电源，其中 105 端子应接中性线，在切换控制柜中它取自机组母线端的 A 相。

（3）执行信号输出端子（202）。该端子从 ATS 内部电路向外输出一控制信号，当该信号输入 ATS 相应的执行端子时，ATS 内部执行机构便完成相应的操作。

（4）前面开关组接通输入端子（203）。执行信号输出端子（202）与该端子相连时 ATS 执行前面开关组合闸的程序，接通前面开关组的触点。

（5）前后开关组断开输入端子（204）。执行信号输出端子（202）与该端子相连时 ATS 执行分闸的程序，将两组开关的触点都断开，负载母线处于悬浮状态（不与任何一组连接）。

（6）后面开关组接通输入端子（205）。执行信号输出端子（202）与该端子相连时 ATS 执行后面开关组合闸的程序，接通后面开关组的触点。

（7）前面开关组常开辅助触点组（402、403）。这是与前面开关组的主触点联动的辅助开关，当前面开关组接通时，该辅助触点接通，反之断开。

（8）后面开关组常开辅助触点组（404、405）。这是与后面开关组的主触点联动的辅助开关，当后面开关组接通时，该辅助触点接通，反之断开。

2.2 继电器

2.2.1 时间继电器

时间继电器是从接收信号到执行元件(如触点)动作有一定时间间隔的继电器。其特点是接收信号后,执行元件能够按照预定时间延时工作,因而广泛地应用在工业生产及家用电器等的自动控制中。

时间继电器的延时方法及其类型很多,可分为电气式和机械式两大类。电气延时式有电磁阻尼式、电动机式、电子式(又分阻容式和数字式)等时间继电器。机械延时式有气体阻尼式、油阻尼式、水银式、钟表式和热双金属片式等时间继电器。目前常用的是电子式时间继电器。按延时方式分,时间继电器可分为通电延时型、断电延时型和带瞬动触点的通电延时型等。

电站控制屏中采用较多的是 OMRON H3CR-A 型时间继电器。该型时间继电器的面板如图 2-10 所示,接线端子如图 2-11 所示。

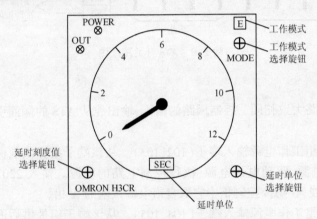

图 2-10 OMRON H3CR-A 型时间继电器

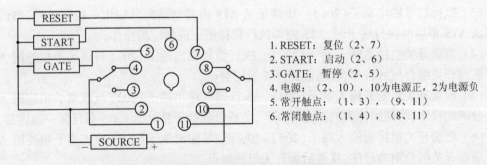

图 2-11 OMRON H3CR-A 型时间继电器接线端子

OMRON H3CR-A 型时间继电器的额定工作电压主要有 DC24V、AC220V 等种类,电站中采用的通常是 DC24V。该型继电器有 6 种模式,即 A、B、B_2、C、D、E。下面以延时时间 1min 为例说明。

继电器在工作中,当(2、5)闭合时,时间继电器无法启动;时间继电器在延时过程中,(2、5)闭合时会暂停延时,(2、5)断开时会继续延时。

1. A 工作模式

(1) 当(2、6)闭合时,延时 1min 后,(1、3)(9、11)闭合、(1、4)(8、11)断开。

(2) 当(2、6)闭合后,在延时过程中或延时结束后重复断开、闭合(2、6)均无效。

(3) 当(2、6)闭合后,在延时过程中,在(2、6)断开、(2、5)闭合的情况下,(2、7)闭合会停止、结束延时,(2、7)断开一样停止延时,触点不变,如需重新开始,需在(2、5)断开的情况下,闭合(2、6)即可。

(4) 当(2、6)闭合后,在延时过程中,(2、7)闭合会停止、结束延时,(2、7)断开重新开始延时,如需停止、结束延时,需在(2、6)断开的情况下,闭合(2、7)即可。

(5) 当(2、6)闭合、延时结束后,(2、7)闭合、(1、3)(9、11)断开、(1、4)(8、11)闭合,当(2、7)断开时,时间继电器将重新开始延时。

(6) 时间继电器(2、10)接通电源时,在(2、6)未闭合的情况下 POWER 绿灯亮,OUT 红灯不亮;当(2、6)闭合时,POWER 绿灯闪烁,OUT 红灯不亮,当延时时间到时,POWER 绿灯亮,OUT 红灯也亮。

启动(闭合)先延时后动作,须复位。

2. B 工作模式

启动(闭合)先延时后动作,再延时再动作,需复位。

(1) 当(2、6)闭合时,延时 1min 后,(1、3)(9、11)闭合、(1、4)(8、11)断开;再延时 1min 后,(1、3)(9、11)断开、(1、4)(8、11)闭合;重复延时 1min 闭合、断开,当(2、6)断开时,继续重复延时 1min 闭合、断开。

(2) 当(2、6)闭合后,在延时过程中(2、6)断开、(2、5)闭合的情况下,(2、7)闭合会停止、结束延时;(2、7)断开时还是一样不变,停止延时,如需重新开始延时,需在(2、5)断开的情况下,闭合(2、6)即可。

(3) 当(2、6)闭合后,在延时过程中,(2、7)闭合会停止、结束延时,(2、7)断开时会重新开始延时,并重复延时 1min 闭合、断开,如需停止、结束延时,需在(2、6)断开的情况下,闭合(2、7)即可。

(4) 当(2、6)闭合后,在延时过程中,重复断开、闭合(2、6),继电器将继续运行,如需停止、结束延时,需在(2、6)断开的情况下,闭合(2、7)即可。

(5) 时间继电器(2、10)接通电源时,在(2、6)未闭合的情况下 POWER 绿灯亮,OUT 红灯不亮;当(2、6)闭合时,POWER 绿灯闪烁,OUT 红灯不亮,当延时时间到时,OUT 红灯亮,POWER 绿灯继续闪烁;当延时时间再次到时,OUT 红灯灭,POWER 绿灯继续闪烁;当(2、7)闭合后,POWER 绿灯亮,OUT 红灯灭。

3. B_2 工作模式

(1) 当(2、6)闭合时,(1、3)(9、11)闭合、(1、4)(8、11)断开,延时 1min 后,(1、3)(9、11)断开、(1、4)(8、11)闭合,重复延时 1min 闭合、断开,当(2、6)断开时,继续重复延时 1min 闭合、断开。

(2) 当(2、6)闭合后,在延时过程中(2、6)断开、(2、5)闭合的情况下,(2、7)闭合会停止、结束延时;(2、7)断开时还是一样不变,停止延时,如需重新开始延时,需在(2、5)断开的情况下,闭合(2、6)即可。

(3) 当(2、6)闭合后,在延时过程中,(2、7)闭合会停止、结束延时,(2、7)断开时会重新开始延时,并重复延时 1min 闭合、断开,如需停止、结束延时,需在(2、6)断开的情况下,闭合(2、7)即可。

(4) 当(2、6)闭合后,在延时过程中,重复断开、闭合(2、6),继电器将继续运行,如需停止、结束延时,需在(2、6)断开的情况下,闭合(2、7)即可。

(5) 时间继电器(2、10)接通电源时,在(2、6)未闭合的情况下 POWER 绿灯亮,OUT 红灯不亮;当(2、6)闭合时,POWER 绿灯闪烁,OUT 红灯亮;当延时时间到时,OUT 红灯灭,POWER 绿灯继续闪烁;当延时时间再次到时,OUT 红灯亮,POWER 绿灯继续闪烁;当(2、7)闭合后,POWER 绿灯亮,OUT 红灯灭。

启动(闭合)先动作后延时,再动作再延时,须复位。

4. C 工作模式

(1) 当(2、6)闭合时,(1、3)(9、11)闭合、(1、4)(8、11)断开,延时 1min 后,(1、3)(9、11)断开、(1、4)(8、11)闭合;当(2、6)断开时,(1、3)(9、11)闭合、(1、4)(8、11)断开;延时 1min 后,(1、3)(9、11)断开、(1、4)(8、11)闭合。

(2) 当(2、6)闭合后,在延时过程中(2、6)断开,继续延时,触点不变。

(3) 当(2、6)闭合后,在延时过程中,(2、6)断开又闭合,将重新开始延时,触点不变。

(4) 当(2、6)闭合后,在延时过程中,(2、6)断开、(2、5)闭合的情况下,(2、7)闭合会停止、结束延时,(2、7)断开一样停止延时,触点不变,如需重新开始,需断开(2、5),闭合(2、6)即可。

(5) 当(2、6)闭合后,在延时过程中,(2、7)闭合会暂停、结束延时,同时(1、3)(9、11)断开、(1、4)(8、11)闭合;当(2、7)断开时,继电器会重新开始延时,同时(1、3)(9、11)闭合、(1、4)(8、11)断开。

(6) 当(2、6)闭合后,在延时过程中,(2、6)断开、(2、7)闭合会停止、结束延时,同时(1、3)(9、11)断开、(1、4)(8、11)闭合;当(2、7)断开一样停止延时,触点不变。

(7) 当(2、6)闭合,在延时结束后,(2、6)断开的情况下,(2、7)闭合、断开,继电器无反应,触点不变。

(8) 延时结束后,要停止、结束延时,需在(2、6)断开的情况下,(2、7)闭合即可。

(9) 时间继电器(2、10)接通电源时,在(2、6)未闭合的情况下 POWER 绿灯亮,OUT 红灯不亮;当(2、6)闭合时,POWER 绿灯闪烁,OUT 红灯亮;当延时时间到时,OUT 红灯灭,POWER 绿灯亮;当(2、6)断开,POWER 绿灯闪烁,OUT 红灯亮,延时结束后,POWER 绿灯亮,OUT 红灯灭。

启动(闭合)先动作后延时;停止(闭合)先动作后延时,无须复位。

5. D 工作模式

(1) 当(2、6)闭合时,(1、3)(9、11)闭合、(1、4)(8、11)断开;当(2、6)断开时,延时 1min 后,(1、3)(9、11)断开、(1、4)(8、11)闭合。

(2) 当(2、6)闭合后,在延时过程中(2、6)断开又闭合时,继电器将停止、结束延时;当(2、6)又断开时,继电器将重新开始延时,如在 1min 内(2、6)又闭合,继电器将停止、结束延时,触点不变。

(3) 当(2、6)闭合时,(2、7)(1、3)闭合、(9、11)断开、(1、4)(8、11)闭合;当(2、7)断开时,(1、3)(9、11)闭合,(1、4)(8、11)断开。

(4) 当(2、6)断开时,继电器开始延时;在延时过程中,如(2、7)闭合、(1、3)(9、11)断开、(1、4)(8、11)闭合;当(2、7)断开时,触点不变。

(5) 当(2、6)断开、(2、5)闭合后,暂停延时,(2、7)闭合、(1、3)(9、11)断开、(1、4)(8、11)闭合;当(2、7)断开时,触点不变。

(6) 延时结束后,要重新开始延时,只需(2、6)闭合后再断开即可。

(7) 时间继电器(2、10)接通电源时,在(2、6)未闭合的情况下,POWER 绿灯亮,OUT 红灯不亮;当(2、6)闭合时,POWER 绿灯亮,OUT 红灯亮;当(2、6)断开正在延时时间的时候,OUT 红灯灭,POWER 绿灯闪烁;当延时时间到时,POWER 绿灯亮,OUT 红灯灭。

(8) 在(2、6)闭合的情况下,(2、7)闭合,POWER 绿灯亮,OUT 红灯不亮;(2、7)断开时,POWER 绿灯亮,OUT 红灯亮。

(9) 在延时过程中,闭合(2、5)时,POWER 绿灯亮,OUT 红灯亮;当(2、5)断开时,POWER 绿灯闪烁,OUT 红灯亮。

启动(闭合)先动作无延时;停止(断开)先延时后动作,无须复位。

6. E 工作模式

(1) 当(2、6)闭合时,(1、3)(9、11)闭合、(1、4)(8、11)断开;延时 1min 后,(1、3)(9、11)断开、(1、4)(8、11)闭合;当(2、6)断开时,继电器无反应。

(2) 当(2、6)闭合后,在延时过程中(2、6)断开,继电器继续延时,触点不变。

(3) 当(2、6)闭合时,(1、3)(9、11)闭合、(1、4)(8、11)断开;延时 1min 后,(1、3)(9、11)断开、(1、4)(8、11)闭合;(2、7)闭合时,继电器无反应,(2、7)断开时,(1、3)(9、11)闭合、(1、4)(8、11)断开,延时 1min 后,(1、3)(9、11)断开、(1、4)(8、11)闭合。

(4) 当(2、6)闭合,延时结束后,在(2、6)断开的情况下,(2、7)闭合、断开,继电器无反应。

(5) 当(2、6)闭合,在延时过程中,(2、6)断开、(2、5)闭合会暂停延时的情况下,(2、7)闭合会停止、结束延时;(2、7)断开一样停止延时,触点不变,如需重新开始延时,只需(2、5)断开,(2、6)闭合即可。

暂停延时,(2、7)闭合、(1、3)(9、11)断开、(1、4)(8、11)闭合;当(2、7)断开时,触点不变。

(6) 时间继电器(2、10)接通电源时,在(2、6)未闭合的情况下,POWER 绿灯亮,OUT 红灯不亮;当(2、6)闭合时,POWER 绿灯闪烁,OUT 红灯亮;当延时结束后,POWER 绿灯亮,OUT 红灯灭。

启动(闭合)先动作后延时再动作;复位(断开)先动作后延时再动作,无须复位。

2.2.2 热继电器

1. 热继电器的作用和分类

热继电器在电路中的作用是过载保护,但必须指出的是,由于热继电器中发热元件有热惯性,在电路中不能用于瞬时过载保护,更不能用于短路保护,因此它不同于过电流继电器和熔断器。按相数来分,热继电器有单相、两相和三相式共 3 种类型,每种类型按发热元件的额定电流分,有不同的规格和型号。三相式热继电器常用作三相交流电动机的过载保护电器。

按职能来分,三相式热继电器有不带断相保护和带断相保护两种类型。

2. 热继电器的保护特性和工作原理

热继电器的保护特性,即电流-时间特性,也称为安秒特性。为了适应设备的过载特性而又起到过载保护作用,要求热继电器具有如同设备过载特性那样的反时限特性。

热继电器中产生热效应的发热元件,应串接于设备电路中,这样热继电器便能直接反映设备的过载电流。热继电器的感测元件,一般采用双金属片。

膨胀系数较大的称为主动层,膨胀系数较小的称为被动层。双金属片受热后产生线膨胀,由于两层金属的线膨胀系数不同,且两层金属又紧密地结合在一起。因此,使得双金属片向被动层一侧弯曲,由双金属片弯曲产生的机械力带动触点动作,这就是热继电器的基本工作原理。

双金属片的受热方式有 4 种,即直接受热式、间接受热式、复合受热式和电流互感器受热式。直接受热式是将双金属片当作发热元件,让电流直接通过它。间接受热式的发热元件由电阻丝或带制成,绕在双金属片上且与双金属片绝缘。复合受热式介于上述两种方式之间。电流互感器受热式的发热元件不直接串接于电动机电路,而是接于电流互感器的二次侧,这种方式多用于电动机电流比较大的场合,以减小通过发热元件的电流。热继电器的符号如图 2-12 所示。

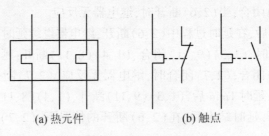

图 2-12 热继电器符号

3. 常用典型热继电器

1) JR16 型热继电器

JR16 型热继电器采用复合受热式,双金属片和发热元件串联后直接串接于设备电路中。适用于交流 50Hz、额定电压至 500V、电流 150A 的长期工作或间断长期工作的电路中,用于设备的过载保护,带有断相保护装置的热继电器还能在一相断线或三相电源严重不平衡时起保护作用。

2) JR20 型热继电器

JR20 型热继电器广泛应用于交流 50Hz、额定电压至 660V、电流 0.1~630A 的电力系统中作为三相交流电动机的过载和断相保护,还具有温度补偿、动作指示等功能。电流在 160A 及以下的发热元件直接串接于设备电路中,而其余的则配有专门的电流互感器,其一次线圈串接于设备电路中,而二次线圈与发热元件串接。

2.2.3 交流接触器

交流接触器结构原理图及符号如图 2-13 所示。

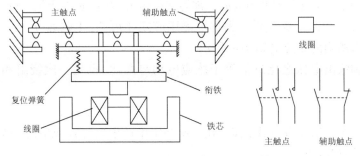

图 2-13 交流接触器结构原理图及符号

交流接触器是一种用于频繁地接通或断开交流主电路、大容量控制电路等大电流电路的自动切换电器。它通过控制线圈的电源实现接通和分断主电路,可实现手动开关所缺少的远距离操作功能和失压(或欠压)保护功能,但没有低压断路器所具有的过载和短路等保护功能。交流接触器具有操作频率高、使用寿命长、工作可靠、性能稳定、成本低廉、维修简便等优点,主要用于控制电动机、电热设备、电焊机、电容器组等。

2.3 变压器和互感器

2.3.1 变压器

1. 变压器的基本结构

变压器实际上是一种特殊的交流铁芯线圈,其结构可分为心式和壳式两种。从结构看,它们都由一次绕组、二次绕组和铁芯等部分组成。

变压器铁芯的作用是构成磁路。为了减少磁滞损耗和涡流损耗,铁芯通常用厚度为0.2~0.35mm 的硅钢片交错叠装而成,而且硅钢片的表面涂有绝缘漆,形成绝缘层。在一些小型变压器中,也可采用铁磁铁氧体替代硅钢片。

壳式变压器的结构特点是铁芯包围线圈;心式变压器是线圈包围铁芯,其结构简单,绕组装配容易,故目前多数变压器均采用心式结构。

绕组是用绝缘扁线或圆导线绕成的线圈。小容量变压器的绕组多用高强度漆包线绕制,大容量变压器的绕组可用绝缘铜线或铝线绕制。接在电源的绕组称为一次(又称为初级)绕组,接在负载的绕组称为二次(又称为次级)绕组。变压器绕组可以做成同心式和交叠式两种。其中,同心式绕组的一次和二次绕组同心地套装在铁芯柱上。为便于绝缘,一般是将低压绕组装在里层,高压绕组套在外层。交叠式绕组做成饼式,一次和二次绕组互相交叠放置,主要用于电炉和电焊变压器,应用范围较小。

变压器除了上述基本部件外,还有其他附件,如油箱、冷却油、绝缘套管、储油柜(油枕)、气体继电器、测温装置和分接开关等。小型变压器一般采用空气制冷,大、中型变压器采用油冷。

2. 变压器的工作原理与使用

1) 空载运行

图 2-14 为单相变压器空载时的原理图,其中变压器一次绕组接电源,二次绕组不接负

43

载(开路)。这时,一次绕组产生的电流 i_1 称为空载电流,在铁芯中产生主磁通 Φ,而且一次和二次绕组同时与主磁通 Φ 交链。根据电磁感应定律可知,主磁通 Φ 在一次和二次绕组中分别产生频率相同的感应电动势 e_1 和 e_2。

输入电压和输出电压之比近似等于感应电动势之比,也是一次绕组和二次绕组的匝数比。

2) 有载运行

当变压器二次绕组接有负载 Z_1 时,在二次绕组中产生电流 i_2,如图 2-15 所示。这种情况称为变压器的有载运行。

(1) 变换电流。一次侧电流与二次侧电流之比,与绕组的匝数成反比,与变压比的倒数成正比。可见,变压器不仅有变换电压的作用,还有变换电流的作用。

(2) 变换阻抗。在电子技术中,总是希望负载能获得最大功率。负载能获得最大功率的条件是负载阻抗等于电源内阻。在实际电路中,负载阻抗与电源内阻往往是不相等的,若将负载直接接在电源上,就难以获得最大功率。因此,可由变压器进行阻抗变换,从而实现阻抗匹配。

为了获得最大的功率输出,可以利用变压器将负载阻抗增大或减小到正好等于电源内阻,以达到最佳的功率匹配。

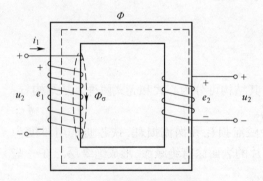
图 2-14 单相变压器的空载运行

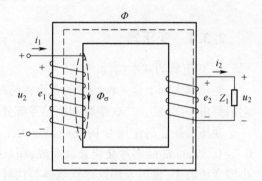
图 2-15 单相变压器的有载运行

3. 变压器的同名端

电源变压器往往有多个绕组,使用时根据需要可进行串联或并联,然而在串联或并联时,必须注意绕组的同名端。

在图 2-16(a)中,同一铁芯上绕有两个线圈,其绕向相同;在图 2-16(b)中,同一铁芯上绕有两个线圈,其绕向相反。

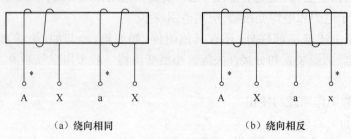

(a) 绕向相同　　　　　　　　　　(b) 绕向相反

图 2-16 同一铁芯上的两个线圈

当铁芯中的磁通变化时,两个线圈中均产生感应电动势。由电流的方向和绕组的绕向,利用右手螺旋定则都可以判断出磁场的方向。如果两个绕组中的电流都从图 2-16(a) 所示的 A 和 a 端流入,从 X 和 x 端流出,或者都相反,它们产生的磁场方向相同。两个线圈中的感应电动势的极性必然是 A 和 a 端相同,X 和 x 端相同,即 A 和 a 端是这两个绕组的一组对应端,X 和 x 端是另一组对应端。把这种对应端称为同极性端或同名端。而两个绕组中的非对应端,即 A 和 x 端、X 和 a 端,称为异极性端或异名端。在变压器的符号图上,同名端常用小圆点·或 * 表示。同理可以分析出图 2-16(b) 所示的同名端和异名端。

然而,在电路图和一台现成的变压器或其他电器中绕组的绕向常常是看不出来的,为此,需要一种标记来反映绕组的极性。这种标记如图 2-17 所示,在两绕组对应的一端各标以"*"号。这两个绕组上有标记的端点是它们的一组同极性端,无标记的端点是另一组同极性端;一个绕组上有标记的一端与另一个绕组上无标记的一端是它们的异极性端。当两绕组中的电流从同极性端流入时,产生的磁场方向相同,同方向的磁场都增强或都减弱时在两绕组中产生的感应电动势方向相同。

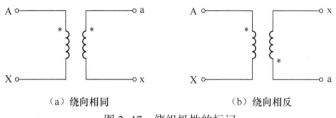

图 2-17 绕组极性的标记

4. 变压器的主要额定参数

1) 额定容量 S_N

变压器额定容量是指变压器的额定视在功率 S_N,单位一般用 V·A 或 kV·A 表示。变压器在传递能量过程中,效率很高,可达 95% 以上,故通常二次绕组按一次绕组的相等容量设计。

2) 额定电压 U_{1N} 和 U_{2N}

U_{1N} 是指额定运行情况下,一次绕组接线端点之间所施加的电压;U_{2N} 是指一次绕组在外加电压为 U_{1N} 时,二次绕组输出端的空载电压。

3) 额定电流 I_{1N} 和 I_{2N}

根据额定容量和额定电压所计算的电流,称为额定电流,单位用 A 或 kA 表示。

4) 额定频率 f_N

我国规定电力工业的标准频率 f_N 为 50Hz,在欧洲许多国家的市电频率为 60Hz。

5. 自耦变压器

图 2-18 是自耦变压器原理图。

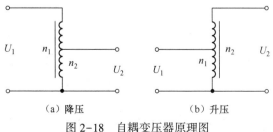

图 2-18 自耦变压器原理图

这种变压器的特点是铁芯上只绕有一个线圈。如果把整个线圈作为原线圈,副线圈只取线圈的一部分,就可以降低电压;如果把线圈的一部分作为原线圈,整个线圈作为副线圈,就可以升高电压。

调压变压器就是一种自耦变压器,它的构造如图 2-19 所示。线圈 AB 绕在一个圆环形的铁芯上,AB 之间加上输入电压 U_1,移动滑动触点 P 的位置就可以调节输出电压 U_2。

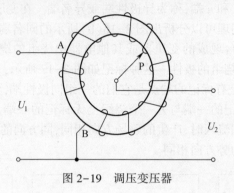

图 2-19　调压变压器

2.3.2　互感器

互感器也是一种变压器。交流电压表和电流表都有一定的量度范围,不能直接测量高电压和大电流。用变压器把高电压变成低电压,或者把大电流变成小电流,这个问题就可以解决了,这种变压器称为互感器。互感器分为电压互感器和电流互感器两种。

1. 电压互感器

1) 电压互感器的构造与原理

电压互感器实际上就是一个降电压的变压器,能将一次侧的高电压变换成二次侧的低电压,其一次侧的匝数远多于二次侧的匝数。电压互感器的符号如图 2-20(a)所示。使用时,将一次侧与被测电路并联,二次侧与电压表连接,如图 2-20(b)所示。由于二次侧的额定电压一般为 100V,故不同变压比的电压互感器,一次侧的匝数是不同的。

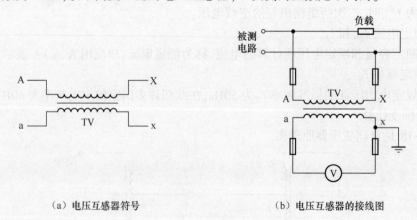

(a) 电压互感器符号　　　　　　　(b) 电压互感器的接线图

图 2-20　电压互感器符号与接线图

另外,由于电压表的内阻都很大,所以电压互感器的正常工作状态接近于变压器的开路状态。

电压互感器一次侧额定电压 U_{1N} 与二次侧额定电压 U_{2N} 之比,称为电压互感器的额定变压比,一般标在电压互感器的铭牌上。测量时可根据电压表的指示值 U_2,计算出一次侧被测电压的大小。

在实际测量中,为测量方便,对与电压互感器配合使用的电压表,常按一次侧电压进行刻度。例如:按 100V 电压设计制造,但与 10000V/100V 的电压互感器配合使用的电压表,其标度尺可按 10kV 直接刻度。

2)电压互感器的正确使用

(1)正确接线。将电压互感器的一次侧与被测电路连接,二次侧与电压表(或仪表的电压线圈)连接。对某些转动力矩与电流方向有关的仪表(如功率表、电能表等)与电压互感器连接时还要注意极性,极性接反会导致仪表指针反转。电压互感器一次侧的 A 与二次侧的 a 是同名端,一次侧的 X 与二次侧的 x 是同名端,一次侧电流从 A 流入互感器,二次侧电流应从其对应的同名端 a 流出互感器。

(2)电压互感器的一次侧、二次侧在运行中绝对不允许短路。电压互感器的一次侧、二次侧都应装设熔断器,以免一次侧短路影响高压供电系统,二次侧短路会烧毁电压互感器。

(3)电压互感器的铁芯和二次侧的一端必须可靠接地,以防止绝缘损坏时,一次侧的高压电窜入低压端,危及人身和设备的安全。

2. 电流互感器

1)电流互感器的构造与原理

电流互感器实际上是一个降电流的变压器,能把一次侧的大电流变换成二次侧的小电流。一般电流互感器二次侧的额定电流为 5A。由于变压器的一次侧、二次侧电流之比,与一次侧、二次侧的匝数成反比,所以电流互感器一次侧的匝数远少于二次侧的匝数,一般只有一匝到几匝。电流互感器符号如图 2-21(a)所示。

使用时,将一次侧与被测电路串联,二次侧与电流表连接,如图 2-21(b)所示。由于电流表的内阻一般很小,所以电流互感器在正常工作状态时,接近于变压器的短路状态。

电流互感器的一次侧额定电流 I_{1N} 与二次侧额定电流 I_{2N} 之比,称为电流互感器的额定电流比,每个电流互感器的铭牌上都标有它的额定电流比。测量时可根据电流表的指示值 I_2,计算出一次侧被测电流的数值。

同理,对与电流互感器配合使用的电流表,通常按一次侧电流直接进行刻度。例如:按 5A 设计制造,但与 300A/5A 的电流互感器配合使用的电流表,其标度尺可按 300A 进行刻度。

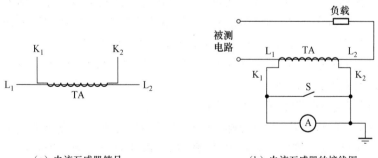

(a)电流互感器符号　　　　(b)电流互感器的接线图

图 2-21　电流互感器符号与接线图

2) 电流互感器的正确使用

(1) 正确接线。将电流互感器的一次侧与被测电路串联,二次侧与电流表(或仪表的电流线圈)串联。对功率表、电能表等转动力矩与电流方向有关的仪表与电流互感器配合使用时,要注意电流互感器的极性,极性接反会导致仪表指针反转。电流互感器一次侧、二次侧的 L_1 和 K_1、L_2 和 K_2 是同名端。

(2) 电流互感器的二次侧在运行中绝对不允许开路。因此,在电流互感器的二次侧回路中严禁加装熔断器。运行中需拆除或更换仪表时,应先将二次侧短路后再进行操作。有的电流互感器中装有供短路用的开关,图 2-21(b) 中的开关 S 就起这个作用。

(3) 电流互感器的铁芯和二次侧的一端必须可靠接地,以确保人身和设备的安全。

(4) 接在同一互感器上的仪表不能太多,否则接在二次侧的仪表消耗的功率将超过互感器二次侧的额定功率,会使测量误差增大。

2.4 其他低压器件

2.4.1 熔断器

熔断器是一种利用物质过热熔化的性质制作的保护电器。当电路发生严重过载或短路时,将有超过限定值的电流通过熔断器,其熔体熔断而切断电路,从而达到保护的目的。

1. 熔断器的结构及工作原理

熔断器主要由熔体和安装熔体的熔管或熔座两部分组成。其中熔体是主要部分,它既是感受元件又是执行元件。熔体可做成丝状、片状、带状或笼状,其材料有两类:一类为低熔点材料,如铅、锌、锡及铅锡合金等;另一类为高熔点材料,如银、铜、铝等。熔断器接入电路时,熔体是串接在被保护电路中的。熔管是熔体的保护外壳,可做成封闭式或半封闭式,其材料一般为陶瓷、绝缘钢纸或玻璃纤维。

熔断器熔体中的电流为熔体的额定电流时,熔体不熔断;当电路发生严重过载时,熔体在较短时间内熔断;当电路发生短路时,熔体能在瞬间熔断。由于熔断器对过载反应不灵敏,所以不宜用于过载保护,主要用于短路保护。

2. 常用典型熔断器

1) RT 系列有填料封闭管式熔断器

RT 系列熔断器(图 2-22)在康明斯、斯太尔等机组中较常见。RT 系列熔断器为瓷质管体,管体两端的铜帽上焊有偏置式连接板。管内装有变截面熔体。在管体的正面或侧面或背面有一指示用的红色小珠,熔体熔断时,红色小珠就弹出。RT 系列熔断器有带撞击器和不带撞击器两种类型。其中带撞击器的熔断器在熔体熔断时,撞击器会弹出,既可做熔断信号指示,也可触动微动开关的控制接触器线圈,做三相电动机的断相保护用。

2) RL 系列螺旋式熔断器

RL 系列螺旋式熔断器如图 2-23 所示。

RL 系列螺旋式熔断器主要由带螺纹的瓷帽、熔管、瓷套以及瓷座等组成。熔管内装有熔体并装满石英砂,将熔管置入底座内,旋紧瓷帽,电路就可接通。熔管内的石英砂用于灭弧,当电弧产生时,电弧在石英砂中因冷却而熄灭。瓷帽顶部有一玻璃圆孔,内装有熔断指示器,当熔管内的熔体熔断时指示器弹出脱落,透过瓷帽上的玻璃孔就可以看见。这种熔断器具有较高的分断能力和较小的安装面积,常用于135、105型柴油发电机组中的仪表电路中。

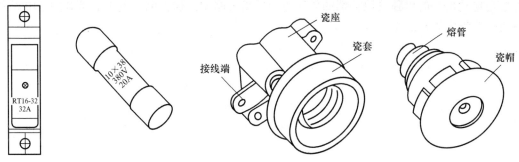

图 2-22　RT 系列熔断器　　　　　图 2-23　RL 系列螺旋式熔断器

2.4.2　计时器

为了记录发电机组的累计工作时间,有的发电机组装有计时器,其外形如图 2-24 所示。发电机组工作以后,计时器接通电源,通过专用电路产生秒脉冲信号,输出给步进电动机,推动微型变速器,经 5 级驱动,带动机械数字轮工作,记录发电机组的工作时间。

图 2-24　计时器

发电机组计时器,有多种计时和显示方式,带有掉电保持功能,掉电时计时停止,但计时值不丢失。计时器的电源通常采用 24V 或 12V 直流电源,也可采用 220V 交流电源。

2.4.3　无功补偿电容器

供配电系统采用并联电容器进行无功补偿时,根据其安装地点及方式有高压集中补偿、低压集中补偿、单独就地补偿(个别补偿)和分组补偿等。

集中补偿是将电容器组接在变配电所的高压或低压母线上。电容器组的容量需按变配电所的总无功负荷来选择,这种补偿方式的电容器组利用率较高,能够减少电网和用户变压器及供配电线路的无功负荷,但不能减少用户内部配电网线路的无功负荷。这种补偿方式安装简便、运行可靠、利用率高,因此应用比较普遍。但必须装设自动控制设备,使之能随负荷的变化而自动投切,否则可能会造成过补偿,破坏电源质量。

单独就地补偿,又称为个别补偿或随机补偿,是将并联补偿电容器组直接并接在需进行无功补偿的单台用电设备附近。通常和用电设备合用一套开关与其同时投入运行或断开。

这种补偿方式能够补偿安装部位前面所有高低压线路和电力变压器的无功功率,因此其补偿范围最大,补偿效果也最好,能就地平衡无功电流。但这种补偿方式总的投资较大,且电容器组在用电设备停止工作时,它也就随之被切除,因此其利用率降低。图 2-25 是直接接在感应电动机旁的单独就地补偿的低压电容器组电路图。这种电容器组通常利用用电设备本身的绕组电阻来放电。

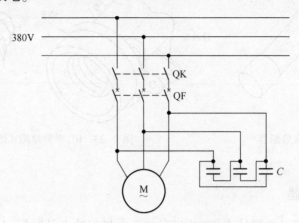

图 2-25 感应电动机旁就地补偿的低压电容

分组补偿是将电容器组分别安装在各分控制屏的母线上或各分路出线上。分组补偿的电容器组利用率比个别补偿时高,所需容量也比个别补偿少,但比集中补偿设备投资大,电容器组的利用率较低。

这几种补偿方式各有利弊,实际选用时应根据具体情况及用电负荷的特点来加以选择,也可将几种方式结合起来使用,以提高补偿效果。

下面介绍几类常用的无功补偿电容器。

1. 油纸电容器

普通型油纸补偿电容器如图 2-26 所示。它主要由芯子、外壳和出线结构三部分组成。其芯子通常由若干个元件、绝缘件和紧固元件等经过压装并按规定的串、并联法连接而成。电容器的元件主要采用卷绕的形式,是用铺有铝箔的电容器纸卷绕而成,先卷成圆柱状卷束,再压成扁平元件。补偿电容器内的浸渍介质采用矿物油、烷基苯硅油或植物油等。外壳均采用薄钢板制成的金属外壳,金属外壳有利于散热,但其绝缘性能较差。

2. 自愈式电容器

国家标准《并联电容器装置设计规范》(GB 50227—2017)规定,低压电容器宜选用自愈式电容器进行补偿。这种电容器具有自愈性能,其特点如下:

(1) 工作场强高,介质损耗低。

(2) 体积小、容量大、重量轻。

(3) 具有自愈性能,它是指电容器在运行中产生某一小点介质击穿时,故障点周围温度剧升,使该处膜上金属层迅速气化挥发,在数微秒的短时间内,两金属层间立即恢复电气绝缘,使电容能继续正常运行,这种功能称为自愈。

(4) 元件在发生永久性击穿时,不致引起爆炸。

目前常见的低压自愈式电容器的内部接线如图 2-27 所示。通常采用三相三角形(△)

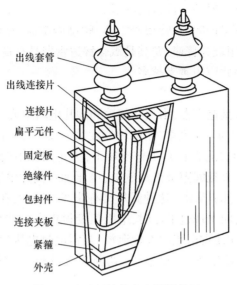

图 2-26 油纸补偿电容器结构图

接线,内部元件并联,每个并联元件都有单独的熔丝保护。

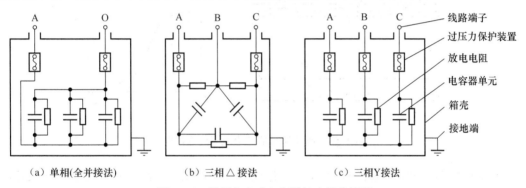

(a) 单相(全并接法)　　(b) 三相△接法　　(c) 三相Y接法

图 2-27 低压自愈式电容器的内部接线图

3. 集合式电容器

集合式(或密集型)电容器,就是一相电容器中的一台小电容器的元件接线方式,由常规的几个元件并联之后再串联成多段的结构,改变为由几十个元件并联而没有串联段的结构。

集合式电容器体积小、安装维护方便、可靠性高、运行费用低,适用于变电所集中补偿及城市电网改造等。

2.4.4 避雷器

避雷器是一种能限制过电压幅值的保护装置的统称,主要是用来防护雷电产生的过电压波沿线路侵入变配电所或其他建筑物内,以免危及被保护设备的绝缘。

避雷器应与被保护设备并联,安装在被保护设备的线路侧。当线路上出现危及设备绝缘的过电压时,避雷器的火花间隙就被击穿或由高阻变为低阻,使强大的雷电流通过接地装置入地,降低了过电压,从而保护了设备的绝缘。

避雷器的主要形式有保护间隙、管型避雷器、阀型避雷器、氧化锌避雷器。前两种的使用已越来越少,后两种使用较为普遍,尤其是氧化锌避雷器具有良好非线性、动作迅速、结构简单、可靠性高等特点,因此应用越来越多。

1. 阀式避雷器

阀式避雷器又称为阀型避雷器,由火花间隙和阀片电阻组成,装在封闭的瓷套内。火花间隙用铜片冲制而成,每对为一个间隙,中间用厚度约为 0.5~1mm 的云母垫圈隔开,如图 2-28(a)所示。火花间隙的作用:在正常工作电压下,火花间隙不会被击穿,从而隔断工频电流;在雷电过电压出现时,火花间隙被击穿放电,电压加在阀片电阻上。阀片电阻通常由碳化硅颗粒制成,如图 2-28(b)所示。这种阀片具有非线性特性,在正常工作电压下,阀片电阻值较高,起到绝缘作用;而出现过电压时,电阻值变得很小,如图 2-28(c)所示。因此,当火花间隙被击穿后,阀片能使雷电流向大地泄放;当雷电过电压消失后,阀片的电阻值又变得很大,使火花间隙的电弧熄灭,绝缘恢复,切断工频续流,从而恢复和保证线路的正常运行。

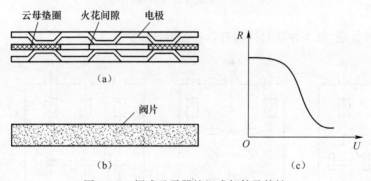

图 2-28 阀式避雷器的组成部件及特性

阀式避雷器中火花间隙的多少,与其工作电压高低成正比。高压阀式避雷器的火花间隙多,目的是将长电弧分割为多段电弧,以加速电弧的熄灭,而阀片电阻的限流作用是加速电弧熄灭的主要因素。

图 2-29(a)、(b)分别是 FS4-10 型高压阀式避雷器和 FS-0.38 型低压阀式避雷器的结构图。雷电流流过阀片时要形成电压降(称为残压),加在被保护电气设备上。残压不能过高,否则会使设备的绝缘击穿。

阀式避雷器除了上述两种型号外,还有磁吹式避雷器,内部有磁吹装置加速火花间隙中的电弧熄灭,从而可进一步降低残压,专门用来保护重要的或绝缘较为薄弱的设备。

2. 金属氧化物避雷器

金属氧化物避雷器是目前最先进的过电压保护设备,是以氧化锌阀电阻片为主要元件的一种新型避雷器。它分为无间隙和有间隙两种,如图 2-30、图 2-31 所示的工作原理和外形与采用碳化硅阀电阻片的阀式避雷器基本相似。

1) 无间隙的金属氧化物避雷器

如图 2-30 所示,瓷套管内的阀电阻片是由氧化锌等金属氧化物烧结而成的多晶半导体陶瓷元件,具有理想的阀电阻特性。在雷电过电压的作用下,其电阻值变得很小,能顺畅

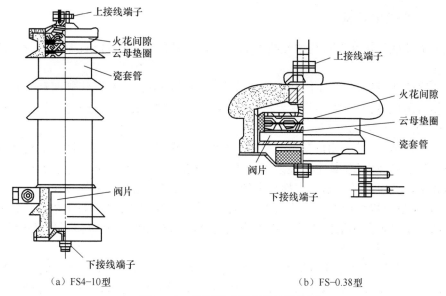

(a) FS4-10型　　　　　　　　　　(b) FS-0.38型

图 2-29　低压阀式避雷器的结构图

地对地泄放雷电流。而在随后的工频电压作用下,其电阻值又变得很大,从而能迅速地阻断工频电流。

2) 有火花间隙的金属氧化物避雷器

如图 2-31 所示,其结构与前述的普通阀式(FS 型)避雷器相似,只是普通阀式避雷器采用的是碳化硅阀电阻片,而这种金属氧化物避雷器采用的是氧化锌阀电阻片,其非线性特性更优异,因此这种有火花间隙金属氧化物避雷器有取代普通碳化硅阀式避雷器的趋势。

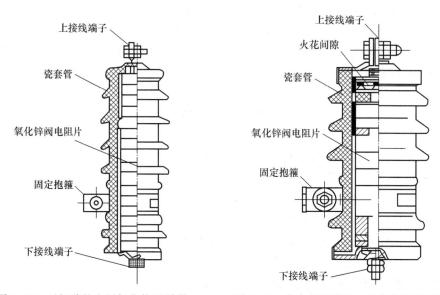

图 2-30　无间隙的金属氧化物避雷器　　图 2-31　有火花间隙的金属氧化物避雷器

2.4.5 中线电抗器

中线电抗器就是接在发电机中性线上的一个带铁芯的线圈,可以有效地限制中性线上的谐波电流。

发电机绕组接成星形(Y)时,其接线方式有三相三线制和三相四线制两种制式。为了能够向单相负荷供电,小型发电机大都采用三相四线制接线方式,在这种接线方式下,中性线中有可能会产生很大的电流。

其产生的原因:一是三相负荷不平衡时,中性线上就有零序电流;二是发电机绕组中的谐波电势产生的谐波电流,其中中性线上的3次及3的倍数次谐波电流等于各相线中3次及3的倍数次谐波电流的3倍。中性线上的谐波电流是有害的,必须加以控制。由于制造上的原因,要从发电机结构上完全克服谐波电流是有困难的,故必须从发电机的运行方式及系统上采取一定措施限制谐波电流。中性线上流过的总电流为三相负荷不平衡电流(基波零序电流)和谐波电流的叠加。

单台发电机带负荷运行时,谐波电流要经过负荷阻抗才能构成回路,通常这个阻抗值较大,因此这种运行方式的中性线电流不大,但谐波电流会对某些设备如转速传感器造成干扰。

多台机组并联运行时,理想情况下,负荷分配均匀、功率因数相同、相位相同,各机组的谐波电势互相抵消,不会形成环流。但是,由于发电机制造工艺上的差异,使各发电机的谐波分量幅值不同,或各发电机所承担的负荷不同,以及无功功率分配不均匀等,从而使各台发电机的电势相位不同,合成的谐波电势在并联运行机组的中性线上形成较大的中性线电流。

中性线电流过大的危害如下:

(1) 影响发电机的寿命和效率。严重时可能烧毁中性线,使发电机发热,造成绝缘老化加剧,影响发电机的寿命。

(2) 导线载流量下降。高次谐波电流作用于导线上,则会使导线产生集肤效应,使导线载流量下降。

中性点引出线上加装电抗器后可以有效地限制中性线上的电流,但也有缺点:加电抗器后,引起负荷中性点偏离,加大了三相电压的不平衡度,降低了单相短路保护的灵敏系数。从限制谐波电流的角度看,中线电抗器的阻值越大越好,但从减小中性点电压偏离的角度看,电抗器的阻值越小越好。所以电抗器阻值的选择要兼顾二者的要求。

思 考 题

1. 低压断路器具有哪些脱扣装置?分别叙述其功能。
2. 热继电器能做短路保护用吗?为什么?
3. 什么是变压器的同名端?如何进行标记?
4. 使用互感器时必须注意哪些问题?为什么?
5. 什么是低压集中补偿、单独就地补偿和分组补偿?
6. 在什么情况下宜采用无功自动补偿装置?
7. 熔断器的作用是什么?在电路中如何连接?
8. 避雷器的功能是什么?
9. 简述中线电抗器的功能。

第3章 交流同步发电机

交流同步发电机是将机械能转换为电能的转换设备,与直流发电机一样,当交流同步发电机磁极(转子)中的励磁绕组通以直流电而且转动时,磁极与定子导线之间有相对运动,定子导线中就会产生感应电动势。把这些导线按一定规律连成绕组,可从绕组出线端引出交流电动势,这个交流电动势的频率 f 由电机的磁极对数 p 和转速 $n(\text{r}/\text{min})$ 决定,即

$$f = \frac{pn}{60}(\text{Hz}) \tag{3-1}$$

无论是交流同步发电机还是交流同步电动机,它们的转速与频率之间有如式(3-1)所示的严格"同步"关系。

以往电站装备中配套的同步发电机广泛采用直流发电机提供励磁电流,其励磁电流是通过整流子、电刷(碳刷)以及滑环(集电环)提供至励磁绕组,对日常维护和保证安全运行带来了很多问题。为了改善这种情况,出现了带静止硅整流器的自励恒压同步发电机,但这种发电机依然存在电刷和滑环,需要经常维护,而且会产生电磁干扰。为了从根本上解决存在的问题,目前电站装备中的同步发电机几乎毫无例外地采用无刷交流同步发电机。

3.1 交流同步发电机的基本原理和结构

3.1.1 交流同步发电机的基本原理

1. 单相交流电的产生

由物理学可知,当导体切割磁场中的磁力线时,导体中就会产生感应电动势,如图3-1所示。

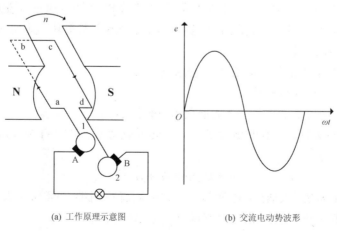

(a) 工作原理示意图　　(b) 交流电动势波形

图 3-1　发电机原理示意图

便于分析和图示清晰起见,现用一匝线圈 abcd 代表整个电枢绕组。电枢绕组两端分别固定在同一转轴上的滑环 1 和 2 上。二者同轴旋转,其相对位置和连接关系不随转子位置的变化而变化。电刷 A 和 B 通过刷架固定在发电机的端盖上,电刷(碳刷) A 和 B 与滑环 1 和 2 的滑动接触关系不变。

在图 3-1(a)中,电枢为顺时针方向旋转,当 ab 边处于 N 极下时,cd 边中感应电动势的方向由 c 指向 d,如图中的箭头方向所示。假设此时电动势为正值。

当电枢旋转 180°后,ab 边处于 S 极下,cd 边处于 N 极下,则 ab 和 cd 边中的电动势均改变方向,显然此时的电动势为负值。

不难看出,对于图 3-1(a)所示的一对磁极的单相同步发电机,其转子旋转一周,在电枢绕组中产生一个周波的交流电动势。若磁通密度 B 按正弦规律分布,则可产生如图 3-1(b)所示的正弦交流电动势 e。

对于三相同步发电机,其各相绕组产生交流电动势的原理与单相同步发电机完全相同。转枢式同步发电机的工作原理如此,转磁式同步发电机的工作原理也如此。

由电磁感应定律可知,当导体与磁场发生相对运动时,导体中的感应电动势 e 可用下式计算:

$$e = BLv \tag{3-2}$$

式中　　e——导体中的感应电动势(V);
　　　　B——磁通密度(T);
　　　　L——导体在磁场中的有效长度(m);
　　　　v——导体垂直于磁场方向的运动速度(m/s)。

因为同步发电机的转子是旋转的,故其正弦交流电动势的有效值 e 应按下式计算:

$$e = Kn\Phi \tag{3-3}$$

式中　　K——发电机的结构常数;
　　　　n——发电机的转速(r/min);
　　　　Φ——发电机每极的磁通(Wb)。

同步发电机制成以后,其结构常数 K 已成定值。如需调整电动势的大小从而改变发电机输出电压的高低,可通过改变同步发电机的转速或每极磁通 Φ 来实现。但是,通常要求电动势的频率 f 恒定不变,而频率 f 与转速成正比,故发电机的转速也不能随便进行调整。由此可见,同步发电机主要是通过调节磁通 Φ 的大小来达到调整其输出电压的目的。

2. 正弦交流电的三要素

最大值、角频率和初相位是正弦交流电的三要素。

1) 瞬时值、最大值和有效值

正弦交流量随时间变化时某时刻的值称为瞬时值,用小写字母表示,如 i、u 及 e 表示电流、电压及电动势的瞬时值。瞬时值有正、有负,也可能为零。图 3-1 中的电动势 e 的瞬时值为

$$e = E_m \sin(\omega t + \varphi_0) \tag{3-4}$$

最大的瞬时值称为最大值(也称为振幅、幅值、峰值),用带下标 m 的大写字母表示,如 I_m、U_m 及 E_m 分别表示电流、电压及电动势的最大值,如图 3-2 所示。

有效值是用来衡量正弦量做功能力的物理量,让交流电和直流电分别通过阻值完全相

同的电阻。如果在相同的时间 T 内,这两种电流产生的热量相等,就将这个直流电流 I 定义为正弦电流 i 的有效值。有效值与最大值的关系如下:

$$I = \frac{I_m}{\sqrt{2}} \tag{3-5}$$

$$U = \frac{U_m}{\sqrt{2}} \tag{3-6}$$

$$E = \frac{E_m}{\sqrt{2}} \tag{3-7}$$

2) 周期、频率、电角度和角频率

周期、频率和角频率是用来表示正弦交流电变化快慢的物理量。

正弦量变化一次所需的时间(s)称为周期 T,如图 3-3 所示。正弦量每秒内变化的次数称为频率 f,它的单位是赫兹(Hz)。频率是周期的倒数,即 $f=1/T$。

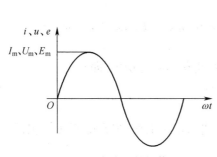

图 3-2 交流电的幅值

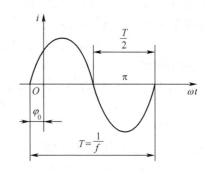

图 3-3 交流电的周期

我国和大多数国家都采用 50Hz 作为电力标准频率,习惯上称为工频。

正弦交流电在随时间变化过程中,决定其大小和方向的角度称为电角度,用符号 α 表示。角度 α 只用来描述交流电的变化规律,故将其称为电角度。

电角度并不是在任何情况下都等于线圈实际转过的机械角度,只有在一对磁极的发电机中电角度才等于机械角。

正弦交流电单位时间(s)内变化的电角度,称为角频率,用符号 ω 表示,其单位是 rad/s。

$$\omega = \frac{2\pi}{T} \tag{3-8}$$

3) 相位、初相位和相位差

由于正弦交流电是随时间而变化的,在任一时刻的值是由电角度($\omega t + \varphi$)确定的。这个电角度称为正弦交流电的相位。

在 $t=0$,即开始计时的相位或相角称为初相位或初相角,如图 3-4 所示。它是正弦量取的时间基准点。初相位的绝对值不能超过 π。

两个同频率正弦量的相位角之差或初相位角之差称为相位差,用 φ 表示。如同频率正弦量 u 较 i 先到达正的幅值,则在相位上 u 比 i 超前 φ 角,或者说 i 比 u 滞后 φ 角。

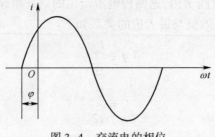

图 3-4 交流电的相位

初相位相等的两个同频率正弦量,它们的相位差为零,这样的两个正弦量称为同相。同相的两个正弦量同时到达零值和最大值,步调一致。相位差 φ 为 180° 的两个正弦量称为反相。

3. 功率与功率因数

1) 瞬时功率

若通过负载的电流为 $i = I_m\sin(\omega t)$,负载两端的电压为 $u = U_m\sin(\omega t + \varphi)$。在电流、电压关联参考方向下,瞬时功率为

$$p = ui = U_m\sin(\omega t + \varphi)I_m\sin(\omega t) = UI\cos\varphi - UI\cos(2\omega t + \varphi) \tag{3-9}$$

2) 平均功率

一个周期内瞬时功率的平均值称为平均功率,也称为有功功率,即

$$P = UI\cos\varphi \tag{3-10}$$

3) 无功功率

电路中的电感元件与电容元件要与电源之间进行能量交换,根据电感元件、电容元件的无功功率,考虑到 U_L 与 U_C 相位相反,故

$$Q = (U_L - U_C)I = UI\sin\varphi \tag{3-11}$$

4) 视在功率

用额定电压与额定电流的乘积来表示视在功率,即

$$S = UI \tag{3-12}$$

视在功率常用来表示电气设备的容量,其单位为伏安(VA)。视在功率不是表示交流电路实际消耗的功率,而只能表示电源可能提供的最大功率或指某设备的容量。

5) 功率因数

功率因数 $\cos\varphi$ 的大小等于有功功率与视在功率的比值,即

$$\cos\varphi = P/S \tag{3-13}$$

4. 三相交流电的产生

三相交流电由三相交流发电机(图 3-5)产生,它是在单相交流发电机的基础上发展而来的。磁极安装在转子上,一般由直流电通过励磁绕组产生一个很强的磁场。当转子由原动机拖动做匀速转动时,定子绕组切割转子磁场而感应出三相交流电动势。

由于定子上的三相绕组在空间的位置是对称的,彼此相差 120° 的电角度,因此定子绕组切割磁力线时,将产生对称的三相感应电动势,其瞬时值表达式为

$$e_U = E_m\sin(\omega t) \tag{3-14}$$

$$e_V = E_m\sin(\omega t - 120°) \tag{3-15}$$

$$e_W = E_m\sin(\omega t + 120°) \tag{3-16}$$

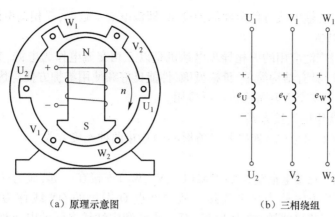

(a) 原理示意图　　　　　　　　(b) 三相绕组

图 3-5　三相交流电的产生

图 3-6(a) 为三相交流电动势的波形图,图 3-6(b) 为相量图。从图 3-6(a) 可以看出,三相交流电动势在任一瞬间,其 3 个电动势的代数和为零,即

$$e_U + e_V + e_W = 0 \tag{3-17}$$

从图 3-6(a) 还可看出,三相正弦交流电动势的相量和也等于零,即

$$\dot{E}_U + \dot{E}_V + \dot{E}_W = 0 \tag{3-18}$$

这种正弦交流电动势称为三相对称电动势,规定每相电动势的正方向是从绕组的末端指向始端(或由低电位指向高电位)。

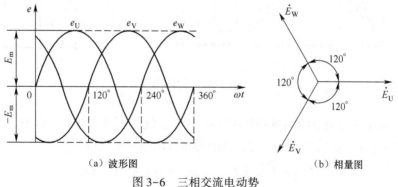

(a) 波形图　　　　　　　　(b) 相量图

图 3-6　三相交流电动势

由三相正弦交流电源供电的电路称为三相正弦交流电路。三相正弦交流电路是指由三个频率相同、最大值(或有效值)相等、在相位上互差 120°的单相交流电动势组成的电路,这 3 个电动势称为三相对称电动势。

对称三相交流电压相邻相的相位差均为 120°,这就涉及一个相序问题。相序是指三相电源出现最大值的先后次序。如图 3-6(a) 所示,沿相位轴 ωt 的方向是按 $e_U \to e_V \to e_W \to e_U$ 的顺序依次变化的,一个比一个滞后 120°,这样的相序称为顺序;若按照 $e_U \to e_W \to e_V \to e_U$ 的顺序依次变化,则称为逆序。

三相交流电与单相交流电相比具有以下优点:

(1) 三相交流发电机比功率相同的单相交流发电机体积小、重量轻、成本低。

(2) 当输送功率相等、电压相同、输电距离一样、线路损耗也相同时,用三相制输电比单相制输电可大大节省输电线有色金属的消耗量,即输电成本较低,三相输电的用铜量仅为单相输电用铜量的75%。

(3) 目前获得广泛应用的三相异步电动机是以三相交流电作为电源,它与单相电动机或其他电动机相比,具有结构简单、价格低廉、性能良好和使用维护方便等优点,因此在现代电力系统中,三相正弦交流电路获得广泛应用。

5. 三相电枢绕组的连接方式

三相电枢绕组有星形(Y)连接和三角形(△)连接两种连接方式。

1) 星形连接

如图3-7所示,三相电枢绕组的末端(U_2、V_2、W_2)连接在一起,成为一个公共点O,称为中性点,这种连接方式称为星形连接。从中性点O引出的ON线称为中性线,从始端(U_1、V_1、W_1)引出三相接线端,称为火线。任一火线和中性线之间的电压称为相电压,一般用e_U、e_V、e_W或u_A、u_B、u_C表示。两相火线之间的电压称为线电压,一般用u_{AB}、u_{BC}、u_{CA}表示。有中性线的称为三相四线制星形连接,没有中性线的称为三相三线制星形连接。目前电站采用的都是三相四线制星形连接。

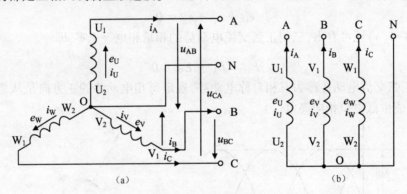

图3-7 星形连接

对称三相正弦交流电的相量图如图3-8所示。线电压有效值(一般用U_L或U_X表示)与相电压有效值(一般用U_P或U_{XN}表示)的关系可由相量图求得

$$U_{BC} = U_{CA} = U_{AB} = 2e_U \times \cos 30° = \sqrt{3} e_U \tag{3-19}$$

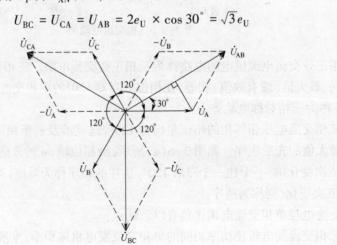

图3-8 相量图

即

$$U_L = \sqrt{3} U_P \tag{3-20}$$

通过发电机每相绕组中的电流称为相电流(i_U、i_V、i_W),发电机输出端每一相火线中通过的电流称为线电流(i_A、i_B、i_C)。三相负载对称时,$I_U = I_V = I_W$,$I_A = I_B = I_C$。此时,中性线上没有电流,因此线电流有效值(一般用 I_L 或 I_X 表示)等于相电流有效值(一般用 I_P 或 I_{XN} 表示),即

$$I_L = I_P \tag{3-21}$$

2) 三角形连接

如图 3-9 所示,三相电枢绕组依次首尾相连的连接方式称为三角形连接。将三个相连的点引出三相接线端。显然,三角形连接时,线电压等于相电压,即

$$U_X = U_{XN} \tag{3-22}$$

由计算可得

$$I_X = \sqrt{3} I_{XN} \tag{3-23}$$

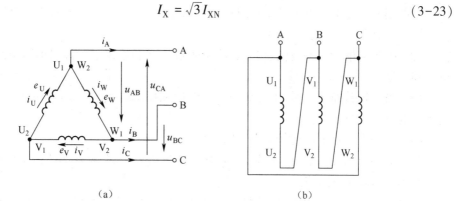

图 3-9 三角形连接

3.1.2 交流同步发电机的基本形式

交流同步电机按其运行方式和功率转换的方向可分为交流同步发电机、交流同步电动机和交流同步补偿机 3 大类型。

交流同步发电机是把机械能转换成交流电能的设备;交流同步电动机是把交流电能转换成机械能的设备;交流同步补偿机是专门用于调节电网的无功功率,以改善电网的功率因数的装置。从原理上讲,任何一台交流同步电机,既可以作为发电机,也可以作为电动机或补偿机。所以交流同步电机具有可逆性。

交流同步发电机的基本形式有旋转电枢式和旋转磁极式两种,如图 3-10 所示。这两类同步发电机虽然结构上有所不同,但基本原理是相同的。

1. 旋转电枢式发电机

旋转电枢式发电机的磁场是固定的,而电枢由柴油机拖动旋转,三相交流电流通过滑环和电刷输送到负载,如图 3-10(a)所示。

这类发电机的优点是铁芯(硅钢片)的利用率较高,定子机座兼做磁轭,从而节约了钢材;其缺点是输出的容量受到限制,电压也不能太高,其原因如下:

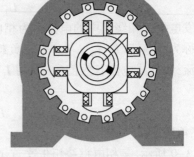

(a) 旋转电枢式　　　　　　　　(b) 旋转磁极式

图 3-10　同步发电机的两种结构形式

(1) 电枢绕组的电流是通过滑环和电刷的连接引到外电路的。如果输出的电流过大,则会引起滑环与电刷之间产生的火花过大;若输出电压过高,则滑环和电刷的绝缘不易解决。因此,电压一般不超过 500V。

(2) 由于电枢所占的空间有限,若绕组匝数过多和绝缘层过厚,制作困难,这就限制了电压和容量。

(3) 当电枢转速较高时,由于离心力的作用和振动较大,容易造成电枢的损坏,因此限制了发电机的运行速度。

(4) 这类发电机的结构较复杂,造价高。

基于上述原因,已很少用这类发电机作为主发电机,通常是作为交流励磁机。

2. 旋转磁极式发电机

目前电站装备中采用的交流同步发电机的结构通常为旋转磁极式,其电枢是固定的,而磁极是旋转的,电枢绕组均匀地分布在整个定子铁芯槽内,如图 3-10(b) 所示。这类同步发电机,按其磁极的形状又可分为凸极式和隐极式两种,如图 3-11 所示。

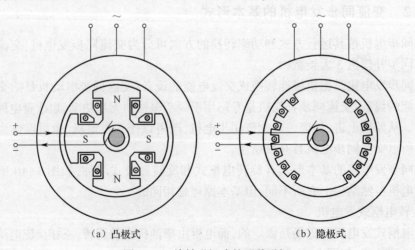

(a) 凸极式　　　　　　　　(b) 隐极式

图 3-11　旋转磁极式的两种磁极

如图 3-11(a) 所示,凸极式发电机有明显的磁极,在磁极铁芯上套有励磁绕组。它的气隙是不均匀的,极弧下气隙较小,而极间部分气隙较大。

如图3-11(b)所示,隐极式发电机没有明显的磁极,励磁绕组分散嵌在转子铁芯的槽内。由于它的转子制成圆柱形,因此其气隙是均匀的。

旋转磁极式发电机有较多的空间位置来嵌放电枢绕组和绝缘材料。电枢绕组输出的交流电流可直接送往负载,其机械强度和绝缘条件都比较好,可靠性也较高。

对于高速旋转的同步电机,其转子通常采用隐极式,而对于低速旋转的电机,由于转子的离心力较小,故采用制造简单、励磁绕组集中安放的凸极式。目前绝大多数电站采用凸极式发电机。

3.1.3 交流同步发电机与柴油机的连接

交流同步发电机与柴油机通过联轴器进行连接,联轴器分为弹性(柔性)连接和刚性连接两种。

弹性联轴器通过固定在柴油机飞轮上的铝合金连接器齿圈驱动发电机上的齿形弹性连接盘,从而带动发电机的转子运转。齿型弹性连接盘通过12个内六角螺钉固定在联轴器法兰盘上,法兰盘通过平键装在发电机的转轴上,如图3-12所示。

采用刚性联轴器的发电机为单轴承式发电机。该型发电机带有标准的(通用)联轴器与柴油机相连接,如图3-13所示。

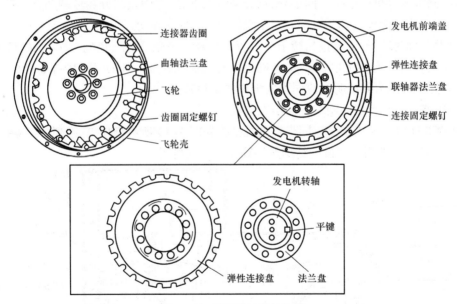

图3-12 弹性联轴器结构图

刚性联轴器的法兰盘上装有发电机的风扇,4片连接钢片(有的机组是3片)用8根螺钉固定在联轴器法兰盘的前端,连接钢片的外圈有8个螺孔,用8个螺钉将连接钢片固定在柴油机的飞轮上。柴油机工作时,通过联轴器驱动发电机的转子运转。

3.1.4 交流同步发电机的结构

目前电站中采用的发电机主要是无刷交流同步发电机,其中与康明斯柴油机配套的主

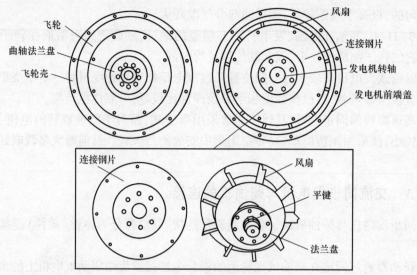

图 3-13 刚性联轴器结构示意图

要是 SB-W6 系列无刷交流同步发电机,与斯太尔柴油机配套的主要是 LSG35 系列无刷交流同步发电机。

这些同步发电机的结构大同小异,都分为两大部分,即静止部分和转动部分。静止部分称为定子,主要包括机座、定子铁芯、定子绕组、前后端盖、轴承盖及交流励磁机的定子等部分;转动部分称为转子,主要包括转子铁芯、励磁绕组、转轴、轴承、风扇、交流励磁机的转子及旋转整流器等。有的无刷同步发电机还带有永磁励磁机。下面以 SB-W6-120 系列和 LSG35 系列发电机为例说明交流同步发电机的结构特点。

1. SB-W6-120 系列无刷交流同步发电机

SB-W6-120 系列无刷交流同步发电机结构如图 3-14 所示(SB-W 系列、SB-W6-75 系列与 SB-W6-120 系列发电机的结构及导线连接基本相同)。

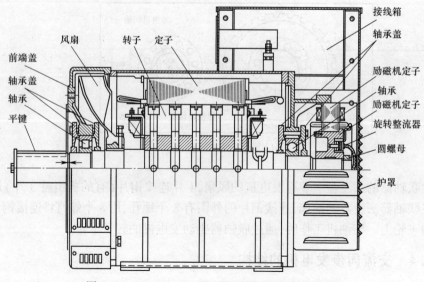

图 3-14 SB-W6-120 系列交流同步发电机结构图

1）静止部分

（1）定子。定子由机座、定子铁芯、定子绕组、三次谐波绕组等组成。定子铁芯和定子绕组是用来产生感应电动势、电流的，通常统称为电枢。

机座是发电机的整体支架，用来固定电枢和前后端盖，从而支承转子。发电机的机座通常有铸铁铸造和钢板焊接两种。机座内壁分布有筋条用以固定电枢，两端有止口和螺孔与端盖配合固定，机座下部有底脚，以供发电机固定在底架或基础上。机座上一般有出线盒，其位置通常在机座的右侧（从轴伸出端看）或位于机座上部。出线盒内装有接线板，以便引出电源。位于机座上部的出线盒内一般装有励磁调节器。

定子铁芯是发电机磁路的一部分。为了减小涡流损耗，铁芯通常采用0.5mm厚两面涂有绝缘的硅钢片叠压而成。铁芯开有均匀分布的槽，用来嵌放电枢绕组。

为了提高铁芯材料的利用率，定子铁芯常采用扇形硅钢片拼叠成一个整圆形铁芯，拼接时把每层硅钢片的接缝相互错开。为了增加散热面积，较大容量的发电机铁芯通常沿轴向留有数道通风槽。

定子绕组又称为电枢绕组，由线圈组成，线圈采用高强度聚酯漆包圆铜线绕制，并按一定的方式连接，嵌入铁芯槽中。线圈采用导线的规格、线圈的匝数、并联路数、绕组形式等均由设计确定。三相绕组对称嵌放，彼此互差120°电角度。定子绕组嵌放在铁芯槽中必须要对机体绝缘、层间绝缘和相间绝缘。

由于定子线圈在铁芯槽内受到交变电磁力及平行导线之间的电动力作用，会造成线圈移动和振动，因此线圈必须紧固。一般采用玻璃布板做槽楔在槽内压紧线圈，并且在两端用玻璃纤维带扎紧，然后把整个电枢进行绝缘处理，使电枢成为一个牢固的整体。

三次谐波绕组嵌放在铁芯槽中定子绕组的外侧，用于给交流励磁机励磁绕组提供励磁电流。

（2）端盖。由于端盖与机座配合后用来支承转子，因此在端盖的中心处开有轴承室圆孔，以供安装轴承。端盖的端面有止口与机座配合，与柴油机专配的同步发电机在轴伸出端的端盖两端面均有止口，以保证转子装配后同心度的要求。

（3）交流励磁机定子。交流励磁机产生的交流电，经旋转整流器整流后，供同步发电机励磁用。为了免去励磁机为旋转磁极式发电机提供励磁电流所用的电刷、滑环，交流励磁机的定子为磁极，而转子为电枢。通常交流励磁机定子铁芯是用硅钢片叠压而成，其励磁绕组先在玻璃布板预制的框架上绕制，经浸漆绝缘处理后套在交流励磁机定子铁芯上，并用销钉固定。

2）转动部分

发电机的转动部分称为转子。它包括转子铁芯、励磁绕组、转轴、轴承、风扇、交流励磁机转子和旋转整流器等。

（1）转子铁芯。转子铁芯用1mm厚的低碳钢板冲制的磁极冲片叠压而成。

对于采用分离凸极式磁极的发电机，磁极冲片叠压紧后用铆钉和压板铆合在一起制成磁极铁芯。磁极铁芯套上磁极线圈后，用磁极螺钉固定在磁轭上。

对于采用整体凸极式磁极的发电机，磁极冲片与磁轭为一体，用0.5mm硅钢片整片冲出，然后直接与端板、阻尼条、阻尼环焊接成一个整体形成转子铁芯。这种结构的特点如下：

① 励磁绕组直接绕在磁极上，散热好，而且机械强度高。

② 没有第二气隙,可减少励磁绕组的安匝数。

③ 制造时安放阻尼绕组方便。

(2) 励磁绕组。凸极式励磁绕组一般采用矩形截面的高强度聚酯漆包扁铜线绕制或者用聚酯漆包圆铜线绕制,但空间填充系数较差。

由于凸极式励磁绕组是集中式绕组,因此可在预先制好的铁板框架四周包好云母板、玻璃布等绝缘材料,上下放上玻璃布板衬垫,然后连续绕制线圈,再浸烘绝缘漆,最后将成形励磁绕组套在磁极铁芯上,再用螺钉固定在磁轭上。

对于整体凸极式是在预先铆好的整体转子上,将极身四周包好绝缘,然后整体用机械方法绕制线圈,最后进行绝缘浸烘处理,形成坚固的磁极整体,用热套方法套入转轴。这种线圈结构散热条件好,绝缘性能和可靠性高。

(3) 转轴。交流同步发电机的转轴一般用45#钢加工而成。在发电机的轴伸出端,通过轴上的联轴器与柴油机对接。可见,它是将机械能转变为电能的关键部件,因而必须具有很高的机械强度和刚度。

(4) 轴承。采用双轴承的发电机根据受力情况,一般其传动端采用滚柱轴承,非传动端采用滚珠轴承。轴承与转轴是过盈配合,轴承用热套法套入转轴。轴承外圈与端盖(或轴承套)采用过渡配合,并固定在两端盖的轴承室或轴承套内。单轴承的发电机一般采用其维护滚珠轴承。

轴承通常采用3#锂基脂进行润滑,并在轴承两边用轴承盖密封,轴承应注意清洁以减小振动和噪声。

(5) 风扇。发电机运行时将产生各种损耗,并以热量形式散发而引起发热,通常中小型发电机在转轴上装有风扇进行通风冷却。

为了提高通风效率,通常采用后倾式离心风扇,一般装在发电机的前端盖内。对专配的柴油发电机组也有装在前端盖外的,风扇装在轴伸出端的联轴器上。这样在发电机运行过程中,冷空气由后端盖和机座两侧进入发电机内部,吸收电枢绕组、励磁绕组、定子与转子铁芯等的热量,然后通过前端盖板上的窗孔将热量排出机外,以保证发电机的温升控制在允许范围内。

(6) 交流励磁机的转子。无刷交流同步发电机是利用交流励磁机的转子产生的交流电,经旋转整流器整流变为直流电,供交流发电机励磁用。

交流励磁机转子铁芯用硅钢片叠压而成,然后嵌以三相交流绕组,并经绝缘处理形成电枢。交流励磁机一般装在后端盖处。

(7) 旋转整流器。旋转整流器是与交流励磁机同轴旋转的装置。旋转整流器通常装在交流励磁机的外侧,用螺钉固定在励磁机转子上。

旋转整流器采用6个二极管组成的三相桥式整流电路,通常由共阳极组和共阴极组两个模块组成。共阳极组中3个二极管的阳极为公共端(通常标有"-"),共阴极组中3个二极管的阴极为公共端(通常标有"+")。二极管采用正、反烧结两种管型,即两者的阴极、阳极(正、负极)正好相反,从而减少整流元件之间的连接导线,提高发电机运行的可靠性。

SB-W6-120系列交流同步发电机的接线如图3-15所示。

2. LSG35系列无刷交流同步发电机

1) LSG35系列无刷交流同步发电机的结构及接线

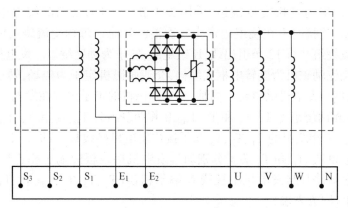

图 3-15 SB-W6-120 系列交流同步发电机接线图

LSG35 系列无刷交流同步发电机的结构如图 3-16 所示。

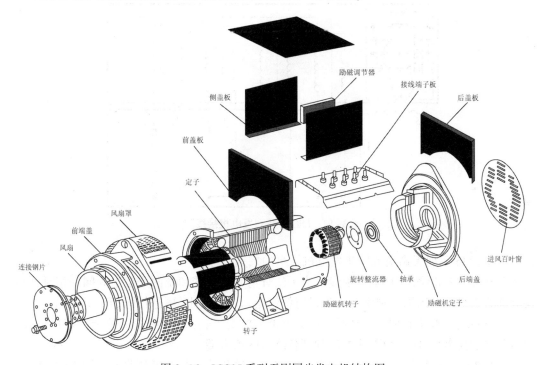

图 3-16 LSG35 系列无刷同步发电机结构图

LSG35 系列无刷交流同步发电机中没有三次谐波绕组,其他结构和 SB-W6-120 系列发电机基本相同。该系列交流同步发电机有单轴承和双轴承两种形式。由于单轴承发电机具有噪声小、便于维护等优点,目前移动电站大多配备为单轴承式发电机。单轴承式发电机带有标准的通用联轴器与发动机相连接。联轴器通过平键与发电机轴相连,在联轴器的法兰盘上装有发电机的风扇,4 片连接钢片用 8 根螺钉固定在联轴器法兰盘的前端,连接钢片的外圈有 8 个螺孔,用 8 个螺钉将连接钢片固定在柴油机的飞轮上。柴油机工作时,通过联轴器驱动发电机的转子运转。发电机采用钢制机壳、铁端盖和球轴承,为防滴式自冷电机,防护等级为 IP21。

发电机定子绕组为三相交流绕组,采用 2/3 节距(目的是消除绕组中的三次谐波电势),便于发电机△连接时不在绕组内产生三次谐波环流。每相交流绕组由两组相同的绕组组成,三相交流绕组共有 12 条引出线,H 级绝缘;转子为励磁绕组。发电机后端为三相交流励磁机部分,交流励磁机为旋转电枢式结构,交流励磁机定子为磁场,转子为电枢。交流励磁机的旋转电枢与发电机励磁绕组同轴;交流励磁机的定子固定在发电机的后端盖上。

发电机的 A 相两绕组为 T_1、T_4 和 T_7、T_{10},B 相两绕组为 T_2、T_5 和 T_8、T_{11},C 相两绕组为 T_3、T_6 和 T_9、T_{12}。三相绕组的 T_1、T_2、T_3 端子接往发电机接线板上的 L_1、L_2、L_3 端子(图 3-17);T_4 和 T_7、T_5 和 T_8、T_6 和 T_9 端子分别通过发电机接线板的端子相连接,T_{10}、T_{11}、T_{12} 端子接在一起,通过短路片与发电机中性线 N 端子相连(T_1、T_2、T_3、T_7、T_8、T_9 同为始端,T_4、T_5、T_6、T_{10}、T_{11}、T_{12} 同为末端)。

发电机励磁绕组与压敏电阻并联后和旋转整流器的输出端相连。交流励磁机的三相绕组接成星形后与旋转整流器的输入端相连。

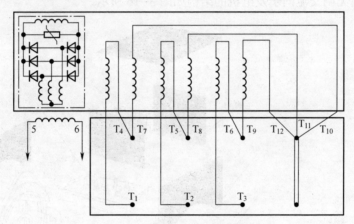

图 3-17 LSG35 系列发电机接线图

2) LSG35 系列无刷交流同步发电机绕组的判别

发电机的三相绕组引出 12 根线。当无法分清其始末端和哪两个绕组为同一相时,应对发电机的绕组进行判别。判别时首先进行绕组始末端的判别,再进行同相绕组判别。

(1) 始端与末端的判别。在始末端分不清的情况下,先用万用表的欧姆挡把每一绕组的两个端子找出来,然后用下述方法判别各绕组的始末端。

如图 3-18(a)所示,将一绕组(假定 T_1、T_4)通过开关 K 接上低压直流电源 E(2~4V,可取自蓄电池),另一绕组(假定 T_9、T_{12})接低量程直流电压表。在开关 K 接通的瞬间,流过绕组 T_1、T_4 的电流产生的磁通 Φ_A 将突然穿过其他绕组,并在其他绕组中产生如图 3-18(b)所示的电动势。在开关接通的瞬间,若电压表指针正偏转,则说明与电源正极相接的一端和与电压表负端相接的一端为两绕组的同名端(同为始端或末端)。将电压表换接到其他绕组,同理可以判别出其他绕组的始末端。

对每相为单一绕组的普通电机来说,上述方法完全正确。但对每相为双绕组的电机,用这种方法判断出的同名端,对与接直流电源的同一相另一绕组(T_7、T_{10})来说是错误的(图 3-18(b))。

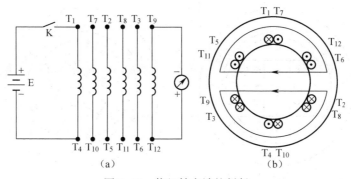

图 3-18 绕组始末端的判断

(2) 同相绕组的判别。将按上述方法判别出的绕组的末端 T_4、T_5、T_6、(T_7)、T_{11}、T_{12} 接在一起;将始端 T_1、T_2、T_3、(T_{10})、T_8、T_9 分开。将发电机励磁机的励磁绕组接入 2~4V 直流电源,5 接正,6 接负(图 3-17)。启动机组使发电机工作。将万用表选择在交流电压挡(200V),测量任一绕组始、末端之间的交流电压,并记下为 U,然后将一个表笔固定在同名端判别时接直流电源正极绕组的端子(T_1)上,另一表笔去碰其他 5 个"始端",并注意观察万用表的读数,当万用表碰在某一端子上读数为 $2U$ 时,该端子对应的绕组就是与 T_1、T_4 同相的绕组,应将该绕组的两端子互换。再将一个表笔固定在剩余 4 个始端中的一个上不动,另一表笔去碰其他 3 个始端,当表笔碰在某一始端上测得两端子间电压为 0 时,这两个绕组便是同一相的绕组。剩下的两绕组也为同相绕组。

3.2 交流同步发电机的电枢反应及基本特性

发电机的转子由柴油机拖动旋转后,在定子和转子之间的气隙中便产生一个旋转磁场,即磁极磁场,这个旋转磁场是发电机的主磁场,又称为转子磁场。当主磁场切割三相电枢绕组时,就会产生三相感应电动势,接通负载后,在电枢绕组中就有感应电流流过,这个交变电流也在发电机的气隙中产生一个旋转磁场。这个旋转磁场称为电枢磁场,又称为定子磁场,如图 3-19 所示。

根据右手螺旋定则,电枢磁场的等效磁极 N'、S' 如图 3-19(a) 所示。当主磁场旋转到一个新的位置时,电枢磁场的等效磁极 N'、S' 也随之旋转到另一位置,如图 3-19(b) 所示。由该图可知,主磁场被柴油机拖动旋转时,它带动电枢磁场旋转,即发电机的主磁场拖动电枢磁场以同一方向、同一转速旋转,二者之间保持同步,故称为同步发电机。主磁场的转速称为同步转速。

电枢磁场的基波对主磁场的影响称为电枢反应。对于交流同步发电机来说,电枢磁场与主磁场总是沿着同一个方向、以相同速度旋转,也就是说电枢磁通与主磁通是相对静止的,因此选择任何瞬间来讨论电枢反应的影响,其结果都是一样的。由于电枢磁场的轴线,始终与电流达到最大值的那一相绕组产生的磁场的轴线相重合,所以选择电流出现最大值的瞬间来研究电枢反应是最方便的。电枢反应的结果直接影响到发电机的运行特性。电枢反应的作用不仅与负载电流的大小有关,而且与负载的性质有关。

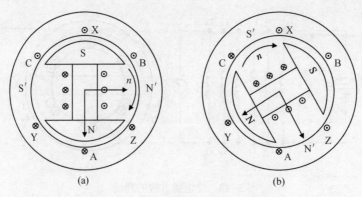

图3-19 同步发电机"同步"示意图

3.2.1 电枢反应

1. 纯电阻负载时的电枢反应

如图3-20所示瞬间,根据发电机右手定则,可以判定AX相中电动势是最大值,其方向是始端A为"·";BY、CZ相中,电动势不是最大值,其方向在始端B、C都是"×"。在外电路接纯电阻负载的条件下,电流与电动势是同相位的(忽略绕组的电抗压降时)。由安培右手定则可知,电枢电流所产生的电枢反应磁通 Φ_a 与主磁通 Φ_0 是垂直的,见图3-20(a)。

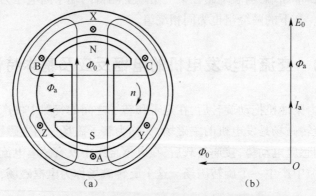

图3-20 纯电阻负载时的电枢反应原理示意图

这一点,还可以用相量图说明。根据法拉第电磁感应定律可知,主磁通 Φ_0 超前电动势 E_0 90°,电枢电流 I_a 与 E_0 同相位,而电枢反应磁通 Φ_a 与 I_a 是同相位的,所以 Φ_a 与 Φ_0 相差90°,如图3-20(b)所示。这说明,纯电阻负载时,电枢反应磁通 Φ_a 与主磁通 Φ_0 相互垂直,即电枢反应磁通 Φ_a 对主磁通 Φ_0 一半增强一半削弱,这种电枢反应称为交轴电枢反应,其结果是使发电机的气隙磁场产生畸变。随着负载电流的增大,会产生少量的漏阻抗压降,所以发电机带纯电阻性负载时,主磁通被稍稍削弱,即发电机端电压略有下降。

2. 纯电感负载时的电枢反应

当转子处在图3-21(a)所示位置时,各相电动势的方向如图所示,其中AX相电动势为最大值。

当发电机带纯电感负载时,电枢电流 I_a 将滞后 E_0 90°,也就是转子由图3-21(a)所示位置顺转90°时,AX相中的电流才达到最大值。这时电枢反应磁通 Φ_a 与主磁通 Φ_0 是反向的,称为顺轴去磁电枢反应,电枢反应磁通起削弱主磁通的作用,即发电机端电压下降幅度较大。纯电感负载时的电枢反应的相量图如图 3-21(b)所示。

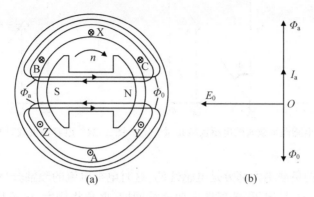

图 3-21 纯电感负载时的电枢反应原理示意图

3. 纯电容负载时的电枢反应

当发电机带纯电容负载时,由于电枢电流 I_a 超前 E_0 90°,转子处于图 3-22(a)所示位置时,AX 相中的电流就达到了最大值。此时电枢反应磁通 Φ_a 与主磁通 Φ_0 正好同方向,称为顺轴助磁电枢反应,电枢反应磁通有增大主磁通的作用,即发电机端电压上升。图 3-22(b)是纯电容负载时电枢反应的相量图。

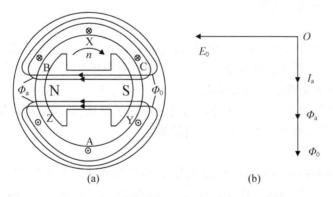

图 3-22 纯电容负载时的电枢反应原理示意图

4. 电感性与电容性负载时的电枢反应

交流同步发电机的外电路接电感性(阻感性)或电容性(阻容性)负载时,电机中既有交轴电枢反应又有顺轴电枢反应。

当交流同步发电机接电感性负载时,电枢电流 I_a 将滞后电动势 E_0 一个 Ψ 角,如图 3-23 所示。电枢电流 I_a 的交轴分量 I_{aq} 与 E_0 同相位,产生交轴电枢反应磁通 Φ_{aq};电枢电流 I_a 的顺轴分量 I_{ad} 滞后于 E_0 90°,产生顺轴去磁电枢反应磁通 Φ_{ad},Φ_{ad} 与主磁通 Φ_0 反向。

接电容性负载时,由于电枢电流 I_a 超前 E_0 一个 Ψ 角,如图 3-24 所示。因此除有交轴电枢反应磁通 Φ_{aq} 外,还有顺轴助磁电枢反应磁通 Φ_{ad},Φ_{ad} 与 Φ_0 同向。

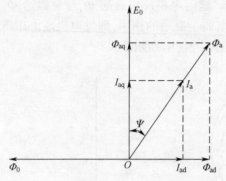
图 3-23 电感性负载时的电枢反应相量
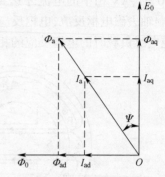
图 3-24 电容性负载时的电枢反应相量图

目前电站所带的负载绝大部分是电感性的,这时电枢电流的顺轴分量 $I_{ad}=I_a\sin\Psi$。在发电机输出电流不变的情况下,若感性无功负载增加,Ψ 角将增大,电枢反应的去磁作用将增强,发电机端电压将下降。而有些装备是电容性的,此时电枢反应的结果是增磁作用,即发电机端电压将上升。

3.2.2 基本特性

交流同步发电机在运行过程中,其电量,如电动势、端电压、电枢电流、励磁电流、功率因数等能反映运行状态。这些电量之间的相互作用关系及变化规律可以用特性曲线表达出来。主要特性曲线有以下几种。

1. 空载特性

空载特性是指发电机以额定转速空载运行时,电动势 E_0 和励磁电流 I_L 之间的关系曲线,如图 3-25 所示(忽略剩磁电动势)。由于空载时电动势 E_0 等于端电压 U,因此空载特性就是空载时端电压和励磁电流的关系曲线。

电动势决定于气隙磁通,空载气隙磁通决定于转子磁场,转子磁场决定于励磁电流,所以,空载特性曲线实际反映了发电机电与磁的联系。

2. 外特性

同步发电机的外特性是指保持励磁电流、转速和功率因数不变时,发电机带上负载后,随着负载电流的变化,端电压的变化情况。图 3-26 给出了几个不同功率因数值下的外特性。由曲线 2 可以看出,在滞后的功率因数(带电感性负载)情况下,当电枢电流 I_a 增加时,电压下降较多,这是因为此时电枢反应是去磁的。由曲线 3 可知,在超前的功率因数(带电容性负载)情况下,电枢电流增加,电压反而升高,这是因为电枢反应是助磁的。由曲线 1 可知,在功率因数等于 1(带纯阻性负载)的情况下,电压下降较少,这是因为此时电枢反应略有去磁作用。

外特性可以用来分析发电机在运行中的电压波动情况,一般用电压变化率来描述电压波动程度。从发电机的空载到额定负载,端电压 U 相对额定电压 U_N 变化的百分比称为电压变化率 ΔU,即

$$\Delta U = \frac{U - U_N}{U_N} \times 100\% \tag{3-24}$$

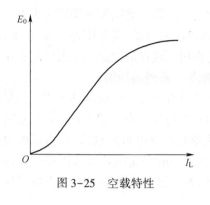

图 3-25 空载特性

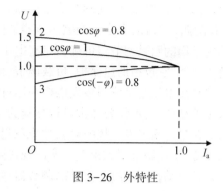

图 3-26 外特性

3. 调节特性

调节特性是指要保持发电机的端电压、转速在额定值,在某一功率因数的负载下,负载变化,即电枢电流 I_a 发生变化时,励磁电流 I_L 必须作相应变化的关系曲线。

图 3-27 给出了不同功率因数下的调节特性曲线。由该图可知,在滞后的功率因数情况下,负载增加,励磁电流也必须增加。反之,在超前的功率因数情况下,负载增加,励磁电流要降低。通过调节特性曲线可知,在某一功率因数时电枢电流达到多少,且不使励磁电流超过规定值,并维持发电机端电压保持在额定值。

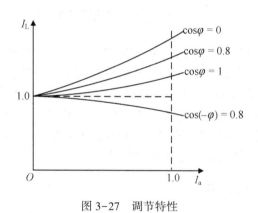

图 3-27 调节特性

3.3 交流同步发电机的励磁系统

发电机端电压的大小与励磁电流的大小有关。若要在负载变化时,维持发电机端电压不变,就必须相应地调节励磁电流的大小,即当发电机端电压升高时减少励磁电流,当电压降低时,增加励磁电流,这个调节过程是由励磁系统完成的。

3.3.1 励磁系统的组成

交流同步发电机的励磁系统即为励磁绕组提供并且能够调节励磁功率的系统,通常由励磁功率单元和励磁调节器两个部分组成。其中励磁功率单元向同步发电机励磁绕组提供直流电流,即励磁电流;励磁调节器根据输入信号和给定的调节准则控制励磁功率单元的输出,即调节励磁电流的大小。励磁调节器又称为自动电压调节器,通常用符号 AVR 来表示,这是因为早期的励磁调节器也确实只起电压调节的作用。现在的励磁调节器已远不止电压调节这一功能,它包括低速保护、负载调节、无功分配等一系列的功能。

调整励磁电流是交流同步发电机在运行中的一项经常而又比较烦琐的工作。如果只靠运行人员手动调节,不仅要经常进行频繁的操作,而且在电压变化很剧烈时(如大型电动机启动时或在电力系统发生故障时),要求很迅速地改变同步发电机的励磁,以满足电力系统运行的需要,手动调节很难跟上。所以现代同步发电机一般毫无例外地采用励磁自动控制系统。励磁自动控制系统是由励磁调节器、励磁功率单元和发电机构成的一个反馈控制系统,如图 3-28 所示。

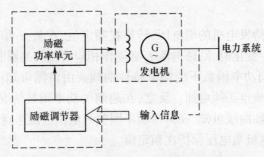

图 3-28　励磁自动控制系统构成框图

电力系统在正常运行时,发电机励磁电流的变化主要影响电网的电压水平和并联运行机组间无功功率的分配。在某些故障情况下,发电机端电压降低将导致电力系统稳定水平下降。为此,当系统发生故障时,要求发电机迅速增大励磁电流,以维持电网的电压水平及稳定性。可见同步发电机的励磁系统的主要任务是控制电压,控制无功功率的分配和提高同步发电机并联运行的稳定性,即励磁系统在保证供电质量、无功功率的合理分配和提高电力系统运行的可靠性方面都起着十分重要的作用。

3.3.2　励磁系统的分类

由于励磁系统中励磁功率单元往往起着主要作用,因此通常按励磁功率单元对励磁系统进行分类。根据励磁功率单元的结构特点,三相交流同步发电机采用的励磁系统主要包括直流励磁机励磁系统、交流励磁机励磁系统和相复励励磁系统等。

1. 直流励磁机励磁系统

直流励磁机励磁系统是过去常用的一种励磁系统。由于它是靠换向器(整流子)换向整流的,当励磁电流过大时,换向就很困难,所以这种方式只能在小容量机组中采用。直流励磁机大多与发电机同轴,是靠剩磁来建立电压的,按励磁机励磁绕组供电方式的不同,可分为自励式和他励式两种。

1) 自励式直流励磁机励磁系统

图 3-29 是自励式直流励磁机励磁系统的原理图。

发电机励磁绕组由直流励磁机通过滑环提供电源,直流励磁机励磁绕组的电源由其自身提供,因此称为自励。自动励磁调节器根据发电机的输出电压调整励磁机励磁绕组的励

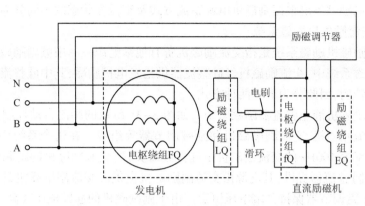

图 3-29　自励式直流励磁机励磁系统原理图

磁电流,即可实现对发电机励磁的调节。

2）他励式直流励磁机励磁系统

他励式直流励磁机的励磁绕组是由副励磁机提供电源的,其原理如图 3-30 所示。直流励磁机与副励磁机都和发电机同轴。

比较图 3-29 与图 3-30,自励式与他励式的区别在于励磁机的励磁方式不同,他励式比自励式多用了一台副励磁机。由于他励式取消了励磁机的自并励,励磁单元的时间常数就是励磁机励磁绕组的时间常数,与自励式相比,时间常数减小了,即提高了励磁系统的电压增长速率。

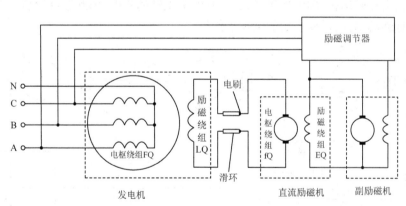

图 3-30　他励直流励磁机励磁系统原理图

直流励磁机有电刷、换向器等转动接触部件,运行维护繁杂,从可靠性来说,它是励磁系统中的薄弱环节。在直流励磁机励磁系统中以往常采用电磁型调节器,这种调节器以磁放大器作为功率放大和综合信号的组件,反应速度较慢,但工作较可靠。

2. 交流励磁机励磁系统

目前,大容量的交流同步发电机组基本上采用交流励磁机励磁系统,同步发电机的励磁机也是一台交流同步发电机,其输出电压经大功率整流器整流后供给发电机转子。交流励磁机励磁系统的核心是励磁机,它的频率、电压等参数是根据需要特殊设计的,其频率一般为 100Hz 或更高。

交流励磁机励磁系统根据励磁机电源整流方式及整流器状态的不同分为以下几种。

1) 他励交流励磁机励磁系统

他励交流励磁机励磁系统是指交流励磁机备有他励电源——中频副励磁机或永磁副励磁机。在此励磁系统中,交流励磁机经硅整流器供给发电机励磁,其中硅整流器可以是静止的也可以是旋转的,因此分为下列两种方式。

(1) 交流励磁机静止整流器励磁系统。如图3-31所示的励磁自动控制系统是由与发电机同轴的交流励磁机、交流副励磁机和励磁调节器等组成。在这个系统中,发电机G的励磁电流由频率为100Hz的交流励磁机由硅整流器提供,交流励磁机的励磁电流由晶闸管(又称为可控硅)整流器提供,其电源由交流副励磁机提供。交流副励磁机是自励式中频交流发电机,用励磁调节器保持其端电压恒定。由于副励磁机的起励电压较高,不能像直流励磁机那样能依靠剩磁起励,所以在机组启动时必须外加起励电源,直到副励磁机输出电压足以使励磁调节器正常工作,起励电源方可退出。在此励磁系统中,励磁调节器控制晶闸管组件的控制角,来改变交流励磁机的励磁电流,达到控制发电机励磁电流的目的,从而最终调节发电机的输出电压。这种励磁系统的性能和特点如下:

① 交流励磁机和副励磁机是独立的励磁电源,不受电网干扰,可靠性高。

② 交流励磁机时间常数较大,为了提高励磁系统快速响应,励磁机转子采用叠片结构,以减小其时间常数和因整流器换相引起的涡流损耗,频率采用100Hz或150Hz。因为100Hz叠片式转子与相同尺寸的50Hz实心转子相比,励磁机的时间常数可减小约一半。交流副励磁机频率为400~500Hz。

③ 同轴交流励磁机、副励磁机,加长了发电机主轴的长度,因此造价较高。

④ 仍有转动部件,需要一定的维护工作量。

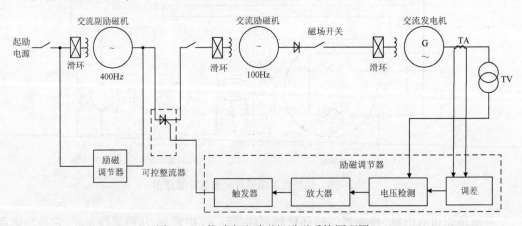

图3-31 他励交流励磁机励磁系统原理图

一旦副励磁机或自励恒压调节器发生故障,均可导致发电机组失磁。如果采用永磁发电机作为副励磁机,不但可以简化设备,而且提高了励磁系统的可靠性。

(2) 无刷励磁系统(交流励磁机旋转整流器励磁系统)。

图3-31所示的交流励磁机励磁系统是国内运行经验最丰富的一种系统。它有一个薄弱环节——滑环。滑环是滑动接触组件,随着发电机容量的增大,转子电流也相应增大,这给滑环的正常运行和维护带来了困难。为了提高励磁系统的可靠性,就必须设法取消滑环,

使整个励磁系统都无滑动接触组件,即无刷励磁系统,又称为交流励磁机旋转整流器励磁系统,其电路原理如图 3-32 所示。

无刷励磁系统的副励磁机是永磁发电机,其磁极是旋转的,电枢是静止的,而交流励磁机正好相反。交流励磁机的电枢、硅整流组件、发电机的励磁绕组都在同一根轴上旋转,所以它们之间不需要任何滑环与电刷等接触组件,这就实现了无刷励磁。

无刷励磁系统没有滑环与电刷等滑动接触部件,转子电流不再受接触部件技术条件的限制,因此特别适合大容量或高可靠性要求的发电机组。此种励磁系统的性能特点如下:

① 无电刷和滑环,维护工作量可大为减少。

② 发电机励磁由励磁机独立供电,供电可靠性提高。并且由于没有电刷,整个励磁系统可靠性更高。

③ 发电机励磁控制是通过调节交流励磁机的励磁电流实现的,因而励磁系统的响应速度较慢。为了提高其响应速度,除前述励磁机转子采用叠片结构外,还采用减小绕组电感等措施。另外,在发电机励磁控制策略上还采取相应措施——增加励磁机励磁绕组顶值电压,引入转子电压深度负反馈以减小励磁机的时间常数。

④ 发电机转子及其励磁电路都随轴旋转,因此在转子回路中不能接入灭磁设备,发电机转子回路无法直接灭磁,也无法实现对励磁系统的常规检测(如转子电流、电压、转子绝缘、熔断器熔断信号等),必须采用特殊的测试方法。

⑤ 要求旋转整流器和快速熔断器等有良好的力学性能,能承受高速旋转的离心力。

⑥ 因为没有接触部件的磨损,也就没有炭粉和铜末引起的对发电机绕组的污染,故发电机的绝缘寿命较长。

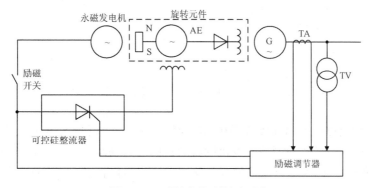

图 3-32 无刷励磁系统原理图

2) 自励交流励磁机励磁系统

与自励直流励磁机一样,自励交流励磁机的励磁电源也是从本机直接获得的,所不同的是,直流励磁机为了调整电压需要用一个磁场电阻;而自励交流励磁机为了维持其端电压恒定,则改用了可控整流组件。

(1) 自励交流励磁机静止可控整流器励磁系统。

这种励磁方式的原理接线如图 3-33 所示。

发电机 G 的励磁电流由交流励磁机 AE 经晶闸管整流装置 VC 供给。交流励磁机的励磁一般采用晶闸管自励恒压方式。励磁调节器直接控制晶闸管整流装置。采用电子励磁调

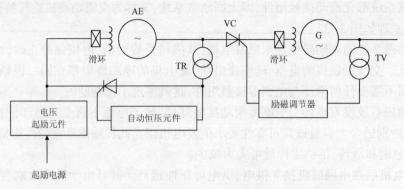

图 3-33　自励交流励磁机静止晶闸管整流励磁系统原理

节器及晶闸管整流装置,其时间常数很小,与图 3-32 所示的励磁系统相比,励磁调节的快速性较好。但本励磁系统中,励磁机的容量比图 3-32 中的要大,因为它的额定工作电压必须满足强励顶值电压的要求;而在图 3-32 中,励磁机额定工作电压远小于顶值电压,只有在强励情况下才短时达到顶值电压。因此,晶闸管励磁的励磁机容量要比硅整流励磁的大得多。

(2) 自励交流励磁机静止整流器励磁系统。这一励磁系统原理如图 3-34 所示。

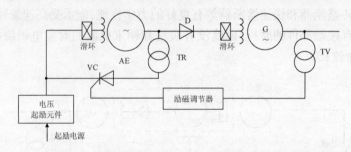

图 3-34　自励交流励磁机静止整流器励磁系统原理图

发电机 G 的励磁电流由交流励磁机 AE 经硅整流装置 D 供给,电子型励磁调节器控制晶闸管整流装置 VC,以达到调节发电机励磁的目的。这种励磁方式与图 3-33 励磁方式相比,其响应速度较慢,因为在这里还增加了交流励磁机自励回路环节,使动态响应速度受到影响。

3. 相复励励磁系统

相复励励磁系统分为不可控相复励和可控相复励两种形式。如图 3-35 所示的主绕组抽头电抗移相不可控相复励励磁系统是应用较多的相复励励磁系统。

空载时,发电机的励磁电流由电枢绕组的抽头部分经线性电抗器 DK 移相(约 90°)再整流后由电刷、滑环输送至励磁绕组;带载时,励磁电流由线性电抗器 DK 和电流互感器 LH 同时提供,由于电抗器和电流互感器提供的励磁电流存在一个相位差,因此称为相位复式励磁系统,简称为相复励。由于该励磁系统的励磁电流随着负载功率因数的减小而增大,因此,即使没有励磁调节器,该励磁系统的稳、动态性能也较好,其稳态电压调整率一般在 ±3%左右,突加或突减负载,电压瞬时变化小,即相复励励磁系统具有自励恒压特性。

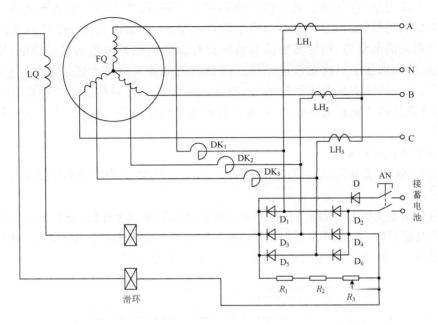

图 3-35 主绕组抽头电抗移相不可控相复励磁系统原理图

3.3.3 典型励磁系统

1. 三次谐波无刷励磁系统

三次谐波无刷励磁系统的结构原理如图 3-36 所示。SB-W6 系列交流同步发电机采用的就是这种励磁系统。

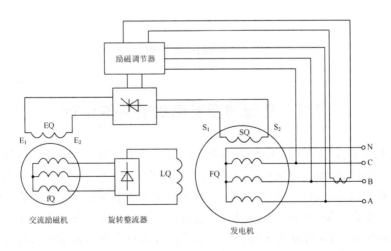

图 3-36 三次谐波无刷励磁系统电路原理图

交流励磁机的励磁电流由三次谐波绕组 SQ 提供,发电机励磁绕组 LQ 的励磁电流由交流励磁机的电枢绕组提供。励磁调节器根据发电机的输出电压调节励磁机励磁电流,从而改变励磁机电枢绕组的输出,最终使发电机的输出电压稳定在额定值。

79

三次谐波绕组 SQ 切割发电机转子铁芯的剩磁磁场,产生的三次谐波电动势经整流后在励磁机的励磁绕组 EQ 中获得一微小的直流电流,于是在交流励磁机的电枢绕组 fQ 中感应出微弱的电动势,经旋转整流器整流出直流电供给发电机的励磁绕组,发电机主磁场增强,从而加强了三次谐波电动势。该谐波电动势又重复上述过程,进一步加强主磁场,于是发电机的空载电压不断上升,当发电机电压上升到励磁系统能正常工作的电压时,励磁系统调节励磁电流的大小,使发电机电压稳定在整定值,这就是其空载自励恒压的过程。

2. 基波无刷励磁系统

基波无刷励磁系统的结构原理如图 3-37 所示。LSG35 系列交流同步发电机就是采用这种励磁系统。

发电机励磁绕组 LQ 的励磁电流由交流励磁机的电枢绕组提供,交流励磁机的励磁电流由抽头绕组提供。励磁调节器根据发电机的输出电压调节励磁机励磁电流,从而改变励磁机电枢绕组的输出,最终使发电机的输出电压稳定在额定值。

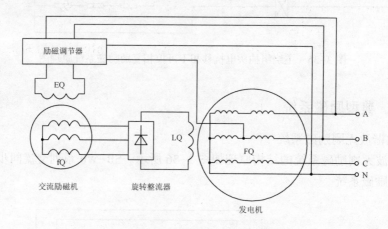

图 3-37 基波无刷励磁系统电路原理图

3.4 交流同步发电机的并联运行

在军用电站中,常常采用发电机组并联运行的方式进行换电,这样既可保证用电设备不间断地工作,又可以使电站轮换检修;对于大型用电设备,往往采用几台同步发电机接在共同的母线上并联运行。而一个电力系统(或称为电网)中有许多发电机并联运行,向用户供电。这样可以更合理地利用动力资源和发电设备。例如:水电站和火电站并联后,在枯水期主要由火电站供电,而在旺水期主要依靠水电站满载运行发出大量廉价的电力,火电站可以只供给每天的高峰负荷,使总的电能成本降低。连接成大电网后,可以统一调度,定期轮流检修、维护发电设备,增加了供电的可靠性,并且使负载变化对电压和频率的扰动影响减少,从而提高了供电的质量。同步发电机要并联运行时,必须满足一定的条件,否则可能造成严重事故。

3.4.1 并联运行的条件

同步发电机与电网并联合闸前,为了避免电流的冲击和转轴受到突然的扭力矩,需要满足以下基本条件:

(1) 端电压相同,即发电机端电压的幅值等于电网的电压,即 $U_2 = U_C$。
(2) 频率相同,即发电机的频率 f_2 等于电网的频率 f_C。
(3) 相位一致,即并联合闸的瞬间,发电机与电网的回路电动势为零。
(4) 相序一致,即对多相发电机来讲,发电机的相序必须与电网的相序相同。
(5) 电压波形一致,即发电机的电压波形与电网电压波形相同。

一般情况下,发电机电压和电网电压都是正弦波形,所以第(5)个条件一般是满足的。

每个发电机都有规定的旋转方向,而且在发电机的出线端上都标明 A,B,C 等相序标记。在安装发电机时应使发电机的各相通过开关接到母线上的对应相,这样就可以保证第(4)个条件得以满足。

在运行过程中应注意的条件主要是(1)~(3),这3个条件在投入并联运行的操作过程中(通常称为整步)是必须检查的。

为了明白为什么要做这种检查,先看一下如图 3-38 所示的发电机并联到电网前的电压情况。

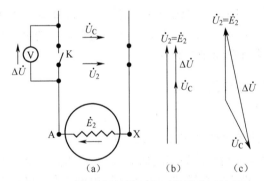

图 3-38 发电机并联到电网前的电压情况

图 3-38 只表示了一相 AX,开关 K 的两端接一电压表 V。开关 K 断开时电压表两端有电压 $\Delta\dot{U}$,此时发电机的电动势 $\dot{E}_2$ 等于发电机的端电压 $\dot{U}_2$。图中的 U 均为电压降,E 为电压升,则在合闸时

$$\dot{U}_2 - \dot{U}_C = \Delta\dot{U} \tag{3-25}$$

式中 $\dot{U}_C$——电网电压(V)。

当 $\dot{U}_2$ 大于 $\dot{U}_C$ 并且同相时,$\Delta\dot{U}$ 较小,如图 3-38(b)所示。而如图 3-38(c)所示的 $\dot{U}_2$ 和 $\dot{U}_C$ 的相位差较大,$\Delta\dot{U}$ 也较大。设 ΔU 为合闸一瞬间的电压差,则在合闸时发电机将出现一个冲击电流:

$$I_y = \frac{\Delta U}{X} \tag{3-26}$$

其中：X 为发电机（包括与发电机串联的设备如变压器等）的超瞬变电抗，在没有阻尼绕组时就是瞬变电抗。

这个过程相当于突然短路的过程，式（3-26）只表示了它的周期性的电流部分。从图 3-38（c）可以看出，当 $U_2 = U_C$ 而相位差为 180°时，$\Delta U = 2U_2$，冲击电流将是三相突然短路的两倍，所以是十分严重的。如果在合闸时 $U_2 = U_C$ 而且是同相，则 $\Delta U = 0$，$I_y = 0$，这是最理想的合闸情况，即第（1）个条件和第（3）个条件所要求的。

如果发电机频率与电网频率不同，相量 $\dot{U}_2$ 与相量 $\dot{U}_C$ 之间的角度在变化，因此 ΔU 忽大忽小，其瞬时值的变化如图 3-39 所示。频率 f_2 与 f_C 不能相差过多，否则整步的操作过程会较为复杂，最理想的是使 $f_2 = f_C$。

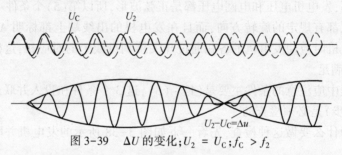

图 3-39　ΔU 的变化；$U_2 = U_C$；$f_C > f_2$

上面 3 个条件不是绝对的，一般允许频率偏差不超过 0.2%～0.4%；电压数值偏差不超过 5%～10%；电压相位差不超过 10°。合闸时可以允许较小的冲击电流。下面介绍较常用的整步方法（无同步表或自动同步控制器）。

3.4.2　并联运行的方法

1. 暗灯法和旋转灯光法

暗灯法和旋转灯光法的接线如图 3-40（a）、（b）所示。

利用暗灯法检查并联合闸条件的方法如下：把要投入并联运行的发电机的转速调到接近同步速，调节励磁调节器使发电机的端电压接近电网电压，利用直接接在并联开关 K 两边的 3 个相灯来检查相序和合闸的时机。如果这时发电机的频率与电网的频率不相等，略差一点，则加在各相灯上的电压（也就是发电机与电网回路电压差 ΔU）忽大忽小，在相序正确的情况下，3 个相灯同时忽亮忽暗，如图 3-40 所示，亮暗变化的频率就是发电机与电网相差的频率。当调节发电机的转速使灯光亮暗的频率很低时，就可以准备合闸。当 3 个灯完全熄灭时，说明开关 K 两端无电位差，也就是发电机与电网回路电压 $\Delta U = 0$，这时可以迅速合上开关 K，即完成了并联合闸的操作。

采用旋转灯光法来检查并联合闸条件的方法，与暗灯法差不多，也要先检查发电机的转速和端电压，使之与电网的频率和电压相差不多，然后利用 3 个相灯来检查相序和合闸时间。只不过此时 3 个相灯的接法与暗灯法不同，见图 3-40（b），即只有一个相灯直接接在开关的两个对应接头上（相灯 I），另外两个相灯交叉接至开关的另 4 个接线端上（相灯 II 和相灯 III）。这时，如果发电机的频率与电网的频率不相等，即使在相序正确的情况下，3 个相灯也不会同时亮或暗，而是 3 个相灯交替着亮或者暗。这可由图 3-41 的相量图看出，加在各相灯上的电压是不同的。由于发电机与电网频率不同，加在各相灯上电压大小将交替变

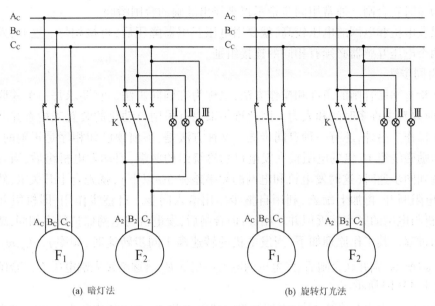

(a) 暗灯法   (b) 旋转灯光法

图 3-40　三相同步发电机的并联运行接线原理图

化着。图 3-42 表示发电机频率高于电网频率的情况,首先是相灯 I 亮,然后是相灯 II 亮,最后是相灯 III 亮,如按图 3-42(b)所示放置 3 个相灯的位置,则灯光向顺时针方向旋转。如果发电机频率低于电网频率,则灯光逆时针方向旋转。调节发电机的转速使灯光旋转的速度很低时,就可以准备合闸,当接在同相的那个相灯,即图 3-42(b)中的相灯 I 熄灭而另外两个灯亮度相同时的瞬间,即可合闸,因为此时发电机与电网回路的电位差 $\Delta U = 0$。

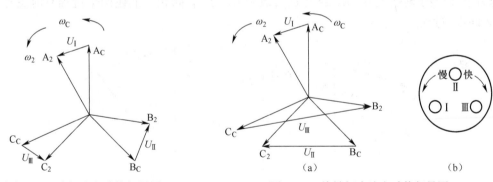

图 3-41　暗灯法电动势相量图　　　图 3-42　旋转灯光法电动势相量图

暗灯法和旋转灯光法在实际中都有采用,但由于旋转灯光法还能看出发电机频率比电网频率高或低,因此用得更为普遍。

上面方法也可以用来检查相序是否正确。如果按暗灯法接相灯,相灯不是同时亮或暗,而是灯光旋转了,则说明发电机接入电网的相序不对。这时需要把发电机的三相引出线中任意两相互换一下即可。反之,如按旋转灯光法接相灯,而灯光不旋转时,也说明相序不对。

采用相灯法进行并联合闸操作时,还有一个问题需要解决,就是一般灯泡在 1/3 额定电压时就不亮了。因此,为了合闸的瞬间更准确,可以在开关 K 的两端接一个电压表,当电压表指针为零时就合闸。通常用同步指示仪来找出准确的合闸瞬间。

如果发电机和电网的电压较高,就要用电压互感器降压后,再接相灯。这时,发电机和电网的两个电压互感器必须有相同的连接组别。

2. 自同步法

上述检查并联合闸的条件和操作方法,也称为准确同步法。它要求每一个并联条件都准确,有时要费去许多时间和人力。因此近年来也有采用自动化的装置来检查并联条件和进行并联操作。另外,还有一种自同步法。这种方法是,事前须已知相序是正确的,再将一个阻值为励磁绕组10倍的电阻接在发电机励磁绕组的两端,启动发电机组后,当发电机组的转速调到同步速时(这时发电机和电网的频率差在5%以下),就先合上开关K,然后将所接10倍电阻断开,再加上励磁,利用自整步作用牵入同步。自整步作用,即机组并联合闸前,发电机与电网的频率接近但并不相等;但合闸后,发电机与电网保持频率相同,或称为保持同步的过程。其工作原理如下:当发电机的转速高于同步转速时,频率$f_2 > f_C$,$\omega_2 > \omega_C$,如图3-43(a)所示,则并联合闸后,发电机的电动势相量$\dot{E}_2$将逐渐领先端电压$\dot{U}_C$,合闸后$U_2 = U_C$,如图3-43(b)所示。

这时发电机内出现电流$\dot{I}$,此电流与发电机电动势$\dot{E}_2$之间的相角小于90°,即发电机这时提供有功功率,因此对转子产生了制动力矩,能使$\dot{E}_2$与$\dot{U}_C$之间的角度不再增加,而且要减小到零,即$\dot{E}_2$与$\dot{U}_C$同相,从此发电机将保持与电网同步。反之,当并联合闸后发电机的转速低于同步速,则$f_2 < f_C$,$\omega_2 < \omega_C$。发电机电动势相量$\dot{E}_2$将逐渐落后端电压$\dot{U}_C$,如图3-43(c)所示,这时发电机内出现电流$\dot{I}$,此电流与发电机电动势$\dot{E}_2$之间的相角大于90°,即发电机发出负的有功功率,或者反过来说,电网向发电机输入有功功率,因而发电机转子受到加速力矩,使转子转速上升,$\dot{E}_2$赶上$\dot{U}_C$,最后$\dot{E}_2$与$\dot{U}_C$同相。上述两个过程有时也称为"牵入同步"过程。

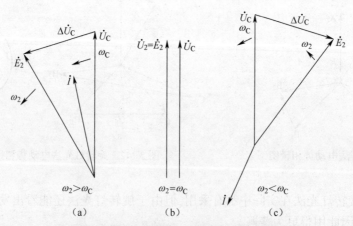

图3-43 在各种ω_2和ω_C关系下的发电机相量图

自整步作用只有当转子转速接近同步速时才能发挥作用。当转子转速离同步速较远,由于转子有惯性,有时就不能"牵入同步",这时相当于发电机的频率与电网频率不同时的并联运行,因此会产生很大的电流,这对电机和电网都将产生很不利的后果。

用自同步法并联合闸前,必须在发电机励磁绕组的两端接一电阻(如前面所述),否则定子冲击电流会在励磁绕组中感应出一个很高的电压,损坏励磁绕组。

用自同步法并联的优点是操作简单、迅速,不需要增加复杂的并联装置。其缺点是合闸后有电流冲击,但此电流不会比突然短路的电流大,故并不危险。因此自同步法已作为在发电厂中处理紧急并联合闸的一个方法。

自动化电站通常采用自动同步控制器进行自动并联合闸控制(具体内容在第5章中介绍)。

3.5 交流同步发电机的额定参数

三相交流同步发电机和其他电机一样,在铭牌上也标明型号和正常运行条件下的额定容量、电压、电流、频率等参数,铭牌上的额定参数对同步发电机各部分的结构和运行性能有很大的影响。同步发电机的主要额定参数如下。

1. 额定容量 S_e

额定容量 S_e 是指发电机在额定运行情况和额定功率因数时,输出的视在功率,$S_e = \sqrt{3} U_e I_e$,单位为 kV·A。亦允许以发电机出线端的有功功率 P_e(单位为 kW)来表示,即

$$P_e = \sqrt{3} U_e I_e \cos\varphi_e \tag{3-27}$$

额定容量表示同步发电机的发电能力,是发电机的主要参数之一。无功功率用符号 Q_e(单位为 kVar)表示,$Q_e = \sqrt{3} U_e I_e \sin\varphi_e$。

2. 额定电压 U_e

额定电压 U_e 是指同步发电机在正常运行时,定子三相绕组之间的线电压,单位是 V 或 kV。我国用电设备的额定电压通常是 380V/220V,由于电力线路允许的电压偏差一般为 ±5%,因此,为了维持线路的平均电压额定值,电源端的电压一般要高 5%,即发电机额定电压为 400V/230V。

3. 额定电流 I_e

额定电流 I_e 是指同步发电机在额定运行时,流过定子绕组的线电流,单位是 A 或 kA。

4. 额定功率因数 $\cos\varphi_e$

φ_e 角是用电角度来表示的,表明同步发电机额定运行时,每相定子绕组电压与电流之间的相角差。发电机额定功率因数等于有功功率与视在功率的比值,即 $\cos\varphi_e = P_e/S_e$。通常小型同步发电机的额定功率因数为 0.8(滞后)。

5. 额定励磁电压 U_{f_e}

额定励磁电压 U_{f_e} 是指当励磁绕组内励磁电流达到额定值,同时发电机冷却介质达到最高允许温度的情况下,在励磁绕组线端之间的电压,单位为 V。小型同步发电机的励磁电压一般都小于 100V。

6. 额定励磁电流 I_{f_e}

额定励磁电流 I_{f_e} 是指发电机在额定运行时的励磁电流,单位为 A。在此电流的激励下,发电机的端电压能达到额定值,同时能保证发电机输出额定容量。

7. 额定频率 f_e

额定频率 f_e 是指发电机额定运行时的频率,用 Hz 表示,我国规定的工业频率为 50Hz。

8. 额定转速 n_e

额定转速 n_e 是指发电机额定运行的转速,用 r/min 表示。一般情况下,发电机的额定转速为 1500r/min。由于发电机带上负载时,转速会下降,所以实际中的空载额定转速要高于该值,这个转速值通常称为高怠速。

9. 额定温升 θ_e

额定温升 θ_e 是指发电机额定运行时,同步发电机定子绕组和转子励磁绕组最高允许温度,其等于额定温升加上环境温度。我国规定环境温度为 40℃。通常用绝缘等级表示发电机的额定温升,如表 3-1 所列。

表 3-1　绝缘等级(最大允许温升/℃,环境温度为 40℃)

组件	A 级绝缘	E 级绝缘	B 级绝缘	F 级绝缘	H 级绝缘
定子绕组	55	65	70	85	105
转子绕组	55	65	70	85	105
定子铁芯	60	75	80	100	125
滑环	60	70	80	90	100
滚动轴承	55	55	55	55	55

10. 效率 η

效率 η 是指同步发电机输出的有功功率与输入的有功功率的比值,用百分数表示,是衡量发电机运行经济性的重要指标。

11. 防护等级

发电机的防护等级表示该发电机防止外物接触和防水的能力,通常用 IP 等级表示,目前执行的是国际电工委员会的标准(IEC60529)。IP 等级由两位数组成:第一位表示防止外物接触保护,第二位表示防水保护。例如:IP21,其中 2 表示手指及外物接触保护,其直径 12mm 或以上;1 表示垂直降水保护。无该类防护时用 X 表示。参数具体含义见表 3-2。

表 3-2　IP 防护等级

第一个数字:防止外物接触保护/mm			第二个数字:防水保护	
系数	接触保护	含义	系数	含义
0	没有保护	没有保护	0	没有保护
1	大型对象接触保护	防止外物进入(ϕ50 或以上)	1	垂直降水
2	手指接触保护	防止外物进入(ϕ12 或以上)	2	最多垂直成 15° 降水
3	工具或电线接触保护(ϕ2.5 或以上)	防止外物进入(ϕ2.5 或以上)	3	最多垂直成 60° 降水
4	工具或电线接触保护(ϕ1 或以上)	防止外物进入(ϕ1 或以上)	4	四周溅水
5	全面保护	防止灰尘沉积	5	全方位射水(正常水量)

续表

第一个数字:防止外物接触保护/mm			第二个数字:防水保护	
系数	接触保护	含义	系数	含义
6	全面保护	防止灰尘进入	6	全方位射水(特大水量)
—	—	—	7	局部淹浸
—	—	—	8	完全淹浸

3.6 交流同步发电机的维护保养

交流同步发电机的维护保养对正常发挥电站性能有重要作用。通常定期对绕组和轴承进行检查(特别是长期未使用的发电机组),若发电机装有空气过滤器,则还要求对空气过滤器进行定期检查和保养。

3.6.1 交流同步发电机的拆卸

在拆卸发电机时,应特别注意防止电机绕组、轴承及其他零部件损坏。拆卸前应准备好各种工具以及做好拆卸前的记录和检查,然后遵照操作规程,进行正确的拆卸。

下面以 SB-W6-120 型交流同步发电机(其结构如图 3-14 所示,接线如图 3-15 所示)为例进行介绍。

1. 发电机和控制屏与柴油机的分离

(1) 拆下控制屏与柴油机连接的航空插头,必要时应做好记号。

(2) 拆下发电机与机座的连接螺栓,同时将柴油机与机座的连接螺栓拧松,再将柴油机的支撑螺杆拧入(两侧应均匀拧入),使发电机从机座上稍稍抬起。

(3) 拆下发电机与柴油机飞轮壳上的连接螺钉。

(4) 将发电机和控制屏抬至合适位置。

2. 发电机与控制屏的分离

(1) 拆下控制屏与发电机的连接导线和接插件,并做好记号。

(2) 拆掉发电机后防护罩的螺钉后拆下后防护罩。

(3) 拆掉如图 3-44 所示接线箱左右侧板后侧的螺钉后,将控制屏抬至合适位置。

3. 交流同步发电机的分解

1) 励磁机转子的拆卸

(1) 拆下旋转整流器的输出端与发电机励磁绕组的连接导线,并做好记号。

(2) 用内六角扳手拧下圆螺母的锁紧螺钉,如图 3-45(a)所示。

(3) 将四爪套筒套入圆螺母将其拧松后拆下,如图 3-45(b)所示,为防止励磁机转子转动,可用木棍卡住风扇。

(4) 用专用拉码(拉器)将励磁机转子拉出,如图 3-45(c)所示,注意不要损坏发电机励磁绕组的接线。

2) 齿形弹性连接盘和法兰盘的拆卸

(1) 用木棍将转子卡住后,先拆下法兰盘前端盖板的固定螺钉,再拆下齿形弹性连接盘。

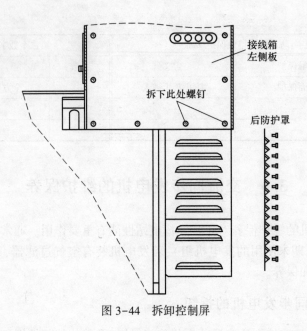

图 3-44 拆卸控制屏

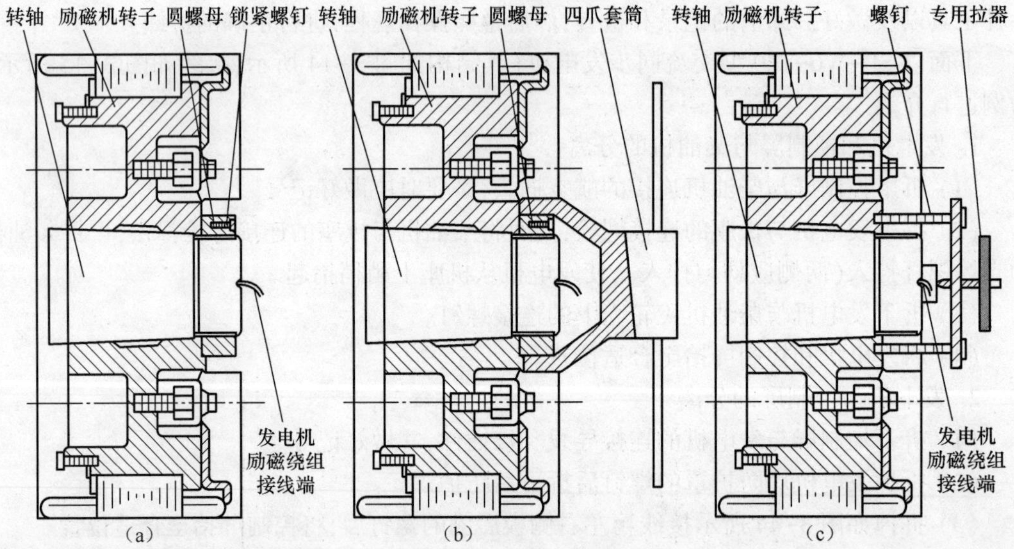

图 3-45 励磁机转子的拆卸

(2) 用专用拉码将法兰盘拉出。

3) 后端盖的拆卸

(1) 拆下接线箱中励磁机励磁绕组的连接导线(E_1、E_2),并做好记号。

(2) 拆下发电机后端盖的轴承盖。

(3) 拆下发电机后端盖与机座的连接螺钉。

(4) 用两个 M10 的螺钉同步拧入发电机后端盖两侧的顶丝孔(图 3-46),将后端盖顶出止口(拧入时两侧必须同步),然后利用撬杠拆下后端盖。此时,发电机的转子落在定子铁芯上,所以严禁随意转动转子,以防磨损铁芯和线圈。

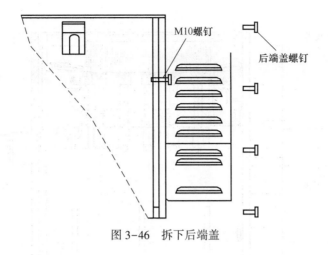

图 3-46 拆下后端盖

4）前端盖的拆卸

（1）拆掉发电机前端轴承盖的螺钉，如图 3-47 所示，拆下前端轴承盖。

（2）拆下前端盖与机座的连接螺钉，如图 3-47 所示。

（3）用榔头和铜棒敲击前端盖，使其退出止口后将前端盖拆下。

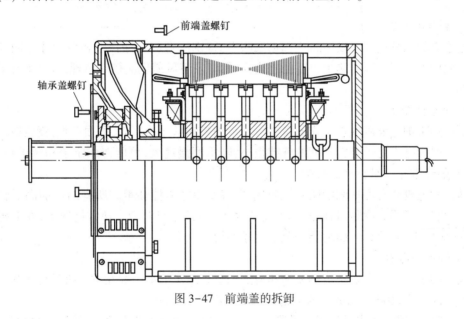

图 3-47 前端盖的拆卸

5）吊开转子

（1）用皮带套入发电机转轴承前端后，用行车将转子稍稍吊起，如图 3-48 所示。

（2）先用布包好发电机转轴承后端，再套入适当内径的钢管。

（3）将转子慢慢移出，并放在预先准备好的木板上。移出转子的过程中应注意不要碰到绕组（由于转子和定子的间隙很小，在移出过程中操作人员应注意配合）。

风扇和轴承需要修理时，才允许拆卸。拆卸前先做风扇和轴承之间的装配记号，以免破坏动平衡。拆卸时，应使用专用拉码。

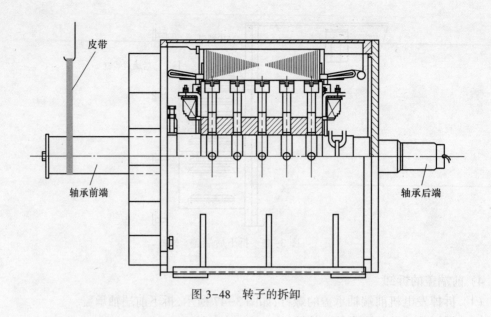

图 3-48 转子的拆卸

3.6.2 交流同步发电机的检查维护

1. 发电机的清洁

用干燥的压缩空气将发电机内部彻底吹净,特别注意应吹净接线板各导体之间和旋转整流器元件上的积尘以防爬电。各绕组表面、风扇及各风道也应彻底清理,以保证有效的通风散热。

2. 轴承的维护

轴承的维护是电机维护工作的重要一环。如果轴承保养不周,磨损严重,就会造成过热而烧坏。因为电机定子与转子间的气隙很小,轴承磨损过大,可能造成定子和转子相碰擦。因此,必须经常注意对轴承的维护。

通常发电机装有可加润滑脂式或封闭式(免维护)两种轴承。所有的可加润滑脂式轴承都已预装了专用润滑脂;封闭式轴承完全封闭,不必加润滑脂。通常情况下,发电机每工作 500h 应检查润滑脂,如润滑脂变色或色泽不均匀应更换。

1) 轴承的保养

滚动轴承的保养主要是定期换油和清洗轴承。滚珠轴承一般在发电机运行 300~500h,需加润滑油一次;1000~1500h,应大清洗和更换润滑油一次。

换油时,要用汽油或煤油将轴承刷洗干净,不要在轴承中留有残油、铁屑、砂粒等。轴承内的润滑油一般只加入全容积的 2/3 即可,加得过多,则轴承温度容易过高,加得太少,则润滑无保证。

2) 轴承的检查

(1) 观察轴承的滚珠(或滚柱)、内外圈等部分是否有破损、锈蚀或裂纹等。

(2) 拨转轴承,如果声音均匀,转动灵活轻快,说明性能良好。若有不正常杂声,转动不灵活,则说明有故障。

(3) 用手摇动轴承外圈或扳动轴承内圈,正常轴承是察觉不出松动的,若感觉有松动现象,则说明磨损了,滚珠与内外圈的间隙可能太大。

3. 绕组的维护

1) 绕组的检查

绕组的检查包括对励磁机、交流同步发电机的绕组进行断路、短路和搭铁等检查。下面以三相电枢绕组的检查为例说明。

(1) 断路。检查时应将导线自发电机接线柱 U、V、W 上拆下,然后用万用表分别检查各相绕组,若阻值较大,则说明该相有断路或局部断路现象。三相交流绕组某一相或两相断路时,必须检查排查故障,以免烧坏发电机和用电设备。

(2) 短路。交流绕组局部短路时,该绕组的温度升高,输出电压降低。遇此情况应立即停机,以免温度过高而烧坏发电机。检查时,首先将绕组的线端从接线柱 U、V、W 和 N 上拆下,然后用电桥测量每个绕组的电阻值(因交流绕组的电阻值很小,万用表无法准确测量)。若阻值小于正常值,则说明绕组有短路现象。如无电桥,应将发电机的转子取出,仔细观察交流绕组的绝缘,查出因绝缘遭到破坏而引起短路的部位。若眼睛不易发觉,可用电枢检验仪检测(参见第 1 章相关内容),即将电枢检验仪依次放在各个槽的导线处,接通电枢检验仪电路后,则该处槽内的导线便产生感应电动势;若导线有短路现象,则产生感应电流,使导线周围产生磁场。此时,如将薄钢片放在该槽处,便被吸引,而且有振动现象。

(3) 搭铁。交流绕组搭铁,将会产生漏电现象,严重时会造成人员的伤亡。因此,应及时找出搭铁的部位,消除隐患。发电机某相绕组搭铁时,其对应的绝缘指示灯会熄灭或变暗。

2) 绝缘电阻的检查和干燥处理

(1) 绝缘电阻的检查。发电机绕组具有绝缘电阻 $1.0M\Omega$ 时可以可靠运行(经验数据为最小绝缘电阻值应在 $0.5M\Omega$ 以上)。如果发电机绕组低于上述绝缘电阻值,必须进行干燥处理后,使其绝缘性能恢复,才能使用。

绕组的绝缘电阻通常用兆欧表(又称为高阻表、摇表)检查。检查时,将绕组的线端从发电机的接线柱上拆下(或断开发电机与外电路的一切连接线),用兆欧表的线路接线端子与绕组的一端相接触,接地端子搭铁,然后由慢到快均匀地摇转兆欧表的手柄,且保持 $120r/min$ 左右。当指针稳定不动时它所指示的数值,便是被测绕组的绝缘电阻值。

绕组受潮、绝缘物变质、干裂或过分不清洁,都会使绝缘性能降低。如果电阻值过低,绝缘物就容易被电击穿而漏电,甚至造成短路。因此,当绝缘阻值过低时,必须采取适当措施恢复绕组的绝缘性能。

(2) 发电机绕组因受潮而使绝缘阻值过低时,必须进行干燥处理。干燥处理的方法通常有以下几种。

① 冷态运行法。如果一台正常的发电机在有灰尘、潮湿的环境中长期未运行,可以简单地将发电机组的励磁调节器上的连接线断开,使发电机组在空载状态下运行大约 10min。这样发电机自身的通风系统可足以干燥绕组表面,将绝缘电阻值升高至超过 $1.0M\Omega$,使机组恢复正常。

② 空气导入干燥法。将发电机所有盖板拆除以便于潮湿空气的逸出。在干燥过程中,气流应能在发电机内自由流通并带走湿气。使用两个 $1\sim3kW$ 的电吹风机,从发电机进风口处将热空气导入。注意发热源和绕组间至少保持 300mm 的距离,以避免过热而引起绝缘

损坏。持续加热并且每隔半小时记录一次绝缘电阻值。当该值达到"典型的干燥曲线"中所规定的数值,烘干过程即已完成。移开加热器,盖上所有盖板,然后重新试运行。在下次运行前,仍需检测绝缘电阻。

③ 短路烘干方法。将发电机输出端用短路片短接,所用短路片应能承受发电机额定电流。断开发电机的励磁调节器上的连线,在励磁绕组两端加上直流电源,该直流电源必须在 0~24V 内可调并最大可提供 2.0A 电流。在输出回路中接入一个合适的交流电流表(或钳形电流表)以检测短路电流。

先将用来提供励磁的直流电源电压调至零,然后启动发电机组。缓缓增加直流电压使电流通入励磁机励磁绕组。当励磁电流增大时,在短接状态的定子电流也将增大。监测定子的电流使之不超过额定电流的 80%。

每隔 30min 将机组停下,断开外接励磁直流电源,然后检测并记录定子绕组绝缘电阻并制成图表。所测得的图形应和典型曲线比较,当绝缘电阻值达到"典型的干燥曲线"中所规定的数值,则烘干过程即已完成。一旦绝缘电阻值达到 1.0MΩ,即可将直流电源移开,并将断开的连接线恢复,将机组复原,盖上所有盖板重新试运行。如机组不立即运行,则应确保发电机装上防冷凝加热器并已通电工作。在下次运行前,仍需检测绝缘电阻。

千万不可在发电机励磁调节器和发电机连成回路时,进行三相绕组的短接。另外发电机的短路电流应不超过发电机额定电流,否则会破坏绕组和其他电气设备。

典型的烘干曲线:不管用何种方式干燥发电机,均应每隔半小时记录一次绝缘电阻值,并绘图。图 3-49 所示为一台很潮湿的发电机的典型干燥曲线。该图显示了绝缘电阻值短时上升,接着下降,然后渐渐地升至一个稳定值点 A 处,即稳定状态的绝缘值必须大于 1.0MΩ(如果绕组仅是轻微受潮,图中点线部分可能会观察不到)。

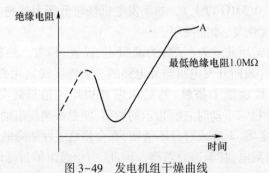

图 3-49 发电机组干燥曲线

在图 3-49 中,通常达到"A"点所需时间为 1~3h。在达到"A"点后,干燥过程至少持续 1h。

注意:绕组温度上升时,其绝缘电阻值将大幅度下降。以上绝缘电阻参照值是在绕组温度 20℃时的数值。如果经过以上干燥过程,绝缘电阻值仍低于 1.0MΩ,则应找出绝缘达不到要求的绕组元件。如果所有部件都无法满足 1.0MΩ 的绝缘电阻,则线圈需重新绕制或者重新清洗发电机。在最低绝缘值要求未达到前,不可将发电机投入使用。绕组烘干后应重新测试绝缘电阻,以确保满足上述最低电阻值的要求。

重新测试主定子绝缘电阻时可用以下方式:

将中性线分开,将 V 和 W 相接机座,测 U 相对机座绝缘电阻。将 U 和 W 相接机座,测 V 相对同前。将 U 和 V 相接机座,测 W 相对同前。若未达到最小值 1.0MΩ,必须继续烘干并重复测试步骤。

3.6.3 交流同步发电机的装配

部件经检查和修配合格后便可进行装配,装配是上述步骤的逆过程,即按拆卸的相反步骤进行。

发电机在装配过程中应注意以下几个方面。

(1) 各配合件的连接止口和接触面应清洁、平整、无毛刺。

(2) 各种固定螺钉(特别注意轴承端盖)在安装时必须先用手拧到底,再用扳手拧紧,如有卡滞,则必须用丝攻进行处理。最后按规定的顺序拧紧。

(3) 轴承在装配前应加热。对于免维护轴承,应放入感应加热器中加热,温度保持在150℃,时间控制在70s。

(4) 风扇在装配前应放在烘箱中加热,温度保持在200℃。其中铸铁材料的风扇加热时间控制在1h;铝合金材料的风扇加热时间控制在2h。注意:应先将转子转动至键槽向上的位置,且将平键安装到位。

(5) 法兰盘装配前应放入感应加热器加热,温度保持在150℃,时间控制在70s。也可放入烘箱中加热,温度保持在150℃,时间控制在1h,然后将其套入发电机轴。注意:更换了风扇或法兰盘后应进行动平衡试验。

思 考 题

1. SB-W6-120 系列交流同步发电机各组成部分的功能是什么?
2. 怎样判别 LSG35 系列无刷交流同步发电机三相电枢绕组的始端和末端?
3. 接不同负载时,三相交流同步发电机的电枢反应是什么?
4. 三相交流同步发电机励磁系统各组成部分的功能是什么?
5. SB-W6 系列交流同步发电机的起励磁建压过程是怎样的?
6. 三相交流同步发电机绕组的维护主要包括哪些方面?
7. 同步发电机绕组受潮后应怎样处理?

第4章 自动控制器件

4.1 励磁调节器

励磁调节器是发电机组中重要的控制器件之一,其功用是根据负载的变化自动调节励磁功率,以确保发电机输出电能的稳态、瞬态性能指标稳定、可靠,满足供电质量要求。常用的励磁调节器主要有 DTW5、SE350、R448、MX321、SX440 和Ⅲ540 等型号,其中 DTW5 和Ⅲ540 型号主要用于谐波励磁方式,SE350、R448 和 MX321 等型号主要用于基波励磁方式的发电机。

4.1.1 DTW5 型励磁调节器

DTW5 型励磁调节器技术成熟、性能稳定、通用性强,是与三次谐波励磁同步发电机配套使用的一款传统主导器件。其外形如图 4-1 所示,电路原理如图 4-2 所示。

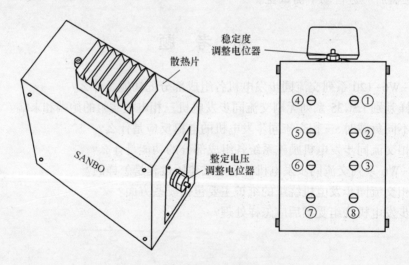

图 4-1 DTW5 型励磁调节器外形

散热片用于给晶闸管(图 4-2 中的 VC)散热,防止其温度过高而损坏。稳定度调整电位器(图 4-2 中的 RP_2)用于调整电压的稳定性。整定电压调整电位器(图 4-2 中的 RP_1)用于调整发电机的输出电压。

DTW5 型励磁调节器的①②③端连接至发电机的输出端,④⑥端连接至励磁电路,⑦⑧端连接至并联调差电路(单机运行时,该端子用导线短接),⑤端未接线。

DTW5 型励磁调节器由测量变压器(T)、桥式整流器($D_{1\sim12}$)、滤波电路(R_2、C_1)、电压测量比较桥($R_{3\sim5}$、RP_1、DW_1)、放大调节器(BG_1、BG_2、$R_{7\sim12}$、R_{19}、$C_{2\sim4}$、RP_2)、移相触发电路($R_{13\sim15}$、C_5、BT)和晶闸管(VC)励磁主回路等部分组成。

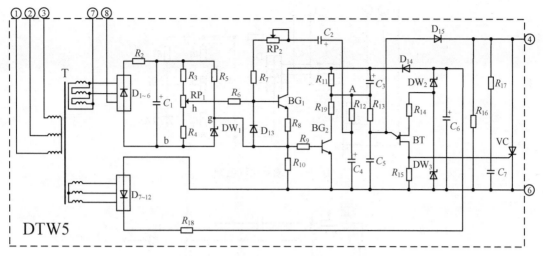

图 4-2 DTW5 型励磁调节器电路原理图

1. 电压测量电路

电压测量电路由整流电路和桥式测量比较电路两部分组成。

1) 整流电路

测量变压器 T 的次级通过调节器外壳上的①②③端子连接到发电机的输出端(①②③端子与发电机输出端子 U、V、W 必须一一对应,否则并联运行时无功功率调整将会引起混乱,甚至发生事故),次级三相绕组连接成三角形送入三相桥式整流器 $D_{1\sim 6}$。测量变压器的次级 C 相输出端与三相桥式整流器 $D_{1\sim 6}$ 之间连线断开,分别接到调节器外壳上的⑦⑧端子,在机组并联运行时接入由第二相电流互感器和调差电位器组成的无功功率均衡电路。单机工作时将⑦⑧端子短接,无功功率均衡电路被短路,不起作用,$D_{1\sim 6}$ 与降压电阻 R_2 和滤波电容 C_1 组成三相桥式整流、电容滤波电路。电容 C_1 两端输出一个稳定的直流电压,该电压与发电机输出电压成正比。

2) 测量比较电路

为了提高励磁系统的灵敏度,在晶体管调压电路中普遍采用桥式测量比较电路。桥式测量比较电路又分对称型和不对称型,对称型的灵敏度要大于不对称型的。DTW5 励磁调节器一般与无刷两级电机配套,两级电机已有较高的灵敏度,故测量比较电路不需要太高的灵敏度,否则容易引起发电机电压的波动,所以这里采用不对称型测量比较电路。

测量比较电路主要由电阻 R_3、R_4、R_5、电位器 RP_1 和稳压管 DW_1 组成,如图 4-3 所示。电路设计时选取稳态 U_{C1} 大于两倍的 DW_1 的稳定电压。正常工作时 h 点的电位比 g 点的高。当输入电压 U_{C1} 升高时,g 点的电位 U_g 不变(以 b 点为参考点),h 点的电位 U_h 升高,U_{hg} 升高;反之,U_{C1} 下降时,U_{hg} 下降。

2. 放大调节电路

放大调节电路由三极管 BG_1、BG_2,偏置电阻 R_6、R_8、R_9、R_{10}、R_{11}、R_{19},钳位二极管 D_{13},反馈电阻 R_{12}、R_7,电位器 RP_2,反馈电容 C_2、C_4 等组成,如图 4-4 所示。

由测量比较电路输出的测量比较信号 U_{hg} 经 R_6 送到放大调节电路的三极管 BG_1 的基极,根据 U_{hg} 信号的高低调节 BG_1 的基极电流 I_{b1} 的大小,I_{b1} 的改变使得 I_{c1} 随之变化,变化的

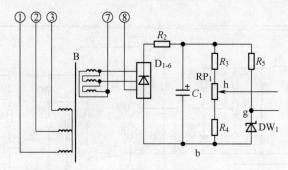

图 4-3 测量比较电路

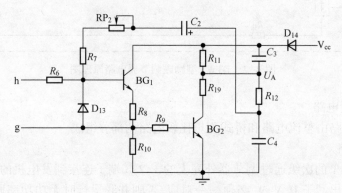

图 4-4 放大调节电路

I_{c1} 流经 R_8、R_{10}，产生变化的压降 U_{R10} 经 R_9 加至 BG_2 的基极，其基极电流 I_{b2} 随之改变，I_{c2} 也随之改变，引起 BG_2 的集电极电压 U_{c2} 改变，R_{11}、R_{19} 之间的电位 U_A 随之改变。若发电机输出电压下降，使 I_{b1} 减小，则 I_{c1} 减小，U_{R10} 下降，BG_2 的基极电流 I_{b2} 减小，集电极电流 I_{c2} 减小，使得 U_A 升高；反之，发电机输出电压升高时，U_A 降低。由电阻 R_{12}、R_7、电位器 RP_2、电容 C_2、C_4 等元件组成负反馈电路，其作用是防止电路放大量过大而引起电路振荡。当发电机电压升高时，U_{hg} 升高，I_{b1} 增大，U_A 降低，U_{C4} 降低，通过 C_2、RP_2、R_7 将此降低的信号反馈到 BG_1 的基极，使原来增大的 I_{b1} 不至于增加得太多，从而抑制 U_A 下降太多；反之，将抑制 U_A 升高太多。RP_2 为稳定度（最佳阻尼）调整电位器，调节 RP_2 能抑制发电机输出电压的振荡，并获得最佳瞬态指标，当然这是以牺牲调节器的灵敏度（反应速度）为代价的。在具体调节过程中要两者兼顾。

C_3 的作用是使 R_{11} 两端的电压不能突变，以提高电路的稳定性。

钳位二极管 D_{13} 的作用是在发电机建压过程中，避免三极管 BG_1 的发射极承受较高的反向电压而损坏（半导体相关知识见附录一）。

3. 直流电源电路

测量变压器 T 的另一组次级绕组接成星形，送入三相桥式整流器 $D_{7\sim12}$，输出一直流电压，经 R_{18}、C_6、DW_2、DW_3 滤波稳压，得到两组稳定的直流电压 U_{C6} 和 U_{DW3}，U_{C6} 为放大调节电路中的三极管提供集电极电压；U_{DW3} 为脉冲触发电路中的单结晶体管提供基极电压。

4. 脉冲触发电路

脉冲触发电路如图4-5所示,工作时单结晶体管基极电压为 U_{DW3},根据单结晶体管的特性,该单结晶体管的峰值电压近似为 ηU_{bb}(η 为单结晶体管的分压比,由管子参数决定;U_{bb} 与 U_{DW3} 几乎相等)。放大调节电路输出电压 U_A 通过 R_{13} 向电容 C_5 充电,当 C_5 的充电电压 U_{C5} 到达单结晶体管 BT 的峰值电压时,BT 迅速导通并工作在负阻状态,C_5 通过 BT 的发射极和第一基极向 R_{15} 放电。当 C_5 放电电压 U_{C5} 下降到 BT 的谷点电压时,BT 迅速截止,于是在 R_{15} 上产生一个前沿陡峭的脉冲。BT 截止后,C_5 又重复上述充电过程。于是在 R_{15} 上产生一连串的脉冲去触发晶闸管 VC。

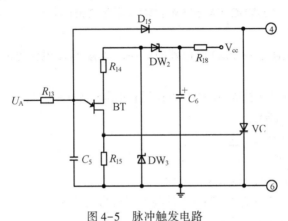

图 4-5 脉冲触发电路

若 C_5 充电电流增大,C_5 到达 BT 峰值电压的时间提前,则脉冲提前出现;反之,脉冲滞后出现。C_5 充电到达 BT 峰值电压的时间,取决于放大调节电路输出电压 U_A 的高低;U_A 高,充电时 U_{C5} 提前到达 BT 的峰值电压,BT 提前导通,脉冲提前出现;U_A 低,充电时 U_{C5} 滞后到达 BT 的峰值电压,BT 滞后导通,脉冲滞后出现。

脉冲触发电路与晶闸管阳极电压之间的同步是通过二极管 D_{15} 来实现的。当晶闸管加正向阳极电压时,D_{15} 加反向电压而截止,C_5 可正常充电,脉冲触发电路可产生脉冲;当晶闸管加反向阳极电压时,D_{15} 加正向电压而导通,BT 的发射极电位被钳制在低电位,U_{C5} 无法达到 BT 的峰值电压,脉冲触发电路不能产生脉冲。这样就保证了晶闸管加正向阳极电压时获得触发脉冲,加反向电压时不获得触发脉冲,从而实现了"同步"。

图4-2中,C_7、R_{16}、R_{17} 是晶闸管保护电路的元件。C_7、R_{16} 的作用是降低晶闸管 VC 承受的瞬变电压,R_{17} 的作用是减小 C_7 经晶闸管 VC 的放电电流(VC 导通时)。

5. 整定电压的调整

发电机空载电压过高或过低时,可通过励磁调节器内的电位器 RP_1 来调整,使发电机空载输出电压整定在 340~460V。

6. 稳定度的调整

励磁调节器内的电位器 RP_2 为稳定度调整电位器,调节 RP_2 能抑制发电机电压振荡,并能得到最佳瞬态指标。调节 RP_2 时,应先从振荡调到刚不振荡(看电压表),再略微调过头一点,以保证一定的裕量,如调过太多,虽然稳定了,但反应速度会缓慢。RP_2 一旦整定好,以后不必再进行调整。

4.1.2 SE350型励磁调节器

SE350型励磁调节器属于固态电子调节器,通过调节励磁电流来控制交流励磁机的输出电压,其外形如图4-6所示。

1. 励磁调节器的基本特性

　　检测和输入电压:190~240VAC,50/60Hz。
　　输入功率:500VA。
　　输出功率(连续):73VDC,3.5A(225W)。
　　输出功率(强励):105VDC,5A(525W),输入电压240VAC。
　　调压率:1.0%。
　　电压远程调节范围:连接2kΩ电位器时±10%,连接1kΩ电位器时±5%。
　　频率补偿:可调。
　　转折频率:60Hz运行时54~61Hz,50Hz运行时45~51Hz。
　　运行温度:-40~+60℃。
　　储藏温度:-65~+85℃。
　　功率消耗:最大8W。
　　尺寸(in[①]):3.94长×2.66宽×2.20高。
　　电压建立:发电机剩磁电压10VAC时调节器可自动建压。
　　电磁干扰抑制:内部电磁干扰滤波器(EMI滤波器)。

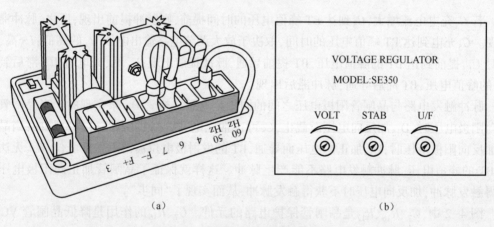

图4-6 SE350型励磁调节器外形

2. 励磁调节器的接线

SE350型励磁调节器的典型接线如图4-7所示。

(1) 励磁机电源输出端子F+、F-:F+、F-端对应接至发电机励磁绕组的F+、F-端。

(2) 励磁电源和发电机输出电压检测输入端子3、4:该端子与发电机的输出端相连接;该输入电源既作为发电机输出电压高低的检测信号,又作为发电机励磁电源。

---

① 1in=2.54cm。

电源输入范围是 190~240VAC,由同步发电机的抽头绕组 T_7、T_8 提供(T_1、T_2、T_3 为同步发电机三相电枢绕组的输出端,T_7、T_8 为 A、B 相的抽头)。

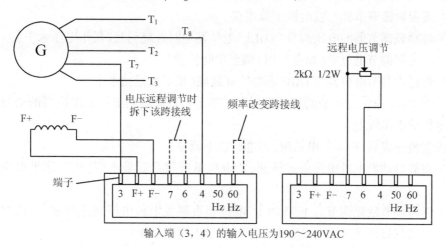

图 4-7　SE350 型励磁调节器典型接线图

（3）稳定性调节:"STAB"电位器用来调节系统的稳定性,顺时针方向调节增加稳定性,增加稳定性的同时也增加了发电机的响应时间;反之,减少稳定性的同时也减少发电机的响应时间。

进行稳定性调节时,顺时针调该电位器使发电机的输出电压稳定后再顺时针调 1°~3°,确保系统有一定的稳定裕量。

（4）转折频率调节:转折频率也就是低速保护频率,当发电机组的转速低于这个值时,励磁调节器不再维持发电机的端电压为额定值,而是随着转速的降低而降低,这样有利于发电机组的转速恢复(大负载时)或不至于励磁电流过大而损坏励磁调节器(关机过程中)。

SE350 利用跳线来选择发电机的工作频率是 50Hz 还是 60Hz,"U/F"电位器用来调节转折频率(发电机工作在 60Hz 时,调节该电位器可以使转折频率在 54~61Hz 范围变化,发电机工作在 50Hz 时,调节该电位器可以使转折频率在 45~51Hz 范围变化)。

当发电机组工作频率为 60Hz 时,一般将转折频率调节在 58Hz,工作频率为 50Hz 时,一般将转折频率调节在 48Hz。

需要调节转折频率时,应调节发电机转速到额定转速(50Hz 或 60Hz),在额定转速下将发电机的输出电压整定到额定值。然后缓慢降低发电机组的转速并观察电压表和频率表,当频率表指示为所需的转折频率后,再降低转速时发电机的输出电压应该随着转速的降低而降低。否则应将发电机组的转速调节到对应的转折频率点低一些(如 47.8Hz),然后调节"U/F"电位器(顺时针调节转折频率升高,反之降低),使得发电机输出电压刚刚开始下降即可(低频保护刚刚起作用)。

将发电机组的转速升高,观察频率和电压,当频率高于 48Hz 时发电机的输出电压应恢复到额定值;再调节发电机组的转速,当频率低于 48Hz 时发电机的输出电压应开始随着转速的下降而下降。

3. 励磁调节器的运行调整

初步调整过程如下：

（1）确保励磁调节器与发电机正确连接。

（2）将励磁调节器的电压调节"VOLT"电位器逆时针旋到底（最小电压水平）。

（3）将远程调节电位器（如果使用）调至中间位置。

（4）将稳定调节电位器"STAB"顺时针旋到底（稳定性最高水平）。

（5）将100V直流电压表的正极接到调节器F+，负极接到F-，或用适当的交流电压表接到发电机的引出线上。

初步调整完成后，启动发电机组，再进行以下调整：

（1）空载启动发电机组到额定转速，发电机电压建立到最小值（实际水平取决于连接情况）。

（2）慢慢调节励磁调节器上"VOLT"电位器直到发电机电压到达额定值，这时远程电压调节电位器（2kΩ）可在发电机额定电压的基础上调节±10%。

（3）逆时针调节励磁调节器上"STAB"电位器直到电压表显示不稳定，然后慢慢地顺时针调节"STAB"电位器，直到发电机达到稳定，再顺时针调1°~3°。

（4）瞬间断开励磁调节器电源约1~2s。

（5）观察发电机输出电压是否保持稳定，假如不能保持稳定，稍微增加稳定性，即顺时针调节"STAB"电位器，并再次瞬间切断励磁调节器电源观察电压是否稳定。

这个步骤应重复进行，直到系统达到稳定并能保持。

SE350励磁调节器上有两个小跳线（图4-8），当该励磁调节器与570机座MP（马拉松）发电机配套使用时，这两个跳线必须剪断；与其他发电机配套使用时，这两个跳线必须保留完整。因此，在更换励磁调节器时，应注意观察原励磁调节器上的跳线是否剪断。

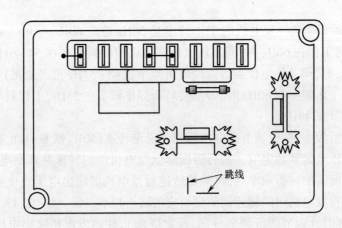

图4-8 SE350型励磁调节器跳线位置

4. 励磁调节器的故障处理

当SE350型励磁调节器出现故障时，可按表4-1所列的故障处理方法进行处理。

表 4-1 SE350 型励磁调节器的故障处理方法

故障现象	原因	处理方法
无输出电压	调节器电源输入端 3 和 4 上剩磁电压低于 10V	按接线图检查接线,必要时进行充磁
	F+、F-没有接	连接励磁绕组引线 F+、F-
	电源输入引线没有接	连接电源输入引线
	熔体熔断	更换熔体
	调节器故障	更换调节器
	发电机故障	检查发电机
输出电压低	接线错误	按接线图检查接线
	电压调节太低	顺时针调节电压调节电位器直到所要求电压
	远程电压调节太低	顺时针调节远程电压调节电位器直到所要求电压
	调节器故障	更换调节器
输出电压高	电压调节太高	逆时针调节电压调节电位器直到所要求电压
	远程电压调节太高	逆时针调节远程电压调节电位器直到所要求电压
输出电压高不可调	调节器故障	更换调节器
远程电压调节反向	远程调节电位器接反	把远程电压调节电位器中心接线接到电位器另一端
调节率差	调节器故障	更换调节器

4.1.3 R448 型励磁调节器

R448 型励磁调节器如图 4-9 所示。该调节器除具有自动调节发电机输出电压的功能外,还具有负载调节、低速保护等功能。调节器用全固化的方式集成在一个电路板上。R448 型励磁调节器与 LSG35 系列无刷同步发电机配套,安装在发电机接线箱内。

1. 励磁调节器的特性

R448 型励磁调节器可与并接自励发电机和永磁励磁机这两个系统相配套,既可以工作在 50Hz 系统又可以工作在 60Hz 系统。对并接自励系统,调节器的电源由发电机的输出电压提供,所提供的电源电压在使用前经过调节器内的二极管整流和滤波。调节器通过调节励磁电流来调整交流发电机输出电压的偏差。

1) 基本特性

并接自励电源:最大 140V(50/60Hz)。

额定过载电流:不大于 10A(10s)。

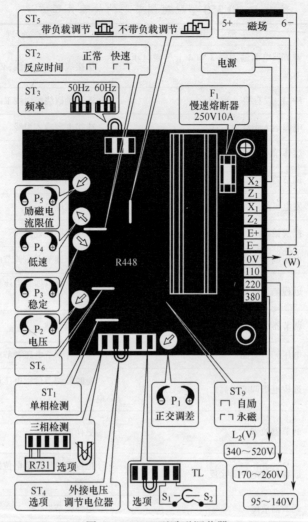

图 4-9 R448 型励磁调节器

熔断器 F_1：接在 X_1、X_2 回路上，规格 10A/250V。

电压检测：通过 5VA 的变压器隔离。

0—110V 端子输入电压范围 95～140V。

0—220V 端子输入电压范围 170～260V。

0—380V 端子输入电压范围 340～520V。

电压调整率：±1%。

反应时间：通过跳线 ST_2 来选择，ST_2 接通——正常、断开——快速。

电压调节：通过电位器 P_2 或外接电压调节电位器（ST_4 断开后外接）实现。

电流检测（并联运行）：单相 2.5VA，二次侧为 1A。

正交调差：通过调节电位器 P_1 实现。

负载调节：通过跳线 ST_5 选择，ST_5 接通该功能实现，ST_5 断开该功能取消。

低速保护和负载调节：频率限值通过调节电位器 P_4 实现。

最大励磁电流:4~10A,通过调节电位器 P_5 实现。
50/60Hz:通过跳线 ST_3 选择。

2) 频率与电压特性(负载调节功能取消时)

该调节器的频率-电压特性曲线如图 4-10 所示,由曲线可知,当发电机的频率大于 48Hz 时,调节器具有恒定电压的作用,当频率低于 48Hz 时发电机的输出电压将随频率的下降而下降,这就避免了机组转速太低时因励磁电流太大而损坏调节器元件。

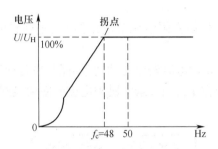

图 4-10 频率-电压特性曲线图

3) 负载调节特性

负载调节功能的作用是当发电机负载增加时,发电机的转速下降,当转速低于预设的频率限值时,负载调节功能起作用,它使发电机的输出电压下降约 15%,对应负载将被减少约 27%,直到转速再回到额定值。因此,负载调节功能能减少转速(频率)的变化,使发电机负载不致过大。

为避免该功能的使用而引起发电机的输出电压产生振荡,该功能的工作点应设置在比额定频率大约低 2Hz 的位置。其特性曲线如图 4-11 所示。

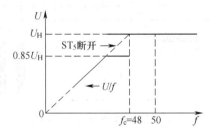

图 4-11 负载调节特性

2. 励磁调节器在并接自励系统的接线

R448 型励磁调节器在并接自励系统(基波励磁)的接线如图 4-12 所示。X_1、X_2 为励磁电源输入端。X_1、X_2 分别接在发电机 V 相绕组 T_8、T_{11} 端,输入额定电压为 115V;励磁机励磁绕组 5、6 端分别接调节器 E+、E-;调节器 0V、380V 端子为测量电压输入端,分别接在发电机输出端 W、V 之间,输入 380V 的线电压作为调节器的测量电压;调节器的 S_1、S_2 端子接电流互感器的次级;跳线 ST_4 断开,接入远程电压调节电位器 RP_1;跳线 ST_3 接成 50Hz 工作状态。

3. 励磁调节器的设置

出厂时调节器均已设置好，除非更换调节器后需重新设置，否则不得进行调整设置。

1) 几个调节电位器的作用

(1) 电压调节电位器 P_2，用来调节发电机的整定电压。该电位器逆时针满刻度时发电机的输出电压最低，出厂时设定在线电压为400V。

(2) 稳定度调节电位器 P_3，当发电机输出电压产生振荡时可调节该电位器消除振荡，出厂时旋至中间位置。

(3) 负载调节和低速保护频率限值调节电位器 P_4，逆时针满刻度时频率限值最大，出厂时调节至48Hz。

(4) 调差电位器 P_1，并联供电时调整无功功率分配，逆时针旋到底时调差作用为0。

(5) 励磁限值调节电位器 P_5，调节最大励磁电流的限值，逆时针满刻度时为最小值，出厂设置为不大于10A。

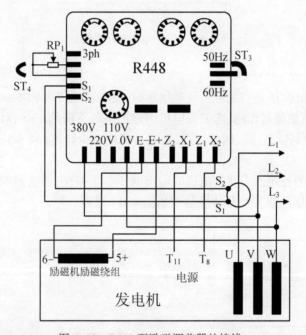

图4-12 R448型励磁调节器的接线

2) 最大励磁电流设置

最大励磁电流又称为励磁极限，其作用是在发电机发生短路故障时，发电机既能在短时间提供足够大的短路电流，从而使电路保护元件动作，又不至于该电流过大、提供时间过长而损坏发电机和电路元器件。所以最大励磁电流的设置有两个参数：一是最大励磁电流的数值；二是维持最大励磁电流的时间。出厂时最大励磁电流的数值是按照工业用电（50Hz）约3倍额定电流的三相短路电流所要求的励磁电流来设置的；维持最大励磁电流的时间是按发电机的安全和绝缘等级来设置的。

最大励磁电流的设置电路如图4-13所示，断开发电机的电源线 X_1、X_2 和测量信号线0V、380V。将 X_1、X_2 经电源开关接上（200~240V）电源，测量端子0V、220V之间接上同一电源,励磁机励磁绕组回路串接一个 10A 的直流电流表,将励磁限值调节电位器 P_5 逆时针旋转到底。

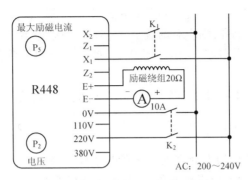

图 4-13 最大励磁电流设置电路

接通开关及 K_1、K_2,观察直流电流表,如果没有电流输出,则顺时针旋转电压调节电位器 P_2,直到直流电流表中出现一个稳定的电流为止。然后断开开关 K_2,顺时针旋转励磁限值调节电位器 P_5,直到获得最大励磁电流(不大于 7A)。最后接通开关 K_2,待直流电流表显示稳定后再断开开关 K_2,励磁电流应升到最大励磁电流(不大于 7A)值,保持 10s 后降到 1A 左右。否则要断开电源按上述方法重新设置。

3)单机运行的设置

单机运行设置包括发电机输出电压的整定、稳定度的调整、低速保护和负载调节频率限值的设定。

(1)将调节器 S_1、S_2 端子短接,在 E+、E- 间接一个 100V 的直流电压表,确认跳线 ST_3 位于所要求的频率 50Hz 上,跳线 ST_5 应接通,远程电压调节电位器 RP_1 旋至中间位置。

(2)将电压调节电位器 P_2 逆时针旋转到满刻度,以防调整过程中发电机输出电压过高。

(3)将负载调节和低速保护频率限值调节电位器 P_4 顺时针方向旋转到满刻度,使负载调节和低速保护频率限值较低,即发电机在额定转速附近工作时该电路不起作用。

(4)将稳定度调节电位器 P_3 逆时针旋转到约 1/3 处。

(5)启动发电机组,并将转速设置在对应发电机电源频率为 48Hz 位置。

(6)调整电压调节电位器 P_2,设置发电机的输出电压为额定值 400V。

(7)调整稳定度调节电位器 P_3,并观察 E+、E- 之间的直流电压表(约 10V),找到稳定的临界点,然后再向稳定方向调一下,使稳定度有一定的裕量。如果找不到稳定点,可断开跳线 ST_2 再调整。

(8)逆时针慢慢旋转负载调节和低速保护频率限值调节电位器 P_4,直到发电机输出电压出现明显的下降(约 15%),调整发电机转速,使发电机频率在 48Hz 附近变动,检查发电机电压下降(约 15%)时的频率是否为 48Hz。

(9)重新调整发电机转速至空载额定值。

4)并联运行设置

如机组要并联运行,在进行发电机输出电压调整时,将远程电压调节电位器 RP_1 放在中间位置,调整电压调节电位器 P_2,设置发电机的输出电压为额定值。将 S_1、S_2 上的短路线去掉,发电机第一相电流互感器的次级端子分别接往 S_1、S_2。将调差电位器 P_1 旋至中间位置。

使发电机组正常工作,加上额定负载后($\cos\varphi = 0.8$ 滞后),此时发电机的输出电压应下降2%~3%。如出现电压上升,则应对调端子 S_1、S_2 上的接线(两台要并联运行的发电机组电压下降幅度要相同,如不同应调节电位器 P_1,使两台机器加负载后电压下降幅度相等,即调差率一致)。

并联运行时调整调差电位器 P_1 可平衡分配两台机组无功功率。

4.1.4 MX321型励磁调节器

MX321型励磁调节器的所有元件被固化在电路板中,属于免维护式。使用者只需掌握调节器各输入、输出端子的导线连接关系,以及各选择端子如何连接和各整定电位器如何调整即可。

1. 端子的功能

MX321型励磁调节器的外形配置如图4-14所示,各端子作用如下:

1) 输入端子

(1) 励磁电源输入端子 P_2、P_3、P_4。永磁式交流励磁机的定子三相交流绕组输出的三相交流电从这3个端子送入调节器,整流后按励磁调整控制原则供给交流励磁机励磁。

(2) 电压检测信号输入端子6、7、8。同步发电机输出三相电的线电压为400V时,通过降压变压器变为230V的线电压(当发电机输出的线电压为230V时,不需要降压变压器,可直接输入),送入调节器的电压测量比较电路。调节器的电压测量比较电路将发电机输出电压与整定值进行比较,实时计算出电压的偏差量,向励磁控制电路发出修正信号,及时改变发电机的励磁电流,从而使同步发电机的输出电压向减小偏差方向调节。

(3) 过压信号输入端子 E_0、E_1。从该端子向励磁调节器输入线电压,供调节器内部过压保护电路作为检测信号。

(4) 电流检测信号输入端子 S_1、S_2(U),S_1、S_2(V),S_1、S_2(W)。同步发电机的输出线路穿过电流互感器,反映同步发电机输出电流大小和性质的电流互感器的次级电流分别送入调节器的对应端子。该端子与调节器内的电流检测电路相连接,使得调节器可以根据同步发电机的输出电流的大小和性质,对同步发电机的励磁电流做出相应的调节和保护。

(5) 励磁电流控制信号输入端子 A_1、A_2。这是一组模拟信号输入端,该端子之间可承受最大直流电压为±5V,该端子的输入直流电压会加到励磁调节器的电压测量电路中,A_1 为零电平端,它与励磁调节器的公共零电平端连接,A_2 端子输入电压升高时,励磁调节器输出的励磁电流增加;反之,A_2 端子输入电压降低时,励磁调节器会减小励磁电流的输出。

2) 输出端子

(1) 励磁电源输出端子 X、XX。该端子与交流励磁机的励磁绕组相连接,调节器从该端子向交流励磁机的励磁绕组提供励磁电流。X 为正极输出端,XX 为负极输出端。

(2) 过压保护控制信号输出端子 B_0、B_1。当励磁调节器检测到发电机过压时,从 B_0、B_1 端送出一控制信号,以断开控制励磁中断控制端子 K_1、K_2 的触点。

3) 控制端子

(1) 励磁中断控制端子 K_1、K_2。K_1、K_2 接通时,励磁调节器内部励磁电路接通,调节器

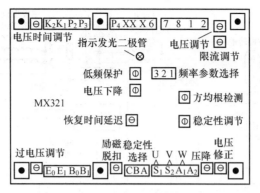

图 4-14 MX321 型励磁调节器

可正常工作。当 K_1、K_2 断开时,调节器内部励磁电路断开,调节器不工作。通常用短路线将 K_1、K_2 短接。

(2) 远程电压控制端子 1、2。该端子处接一个 1kΩ 的电位器时,可整定同步发电机的输出电压,该电位器通常安装在控制屏的面板上。如不安装该电位器,则应将该端子用短路线短接。

4) 参数选择端子

(1) 频率参数选择端子 1、2、3。根据该调节器所配备的同步发电机的磁极个数和额定频率选择跳线的连接方式。

当所配套的同步发电机为 4 个磁极 50Hz 时:连接 2、3 端子。

当所配套的同步发电机为 4 个磁极 60Hz 时:连接 1、3 端子。

当所配套的同步发电机为 6 个磁极 50Hz 时:3 个端子都不连接。

当所配套的同步发电机为 6 个磁极 60Hz 时:连接 1、2 端子。

(2) 稳定性选择端子 A、B、C。该调节器适应范围很广,但不同功率的同步发电机的参数有很大的区别,如大功率发电机的时间常数较小功率的发电机大得多。要使一个励磁调节器适应不同功率的同步发电机的励磁调节,就要对调节器内的某些电路做适当的修改。如配大功率的同步发电机时,针对大功率的发电机的时间常数较大,易出现振荡(电压不稳定),调节器内部的阻尼电路就应适当加强,反之就应适当减弱。稳定性选择端子就是根据所配同步发电机功率的大小,来设置调节器内部稳定电路的参数。

所配套的同步发电机的功率在 90kW 以下时:连接 A、C 端子。

所配套的同步发电机的功率在 90~550kW 时:连接 B、C 端子。

所配套的同步发电机的功率在 550kW 以上时:连接 A、B 端子。

MX321 型励磁调节器的典型接线如图 4-15 所示。

2. 各调节电位器的作用

(1) 电压(Volt)调节电位器。用来调节同步发电机的输出电压,顺时针调节时发电机的输出电压升高;反之降低。

出厂时同步发电机输出电压的默认值为 400V(调节器输入电压为经降压变压器降压后的 230V),调节励磁调节器上的电压调节电位器可调节发电机的输出电压(或者电压微调电位器来改变发电机的输出电压,若不使用电压微调电位器,则需将调节器上的端子 1、2 用

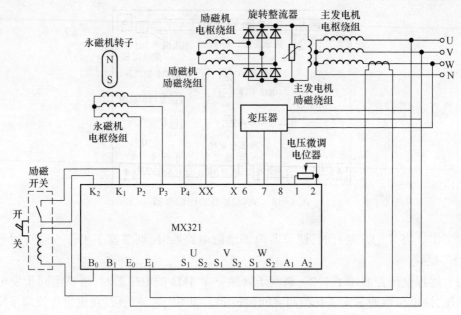

图 4-15 MX321 型励磁调节器典型接线

短路线短接)。

(2) 限流(I Limit)调节电位器(又称为电流上限调节电位器)。用来调节限制同步发电机输出的最大电流值,顺时针调节时发电机输出最大电流的限制值增大;反之减小。

(3) 方均根(RMS)调节电位器。当同步发电机在较低功率因数负载或其他原因导致发电机输出波形变化,进而致使励磁调节器的测量取样产生误差时,调节该电位器可降低因发电机波形改变而造成的电压变动,提高电压调节准确度。顺时针调节作用增强;反之减弱。由于电站(发电机组)所带负载的性质基本是固定的,故该电位器一般无须调整。

(4) 稳定性(Stability)调节电位器。避免同步发电机的输出电压出现不稳定的现象发生,顺时针调节可增加阻尼效应(稳定能力增强);反之阻尼效应减小。

(5) 压降(Droop)调节电位器。调整同步发电机并联运行时无功功率均衡的能力。通常在单台发电机运行时加上 $\cos\varphi = 0.8$(感性)的额定负载,这时发电机的端电压应下降 5%,顺时针调节时压降增加(无功功率均衡能力增强);反之压降减小(无功功率均衡能力减弱)。

(6) 电压修正(Trim)调节电位器。该电位器用来调节输入端子 A_1、A_2 输入的模拟信号对励磁调节器输出励磁电流的控制灵敏度。顺时针调节时,输入信号对励磁调节器的控制作用增大;反之减弱。当使用 A_1、A_2 控制励磁调节器时,应使该电位器顺时针旋转到底。

(7) 低频保护(UFRO)调节电位器。该电位器用来设置励磁调节器内低速保护电路的工作点,顺时针调节时低速保护电路开始工作的频率降低;反之升高。

(8) 电压下降(Dip)调节电位器。该电位器可控制发电机带载运行时的电压下降幅度,这项功能大多用在以涡轮增压柴油机驱动的同步发电机,当发电机的负载超出额定值,且使发电机转速低于低速保护的工作点频率时,励磁调节器降低发电机的输出电压,使发电机的负载不致过大。

该电位器逆时针转到底时,发电机的电压会依照正常的电压-频率特性曲线的斜率下滑至转速低于常态;而将其顺时针转到底,则会增加电压-频率特性曲线的斜率,提供更大的电压下降,以助于柴油机恢复转速。该电位器可根据不同的柴油机设定在不同的位置。

(9) 恢复时间延时(Dwell)调节电位器。这项功能常在发电机与涡轮增压柴油机配套时使用。当驱动超过额定负载一定范围内的负载时,电压下降电路起作用时,此功能主要是在转速恢复和电压恢复之间提供一段延时,可以使柴油机的转速(低于额定转速)在较高的水平上运行。逆时针将恢复时间延时电位器旋转到底时,发电机的电压会随着电压-频率特性曲线变化;将该电位器顺时针转到底,可以增加柴油机转速恢复与电压恢复之间的时间,即电压恢复时间滞后柴油机转速的恢复,这样不至于柴油机转速刚恢复还没有稳定,又加上较大的负载。

(10) 励磁脱扣(Exc)调节电位器。该电位器用来设定切断励磁调节器的输出励磁电压值,顺时针调节电位器,励磁调节器输出端子XX、X间输出的励磁电压更高时才切断励磁电路的输出;反之励磁电压较低时就切断励磁电路的输出。该电位器出厂已整定好,一般不得随意调整。

(11) 电压建立时间(Ramp)调节电位器。该电位器用来设定同步发电机空载时,电压建立的时间,即电压上升的速度。当发电机的转速达到一定值时,励磁调节器会控制同步发电机开始建压,电压建立的速度取决于内部电压上升控制电路特性曲线的斜率。通常会在3s左右建压。如顺时针转动该电位器,电压建立的时间增长;反之电压建立的时间缩短。

(12) 过电压(Over V)调节电位器。该电位器用来设定发电机电压过高时的保护值,顺时针调节时,过电压保护值升高;反之过电压保护值降低。

3. 励磁调节器的基本特性

(1) 电压测量信号输入值:电压190~264VAC,三相;频率50/60Hz,由频率参数选择端子来选择。

(2) 励磁电源输入值:电压170~220VAC,三相三线;每相电流3A;频率100~120Hz。

(3) 励磁输出值:最大励磁电压120VDC;励磁电流连续3.7A,非连续为10s内6A;输出端允许跨接最小电阻为15Ω。

(4) 建压条件:励磁调节器的励磁电源输入端子P_2、P_3、P_4任两个端子之间需有5VAC以上的剩磁电压(这对永磁发电机是不成问题的)。

(5) 外部电压调节:用1kΩ、功率为1W的电位器时,调节范围为±10%。

(6) 电压建立时间:0.4~4s可调。

(7) 发电机电流输出限制:灵敏度范围0.5~1A,负载10Ω(电流互感器次级电阻)。

(8) 过励磁保护:出厂保护设定值为75V,时间延时为8~15s(可调节)。

(9) 低频保护:保护转折点为额定频率的95%。

(10) 电压修正(模拟输入):最大输入±5VDC,灵敏度为每1VDC可调节5%的发电机输出电压,输入电阻1kΩ。

(11) 电流补偿:负载10Ω(电流互感器次级电阻)。

(12) 压降(Droop)输入:灵敏度为0.22A对应5%的压降,最大输入0.33A。

(13) 过压检测输入:当过压信号输入端子E_0、E_1端输入300VAC(出厂设定)电压,时间延时固定为1s,从过压保护控制信号输出端子B_0、B_1输出10~30VDC电压,电流最大值为 0.5A。

(14) 消耗功率:最大 18W。

(15) 调压精度:方均根值小于±5%(柴油机转速变动在 4%以内)。

(16) 温差稳定度:运行 10min 后,温度每变化 1℃电压漂移 0.02%。

(17) 相对湿度:小于 95%。

(18) 操作温度:在没有凝结的情况下-40~70℃。

(19) 储存温度:-40~85℃。

(20) 尺寸:203.0(L)×153.0(W)×39.1(H)。

4. 励磁调节器的调试

1) 空载调试

打开励磁调节器安装处的盖板并将"电压调节"电位器逆时针旋转到底,外接电压微调电位器放在中间位置,启动发电机组,在额定频率下空载运行,慢慢地将"电压调节"电位器顺时针旋转,直至达到额定电压。不要将电压升高至超过发电机的额定电压。

"稳定性调节"电位器已预设定好,一般不需要再调节,如果由于电压不稳需要调节时,可按以下方法调试。

(1) 使发电机组空载运行,并检查其转速是否正确、稳定。

(2) 将"稳定性调节"电位器顺时针转到底,然后慢慢地逆时针旋转,直至发电机电压波动。再顺时针转动电位器,使电压刚好稳定。正确的设定是从这个位置上稍稍顺时针转动 1°~3°,使之有一定的稳定裕量。

2) 加负载调试

在空载运行中已调整了"电压调节"和"稳定性调节"电位器。励磁调节器的低频保护引起的电压下降(又称为崩溃)特性,一般不需要调整。如果发现加负载时电压调整率差甚至电压骤然下降,首先应检查并观察现象,以确定是否确实需调整,然后进行正确的调整。

频率过低引起的电压崩溃是由于励磁调节器内设有一个低频保护线路,其电压-频率特性如图 4-16 所示。

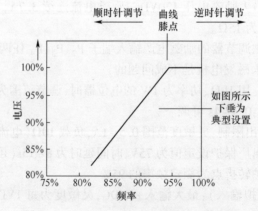

图 4-16 MX321 型励磁调节器的空载调试

(1) 设定低频保护膝点位置。当低频保护调节电位器设定不当时会产生如下情况:

① 在低频保护调节电位器上方的一只发光二极管(LED)在加负载时一直亮。

② 在加负载时电压调整率低,即此时发电机工作于特性曲线斜线上。

顺时针旋转将使膝点频率变小,同时发光二极管熄灭(低频保护电路未工作)。最佳的设定为当频率一旦低于正常范围时,即 50Hz 的发电机频率为 47Hz 时,60Hz 的发电机频率为 57Hz 时,指示灯就亮。若指示灯亮而又无电压输出,则可能是励磁脱扣和过电压保护部分工作了。

(2)设定励磁脱扣。当发电机的两相间或一相与中性线发生短路时,励磁调节器将提供最大的励磁功率,以保证发电机输出足够大的短路电流,以驱动发电机输出电路中的保护装置工作。为了保护发电机绕组,励磁调节器内部设有一个过励磁保护电路,该电路一旦检测到过高的励磁电流,在一个预设的时间(如 8~10s)后就会切断励磁。如励磁脱扣设置不当将使发电机在额定负载内或稍过载时产生电压骤然下降(励磁保护电路动作),这时发光二极管一直亮。

正确的设定是调节电压调节电位器,使励磁调节器的端子 X 和 XX 之间的电压为 70(1+5%)V 时,调整励磁脱扣调节电位器使该电路动作。

一旦励磁脱扣发生,必须使发电机组停机才能使过励磁脱扣状态恢复正常。

(3)设定过电压保护。励磁调节器中含有过电压保护电路,当励磁调节器的过压检测电路检测到发电机的输出电压(E_0、E_1 之间的电压)过高时,它将控制发电机灭磁。该励磁调节器有两种功能:一是内置的电子灭磁线路,将励磁电路断开;二是产生一个控制信号从端子 B_0、B_1 输出,以触发外部回路开关。

过电压保护设置不当将导致发电机在空载或卸载时产生电压骤然下降,同时发光二极管变亮。

出厂设置为端子 E_1 和 E_0 之间电压为 300(1+5%)V,即 315V 时,过电压保护电路动作。顺时针旋转过电压调节电位器将增大保持线路工作电压,即过压保护值提高;反之降低。

(4)瞬时加负载设置。励磁调节器的电压下降和恢复时间延时控制功能,使发电机组具有最优化的负载承受能力。整个发电机组的运行性能由柴油机的性能和调速器反应速度以及发电机的特性决定。电压下降水平及恢复时间延时和柴油机性能有很大关系,因此必须在频率下降和电压下降中做出一个折中的设置。

电压下降特性:MX321 型励磁调节器电压下降调节电位器可调节电压-转速特性中膝点以下部分的斜度,如图 4-17 所示。

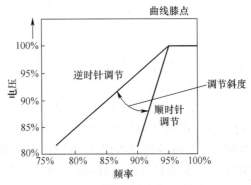

图 4-17 MX321 励磁调节器的电压/频率特性

（5）恢复时间延迟特性设置。恢复时间延迟功能即在电压恢复与转速恢复之间增加延时。延迟的目的是使发电机功率降低至柴油机允许功率以下，这样就可以使发电机转速的恢复得以加快。同样，该控制功能只在膝点以下有效，即如果加载时发电机转速（频率）在膝点以上，则该功能的设置将不起作用。顺时针调节将增大恢复时间。

（6）设定建压时间。调节电压建立时间调节电位器可调节自发电机启动至额定转速后的建压时间。出厂时设立为 3s，该设定可满足大多数应用场合。逆时针将旋钮转到底可将时间缩短至 1s，顺时针将旋钮转到底可将时间延长至 8s。

在所有调整完成后，盖上励磁调节器的盖板。

4.1.5　SX440 型励磁调节器

SX440 型励磁调节器与自励磁发电机系统配套，与 MX321 型励磁调节器一样，也属于免维护式的。同样使用者只需掌握调节器各输入、输出端子的导线连接关系，以及各选择端子如何连接和各整定电位器如何调整即可。

1. 端子的功能

SX440 型励磁调节器的外形如图 4-18 所示，各端子作用如下。

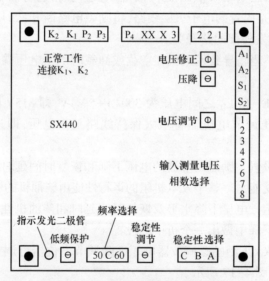

图 4-18　SX440 型励磁调节器的外形

1）输入端子

（1）励磁电源输入端子 P_2、P_3。同步发电机的相电压从这两个端子送入调节器，整流后按励磁调整控制原则输出至交流励磁机励磁。

（2）电压检测信号输入端子 2、3。同步发电机的输出线电压为 400V 时通过降压变压器变为 230V 的线电压（当发电机的输出线电压为 230V 时不需要降压变压器，可直接输入），送入调节器的电压测量比较电路，调节器的电压测量比较电路将发电机输出电压与整定值进行比较，实时计算出电压的偏差量，向励磁控制电路发出修正信号，及时改变发电机的励磁电流，从而使同步发电机的输出电压向减小偏差方向调节。

（3）电流检测信号输入端子 S_1、S_2。同步发电机的输出线路穿过电流互感器，反映同步发电机输出电流大小和性质的电流互感器的次级电流送入调节器的 S_1、S_2 端子,该端子与调节器内的无功功率均衡电路相连接,使得调节器可以根据并联运行的同步发电机输出电流的大小和性质,对同步发电机的励磁电流做出相应的调节,使得无功功率分配均衡。

(4) 励磁电流控制信号输入端子 A_1、A_2。这是一组模拟信号输入端,该端子之间可承受最大直流电压为±5V,该端子的输入直流电压会加到励磁调节器的电压测量电路中,A_1 为零电平端,它与励磁调节器的公共零电平端连接,A_2 端子输入电压升高时,励磁调节器输出的励磁电流增加;反之,A_2 端子输入电压降低时,励磁调节器会减小励磁电流的输出。

2) 输出端子

励磁电源输出端子 X、XX。该端子与交流励磁机的励磁绕组相连接,调节器从该端子向交流励磁机的励磁绕组提供励磁电流。X 为正极输出端,XX 为负极输出端。

3) 控制端子

(1) 励磁中断控制端子 K_1、K_2。K_1、K_2 接通时,励磁调节器内部励磁电路接通,调节器可正常工作。当 K_1、K_2 断开时,调节器内部励磁电路断开,调节器不工作。通常用短路线将 K_1、K_2 短接。

(2) 远程电压控制端子 1、2。该端子外接一个 1kΩ 的电位器,可整定同步发电机的输出电压,该电位器通常安装在控制屏的面板上。如不安装该电位器,则应将该端子用短路线短接。

4) 参数选择端子

(1) 频率参数选择端子 50Hz、COM、60Hz。根据该调节器所配备的同步发电机的额定频率选择短路跳线的连接方式。

当所配套的同步发电机为 50Hz 时:连接 50Hz、COM 端子。

当所配套的同步发电机为 60Hz 时:连接 60Hz、COM 端子。

(2) 稳定性选择端子 A、B、C。根据所配同步发电机的功率大小,通过稳定性选择端子来设置调节器内部稳定电路的参数。

所配套的同步发电机的功率在 90kW 以下时,连接 A、C 端子。

所配套的同步发电机的功率在 90~550kW 时,连接 B、C 端子。

所配套的同步发电机的功率在 550kW 以上时,连接 A、B 端子。

(3) 输入测量电压相数选择端子 1、2、3、4、5、6、7、8。当励磁调节器取同步发电机的两相作为电压测量信号时,应分别将端子 2、3、4、5、6、7 用短路线相连接;取同步发电机的三相电为励磁调节器的电压测量信号时,应分别将端子 1、2、3、4、7、8 用短路线相连接。该调节器通常是取同步发电机的线电压作为测量信号,故应将端子 2、3、4、5、6、7 用短路线连接。

SX440 型励磁调节器的典型接线如图 4-19 所示。

2. 各调节电位器的作用

(1) 电压(Volt)调节电位器:用来调节同步发电机的输出电压,顺时针调节时,发电机的输出电压升高;反之降低。

出厂时同步发电机输出电压的默认值为 400V(调节器输入电压为经降压变压器降压后的 230V),调节励磁调节器上的电压调节电位器可调节发电机的输出电压(或者调节电压微调电位器来改变发电机的输出电压,若不使用电位器,则需将调节器上的端子 1、2 用短路线短接)。

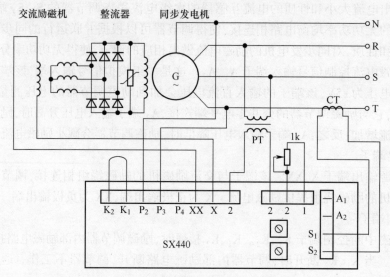

图 4-19 SX440 型励磁调节器典型接线

(2) 稳定性(Stability)调节电位器:避免同步发电机的输出电压出现不稳定的现象发生,顺时针调节可增加阻尼效应(稳定能力增强);反之阻尼效应减小。

(3) 压降(Droop)调节电位器:调整同步发电机并联运行时无功功率均衡的能力。通常在单台发电机运行时加上 $\cos\varphi = 0.8$(感性)的额定负载,这时发电机的端电压应下降 5%,顺时针调节时压降增加(无功功率均衡能力增强);反之压降减小(无功功率均衡能力减弱)。

(4) 电压修正(Trim)调节电位器:该电位器用来调节输入端子 A_1、A_2 输入的模拟信号对励磁调节器输出励磁电流的控制灵敏度。顺时针调节时,输入信号对励磁调节器的控制作用增大;反之减弱。当使用 A_1、A_2 控制励磁调节器时,应使该电位器顺时针旋转到底。

(5) 低频保护(UFRO)调节电位器:该电位器用来设置励磁调节器内低速保护电路的工作点,顺时针调节时低速保护电路开始工作的频率降低;反之升高。

3. 励磁调节器的基本特性

(1) 电压测量信号输入值:电压 190~264VAC,单相两线;频率 50/60Hz,由频率参数选择端子来选择。

(2) 励磁电源输入值:电压 190~264VAC,单相两线。

(3) 励磁输出值:励磁电源输入值为电压 207VAC 时,最大励磁输出电压 90VDC;励磁电流连续 4A,非连续为 10s 内 10A;输出端允许跨接最小电阻为 15Ω。

(4) 建压条件:励磁调节器的励磁电源输入端子 P_2、P_3 之间需有 5VAC 以上的剩磁电压。

(5) 外部电压调节:用 1kΩ、功率为 1W 的电位器时,调节范围为 ±8%。

(6) 电压建立时间:2s。

(7) 低频保护:保护转折点为额定频率的 95%。

(8) 电压修正(模拟输入):最大输入 ±5VDC,灵敏度为每 1VDC 可调节 5% 的发电机输出电压,输入电阻 1kΩ。

(9) 电流补偿:负载 10Ω(电流互感器次级电阻)。
(10) 压降(Droop):最高灵敏度为 0.07A 对应 5%的压降,最大输入 0.33A。
(11) 消耗功率:最大 12W。
(12) 调压精度:小于±1%(柴油机转速变动在 4%以内)。
(13) 温差稳定度:运行 10min 后,温度每变化 1℃电压漂移 0.05%。
(14) 尺寸:150mm(L)×135mm(W)×40mm(H)。

4. 励磁调节器的调试

打开励磁调节器的盖板并将电压调节电位器逆时针旋转到底,启动发电机组。

1) 低频保护的调节

调节发电机组的转速到低频保护的转速(转速 1350r/min、频率 45Hz),缓慢调节低频保护调节电位器,使励磁调节器上的红色发光二极管指示灯亮起即可。

2) 电压调节

在调节前应先将外接电压调节电位器放在中间位置(电阻值为 500Ω 的位置),若不需要外接电压调节电位器,则应将励磁调节器上的 1、2 端子用短路线跨接。将励磁调节器上的稳定性调节电位器旋转至中间位置。

在同步发电机的输出端连接一电压表(表的量程要大于发电机的额定电压),调节发电机组的转速,使之达到额定转速(励磁调节器上的红色发光二极管亮时表示发电机的转速过低)。慢慢调节励磁调节器上的电压调节电位器使之达到额定电压。如出现电压不稳,则应进行稳定性调节。

3) 稳定性调节

调节稳定性调节电位器可改变发电机励磁系统的回授时间,回授时间过小会使同步发电机的输出电压不稳,而回授时间太长又会使发电机加大负载时,瞬间电压变化太大。调节稳定性时,应使用指针式直流电压表并将其接在励磁调节器的励磁电源输出端子 X、XX 之间,来观察该电压的稳定性。

先逆时针调节稳定性调节电位器,使直流电压表指示的励磁电压不稳定,再顺时针调节稳定性调节电位器,使直流电压表指示的励磁电压刚刚稳定。然后再顺时针调节一下,使之有一定的稳定裕量。

4) 无功功率均衡电路的调节

当发电机并联运行使用时,必须用一个电流互感器 CT 穿过发电机的输出回路,其容量须大于 10VA,且在发电机加额定负载时在电流互感器的次级侧能产生 1A 电流。电流互感器 CT 必须安装在发电机输出电路三相中的一相,并且不能与励磁调节器的测量电压取样信号同相。电流互感器次级接入励磁调节器的 S_1、S_2 端子,将电流信号作为无功均衡的依据。

单机运行时,将发电机加上功率因数 $\cos\varphi = 0.8$ 的额定负载,调节压降调节电位器,使发电机的端电压下降 5%。这样便可用于并联运行时发电机的无功功率均衡。

在发电机单机运行时,为了避免电流互感器的次级电流进入励磁调节器造成发电机电压下降,应将励磁调节器的 S_1、S_2 端子用短路线跨接(通常是用一个继电器的常闭触点来实现)。

5. 初次使用发电机磁场的建立

该励磁调节器取同步发电机的输出电源给交流励磁机励磁,而同步发电机的剩磁电压一般是较低的。当发电机组第一次使用,或交流励磁机励磁绕组接往励磁调节器的 X、XX 端子的两根线接反时,由于同步发电机的剩磁电压小于 5VAC,不能使发电机建压。这时应停止发电机组运转,并做如下操作。

(1) 拆下励磁调节器励磁电源输出端子 X、XX 的连接线,用一组直流电源(3~12V),电源的正极接到交流励磁机励磁绕组的 X 端,负极串联 3~5Ω(20W)的限流电阻后接到交流励磁机励磁绕组的 XX 端子,接上大约 3s 即可。

(2) 拆下励磁调节器上与同步发电机输出端连接的导线,启动发电机组至额定转速。用交流电压表测量同步发电机输出的相电压的剩磁电压,看是否大于 5VAC。如果大于,则停机后恢复接线,再重新启动发电机组即可顺利建压。如果测量的剩磁电压仍小于 5VAC,则应重复上述充磁过程(如果测量同步发电机的剩磁电压大于 5VAC,发电机仍无法建压时,则是励磁调节器损坏,应更换)。在所有调整完成后,盖上励磁调节器的盖板。

4.1.6 Ⅲ540 型励磁调节器

Ⅲ540 型励磁调节器主要用于采用谐波励磁系统的交流无刷同步发电机。

1. 励磁调节器的基本特性

(1) 测量额定电压:400V(线电压)。

(2) 额定频率:50Hz。

(3) 励磁电源电压:交流 10~110V。

(4) 励磁电流:小于 5A。

(5) 稳态电压调整率:±1%。

(6) 电压稳定时间:不大于 0.5s。

(7) 空载电压调整范围:额定电压的 95%~105%。

(8) 海拔高度:不大于 4000m。

(9) 环境温度:-40~55℃。

(10) 空气相对湿度:95%(33℃时)。

2. 端子的功能及接线

Ⅲ540 型励磁调节器的典型接线如图 4-20 所示。

1) 输入端子

S_1、S_2:励磁电源输入端子,三次谐波励磁电压从该端子送入。

(1) K_1、K_2:调差电流信号输入端子,当机组需要并联运行时,调差电流信号通过外接电流互感器(二次侧)引入该端子(最大 5A),而且应注意同名端(如图 4-20 所示"*"号)不用时短接 K_1、K_2。

(2) U、W:电压采样信号输入端子,发电机输出线电压从该端子送入,调节器根据该电压的高低来改变发电机的励磁电流。

(3) P_1、P_2:电压修正信号输入端子,在端子 P_1、P_2 处输入±5VDC 信号,可以人为调整发电机的输出电压,调整量可达到±2%的额定电压。在 P_1 接+、P_2 接-时,发电机的输出电压下降,反之发电机的电压上升。

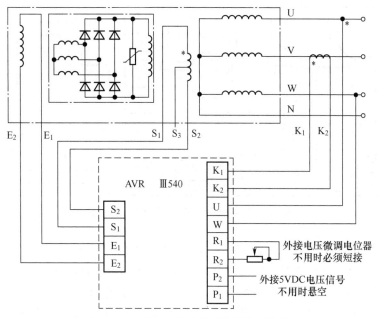

图 4-20　Ⅲ540 型励磁调节器典型接线

2）输出端子

E_1、E_2 为励磁电流输出端子，其中 E_1 为正极，E_2 为负极。

3）电压控制端子

R_1、R_2 为发电机电压远程控制端子，如果需要在其他地方控制发电机的输出电压，可在 R_1、R_2 之间外接一个 4.7(1±15%)kΩ 的电位器（其电阻减小时输出电压上升，反之降低）。如果不用电压微调电位器，应该将 R_1、R_2 端子用短路线短接。

注意：在全自动并联运行的操作系统中，如果没有特殊需要建议不要安装电压微调电位器。因为在首次系统调试后，其参与并网机组的输出电压特性已经调整好，如果有电压微调电位器，则操作者可能在没有基准的条件下（或者很容易无意之间）改变了发电机的运行参数。这会造成并网时空载发电机组之间环流增大，带负载后无功功率分配不均。

3. 励磁调节器的调整

励磁调节器上有 4 个调整电位器，如图 4-21 所示。

1）电压调节

开机前应首先将励磁调节器上的"电压调节"电位器逆时针调小（出厂整定为 400V），如果有电压微调电位器，应将电压微调电位器调节到中间电阻值位置。当发电机组运行正常并达到额定转速后，将励磁调节器上的"电压调节"电位器顺时针方向慢慢调节，直到发电机输出电压满足要求。

由于"电压调节"电位器是采用多圈（25 圈）精密电位器，所以可获得较精准的电压整定。

2）稳定调节

当励磁调节器与发电机首次配合时，可能会出现发电机输出电压不稳定的现象，这时调节"稳定调节 1""稳定调节 2"电位器一般可使发电机输出电压稳定。顺时针旋转时，稳定

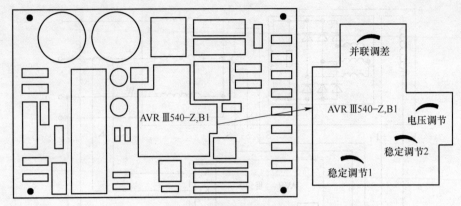

图 4-21 Ⅲ540 型励磁调节器调节元件位置图

度减小(动态响应增加),逆时针旋转时,稳定度增加(动态响应减小)。

调节时先将电位器往顺时针方向调节,待输出电压出现不稳定,然后再往逆时针方向慢慢调节,直到输出电压稳定,再逆时针调 1°~3°使之有一定的稳定裕量。

励磁调节器上有两个稳定调节电位器,当出现发电机输出电压不稳定时,先按上述方法调节"稳定调节 1"电位器,如果还不能稳定,再调节"稳定调节 2"电位器。

3) 并联调差

当需要进行发电机组并联运行时,一定要按正确方式进行接线(图 4-20),确保电压检测回路的电压等级及接线正确,如电压测量信号来自发电机的 U 和 W 相,那么调差电流互感器必须串接在 V 相输出电路中。

首先单机运行(工作方式开关应选择在"并联"位置),并将"并联调差"电位器调整在中间位置,加上额定负载($\cos\varphi = 0.8$ 滞后),这时发电机的输出电压应下降 2%~3%(若电压上升则调差电路的同名端接线错误,应对照接线图连接正确),如果达不到则通过调节"并联调差"电位器使之符合要求。依次将需要并联运行的发电机组都调整到同一水平。这样在实际并联运行时便可自动按各机组的容量大小自动均衡无功功率。

4.2 发电机监控器

发电机监控器是发电机的重要核心部件之一,用来显示和控制发电机的运行状态,诸如显示发电机的线电压、线电流、有功功率、功率因数等参数值;控制过欠压、超频率、短路、欠油压、超机温等预报警或报警。

4.2.1 MP-40J 型发电机综合监控器

1. 界面功能

MP-40J 型发电机综合监控器(简称为 MP40 型监控器)的外形如图 4-22 所示。左边为主显示屏,中间为小显示屏,右边为两个按钮。

1) 主显示屏

主显示屏分别可读出 U_{ab} 线电压、L_1(A 相)电流、L_2(B 相)电流、L_3(C 相)电流或通过

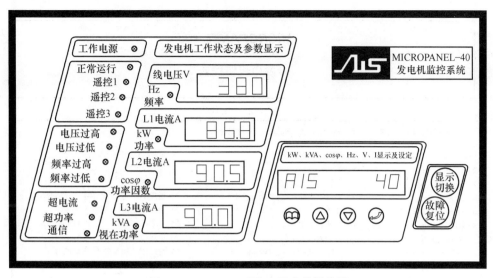

图 4-22　MP-40J 型发电机监控器外形

显示切换读出频率、输出有功功率、功率因数、输出视在功率。

2) 小显示屏

小显示屏可显示其他电参数。主显示屏和部分小显示屏的参数显示形式及代表意义如表 4-2 所列。小显示屏下方还有 4 个小的功能按钮,分别为功能按钮"ᴍ"、向上按钮"△"、向下按钮"▽"和确认按钮"⏎"。

表 4-2　参数显示形式及代表意义

显示形式	代表意义	显示形式	代表意义	显示形式	代表意义
U12	U_{ab} 线电压	I1	L1(A 相)电流	uA	输出视在功率
U1	A 相相电压	I2	L2(B 相)电流	P	输出有功功率
U2	B 相相电压	I3	L3(C 相)电流	uAr	输出无功功率
U3	C 相相电压	FrEq	频率	PF	功率因数

2. 端子的功能及接线

MP-40J 型发电机监控器各接线端子的功能及接法如图 4-23、图 4-24 所示。

(1) 1、2 号端子接计算机,由计算机进行遥控控制。

(2) 3 号端子用于屏蔽接地。

(3) 4～11、14、32、34、36、38 号端子空,不用。

(4) 12 号端子一般作为遥控合闸开关的信号反馈接口,做远程监控用。

(5) 13 号端子为外部故障输入(如逆功率、漏电等)接口,用作切除正常运行输出及远程监控用。

(6) 15 号端子为保护有效输入接口,当控制器的 15 号端子输入高电平信号,系统马上检测所有输入、输出电量是否正常,若在正常范围内(包括在有超限预报警的情况下,只要没有超限报警),则 25 号端子有运行信号输出高电平信号。

119

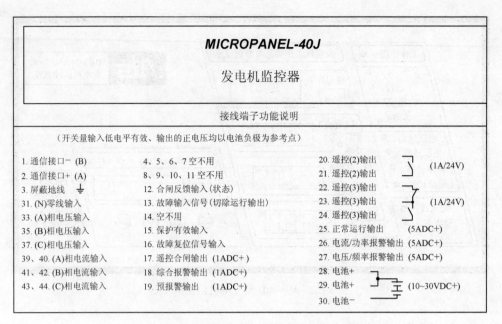

图 4-23　MP-40J 型发电机监控器各接线端子功能说明

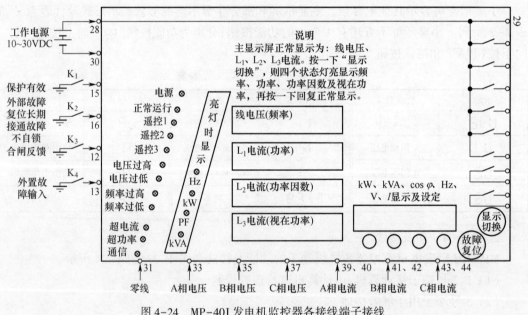

图 4-24　MP-40J 发电机监控器各接线端子接线

（7）16 号端子为故障复位信号输入接口，出现故障后待故障排除各参数正常后，输入一次复位信号（可按面板按键复位或通过外接 16 号端子的复位开关），系统才能回到正常（合闸）状态。

（8）17 号端子为遥控合闸输出接口，通过通信方式使 17 号端子输出作为某开关的遥控合闸控制（可另外定义此遥控输出的功能）。

（9）18 号端子为综合报警输出接口，若频率、电压、电流、功率任意一项达到报警设定值及外置故障输入,18号端子公共报警继电器将有输出,切除正常运行(分闸)。

(10) 19号端子为预报警输出接口,若频率、电压、电流、功率任意一项达到预报警设定值,19号端子公共预报警继电器将有输出,但正常运行(合闸)仍保持。

(11) 20、21号端子为系统预留遥控(2)输出接口。

(12) 22、23、24号端子为系统预留遥控(3)输出接口。

(13) 25号端子为正常运行输出接口。

(14) 26号端子为电流/功率报警输出接口,若电流或功率某一项出现超限(或同时出现),26号端子超负荷报警继电器输出(可用于发电机分闸),且正常运行(合闸)无输出。

(15) 27号端子为电压/频率报警输出接口,若频率或电压任一项超限(或同时出现),27号端子报警继电器输出(可用于柴油机、发电机故障停机),且正常运行(合闸)无输出。

(16) 28、29、30号端子输入来自直流电路部分的24V直流电压(28、29为正极,30为负极),作为监控器的工作电压。

(17) 31、33、35、37号端子分别与发电机三相绕组输出端中性线N和U、V、W相连接,引入发电机输出电压信号。

(18) 39~44号端子分别与发电机输出电路中的电流互感器TA_1、TA_2、TA_3的次级绕组相连接,引入发电机输出电流信号。

3. 参数设定

在"StoP"状态,按小显示屏左下方的"m"键,首先显示"PASS",此时需依次按下保险密码:△、▽、m、↵四键才可进入设置状态,进入设置状态后会显示第一项参数设置,然后按△/▽进行设定,设置好后按"m"可进入下一项设置。最后一项(第18项)设置完成后再按"m"返回"StoP",参数设置完毕。各项设定参数的显示顺序、形式及其代表意义如表4-3所列。

表4-3 各项设定参数的显示顺序、形式及其代表意义

显示形式	代表意义	显示形式	代表意义
PASS	输入密码	10.Fh	频率超高报警
01.Ct	电流变比	11.FdLY	频率报警输出延时
02.UL	低电压报警	12.Ih-P	电流超高预报警
03.UL-P	低电压预报警	13.Ih	电流超高报警
04.Uh-P	超电压预报警	14.IdLY	电流报警输出延时
05.Uh	电压超高报警	15.Ph-P	超功率预报警
06.UdLY	电压高、低报警输出延时	16.Ph	超功率报警
07.FL	低频率报警	17.PdLY	功率报警延时输出
08.FL-P	低频率预报警	18.Addr	通信地址
09.Fh-P	频率超高预报警	—	—

4. 屏幕报警显示

屏幕报警显示代码意义如表4-4所列。

表4-4 屏幕报警显示代码及代表意义

显示形式	代表意义	显示形式	代表意义	显示形式	代表意义
ALA-UL	低电压报警	ALA-Fh	高频率报警	ALA-13	C相超电流报警
ALA-Uh	高电压报警	ALA-11	A相超电流报警	ALA-Ph	超功率报警
ALA-FL	低频率报警	ALA-12	B相超电流报警	ALA-E	外输入故障

需要注意的是,如果功率和功率因数显示有较大误差,应检查输入的电压与电流的相序是否对应。

4.2.2 RT409-JK型发电机综合监控器

RT409-JK型发电机综合监控器(简称:RT409型监控器)整机采用全集成化模块结构,可根据需要增减功能,监控器具有过电流、短路、过电压、欠电压、逆功率、缺相及相序错误等保护功能。

1. 界面功能

RT409型监控器的外形如图4-25所示,监控器上端A~F接线排为故障信号输出接口,分别输出发电机过流、短路、过压、欠压、逆功率、缺相或相序不正确的故障信号。正常输出高电平,故障时输出低电平。

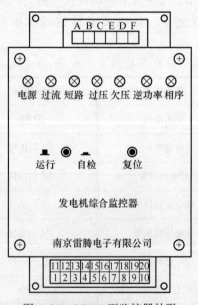

图4-25 RT409型监控器外形

监控器面板上装有电源指示灯(该指示灯亮时表明24V直流电压已输入监控器)、过流指示灯、短路指示灯、过压指示灯、欠压指示灯、逆功率指示灯和相序指示灯。相应的指示灯亮时表明发电机处于该种故障状态,同时监控器输出该故障信号;运行/自检按钮,该按钮在弹起位置时监控器正常工作,按下该按钮时监控器进行自检;复位按钮,监控器工作或进行自检时,报警信号出现后会一直保持报警状态,直至按下复位按钮或掉电,监控器通电时具有自动复位功能。

监控器下端1~20接线端子为电源和信号输入、输出接口。

2. 电路连接

RT409型监控器的电路连接如图4-26所示。

监控器的1、2、3、4、5、6接线端子分别与发电机输出电路中的电流互感器LH_1~LH_3的次级绕组相连接,引入发电机输出电流信号;监控器的7、8、9、10接线端子分别与发电机三相绕组输出端U、V、W和中性线N相连接,引入发电机输出电压信号;监控器的19、20端输入来自直流电路部分的24V直流电压,作为监控器的工作电压。

3. 工作原理

RT409型监控器是依据发电机运行情况,对发电机所输出的三相交流电的电压、电流进行监控。经变压器和电流互感器取得的信号,进行分析、处理,与预置信号进行比较、放大、再处理,做出过流、短路、过压、欠压、逆功率、缺相和相序不正确等判断,经一定延时输出相应的信号。当发电机供电系统出现故障时,相应的故障指示灯经一定的延时后点亮,同时内部继电器触点动作,并一直保持到故障消除进行复位或断开电源为止。

1) 电流取样信号

监控器设计额定取样电流值为3.6A,即发电机输出电流达到额定值时,监控器经电流互感器输入的电流达到3.6A。为达到这一要求,监控器配不同功率的发电机时,发电机输出电路应选取不同的电流互感器。例如:120kW发电机组的额定电流为216.5A,采用300/5的电流互感器,当发电机输出额定电流时,输入监控器的额定电流为3.6A;40kW发电机组的额定电流为72.2A,这时需采用100/5的电流互感器,才能保证发电机输出额定电流时监控器输入额定电流为3.6A。

当输入监控器的电流为$3.6×115\%=4.14(A)$时,出厂设置这一数值为过流,如果过流状态一直存在,并且超过出厂设置的延时时间(20s),则监控器会点亮"过流"指示灯,同时内部继电器J吸合,并由A端子送出故障信号。

若输入监控器的电流为$3.6×250\%=9(A)$,出厂设置这一数值为短路;如果短路状态超过出厂设置的延时时间(1s),监控器会点亮"短路"指示灯,同时内部继电器J吸合,并由B端子送出故障信号。

2) 电压取样信号

电压信号的取样点在机组输出开关前,端子7、8、9分别经熔断器FU_4~FU_6接发电机输出端U、V、W,端子10接中性线(相序不能接错),三相额定电压为400V/50Hz。

当机组供电电压低于额定电压的85%,即340V时,出厂设置这一数值为欠压;如果欠压状态一直存在,超过出厂设置的延时时间(15s),监控器会点亮"欠压"指示灯,同时内部继电器J吸合,并由监控器D端送出欠压信号(低电平)。

若机组供电电压高于额定电压的115%,即460V时,出厂设置这一数值为过压;如果过压状态一直存在,超过出厂设置的延时时间(2s),监控器会点亮"过压"指示灯,同时内部继电器J吸合,并由监控器C端送出过压信号(低电平)。

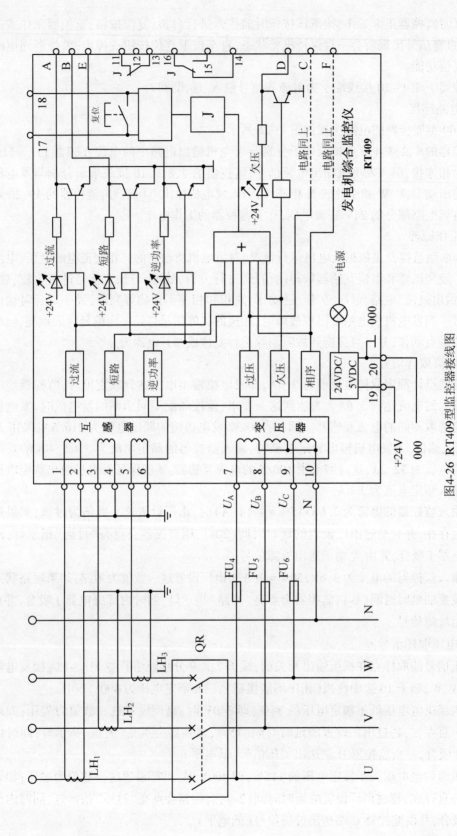

图4-26 RT409型监控器接线图

3）逆功率取样信号

在机组并联运行时,当发电机的输出电压和输出电流相位不一致,甚至电流与电压方向相反时,对发电机来讲就会出现倒灌电流,即出现逆功率。逆功率信号取自监控器内部电流信号和电压信号,逆功率电路分析电流信号和电压信号的相位关系,从而判断是否存在逆功率。

当机组出现逆功率,逆向电流达到额定电流的15%时,出厂设置这一数值为逆功率。如果逆功率状态一直存在,超过出厂设置的延时时间(10s),则监控器会点亮"逆功率"指示灯,同时内部继电器J吸合,并由监控器E端送出故障信号。

4）相序取样信号

相序取样信号取自监控器内部三相变压器,当三相变压器缺相或相序不正确时监控器会点亮"相序"指示灯,同时内部继电器J吸合,并由监控器F端送出故障信号。

5）启动操作

在发电机组长时间未用或首次启动之前,应对监控器通电检查,方法如下:

(1) 将"运行/自检"按钮置于"运行"位置。

(2) 接入24VDC电源,此时"电源"指示灯亮。

(3) 按"运行/自检"按钮,置于"自检"位置,各路模拟报警在经过各自的延时后,相应的指示灯亮,同时故障信号输出口A～F会输出低电平信号。

(4) 自检正常后,按"运行/自检"按钮,置于"运行"位置,按下"复位"按钮进行报警复位后,方可启动机组。

(5) 启动发电机组后,机组电源一旦进入监控器后,监控器即对机组进行监控。出现故障报警后,监控器对故障信号有保持功能,直到进行复位。可用监控器自身的按钮复位,也可在监控器17、18端子外接一常开按钮进行复位;在监控器直流电源掉电后再通电也会对监控器报警电路进行复位。

6）监控器的整定

监控器出厂时已整定完毕,整定参数前面已作介绍,用户只要根据机组大小选择合适的电流互感器,一般不需重新调整。监控器各功能整定分为保护数值整定和延时时间整定。当必须对监控器进行重新整定时,可打开监控器外壳,调整电位器$RP_1 \sim RP_5$(图4-27)分别进行过电流、短路、过压、欠压和逆功率保护数值整定,顺时针旋转电位器,整定倍数减小;调整电位器$RP_7 \sim RP_{11}$分别进行过电流、短路、过压、欠压和逆功率的保护延时时间的整定,顺时针旋转电位器,延时时间增加。各参数可整定的范围如表4-5所列。

除过压、欠压可在线调整外,其他项目需要电源、调压器、电压表、电流表等设备,并需提供电流模拟信号。

过压参数的整定:应先整定过压数值,后整定延时时间。调整前先断开监控器故障信号输出端子C的连线,逆时针将过压延时整定电位器RP_9旋转到底。启动机组使发电机正常发电。

过压数值的整定:旋转(控制屏面板上的)电压微调电位器RP_1,将发电机输出电压调整到460V,即115%U_e。调整过压倍数整定电位器RP_3,观察"过压"指示灯,当"过压"指示灯刚刚亮时停止调整;旋转电压微调电位器RP_1,将发电机输出电压调到400V,按下监控器上的"复位"按钮,待"过压"指示灯熄灭后再旋转电压微调电位器RP_1,将发电机的输出电压慢慢升高，当发电机电压升高到 460V 时，"过压"指示灯亮，则过压数值整定完毕，否则重复上述过程。

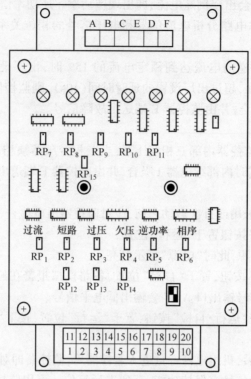

图 4-27 RT409 型监控器调整元件位置图

表 4-5 监控器保护数值整定

项目	过流	短路	过压	欠压	逆功率
数值范围	50%~150%I_e	100%~500%I_e	95%~120%U_e	100%~80%U_e	5%~25%
延时范围	5~20s	0.5~5s	0.5~5s	5~80s	2~20s

过压延时值的整定：整定前将过压延时整定电位器 RP_9 顺时针旋转到底，使得延时最长。然后将发电机的输出电压调到 460V，这时逆时针旋转 RP_9 并注意观察"过压"指示灯，当"过压"指示灯刚刚闪动时即停止调整；旋转电压微调电位器 RP_1，将发电机输出电压调到 400V，按下监控器上的"复位"按钮，待"过压"指示灯熄灭后再旋转电压微调电位器 RP_1，将发电机的输出电压慢慢升高到 460V，同时注意看"过压"指示灯亮的时间，如发电机电压升高到 460V 后，"过压"指示灯亮延时 2s，则延时整定完毕，否则重复上述过程。

欠压参数的整定：应先整定欠压数值后，再整定延时时间。调整前先断开监控器故障信号输出口 D 的连线，逆时针将欠压延时整定电位器 RP_{10} 旋转到底。其整定方法与过压整定相同，不再重复。

4.2.3 过欠压保护板

正常情况下，发电机输出电压保持额定值不变，即使因某种原因偏离额定值，也应在允许范围内。例如：额定电压为400/230V的电站，允许偏差在±10%以内，即输出电压为360～440/207～253V以内，超过此范围可定义为过压或欠压。过/欠压供电运行会导致发电系统和负载设备故障，甚至严重损坏，因此必须采取措施予以保护。

控制屏电路中采用较多的DT006型过欠压保护板的电路原理如图4-28所示。它主要由电压测量电路、比较电路、过压和欠压驱动信号输出电路和驱动信号放大电路4个部分组成。

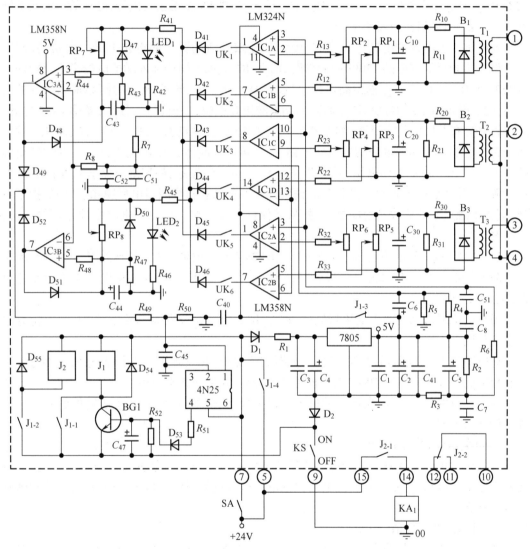

图4-28 过欠压保护板电路原理图

电压测量电路由变压器 T_1、T_2、T_3，单相桥式整流器 B_1、B_2、B_3，电阻 R_{10}、R_{20}、R_{30}，电位器 RP_1～RP_6，电容 C_{10}、C_{20}、C_{30} 等组成。比较电路由比较放大器 IC_{1A}～IC_{1D}、IC_{2A}、IC_{2B} 及其外围电路等组成。过压和欠压驱动信号输出电路由比较放大器 IC_{3A}、IC_{3B} 及其外围电路组成。驱动信号放大电路由晶体管 BG_1，继电器 J_1、J_2 等组成。光耦 4N25 的作用是对驱动信号进行隔离，增强电路的抗干扰能力。

127

1. 过、欠压保护电路的工作情形

当发电机或市电输出电压送至过欠压保护板的电压测量电路时,如果接通图 4-28 中的 SA2 和 KS 后,过欠压保护板得到 DC24V 直流工作电源,内部电路开始工作。

发电机或市电的电压正常时,比较放大器 IC_{1A}、IC_{1B}、IC_{1C}、IC_{1D}、IC_{2A}、IC_{2B} 同相输入端的电位低于反向输入端的电位,比较放大器 IC_{1A}、IC_{1B}、IC_{1C}、IC_{1D}、IC_{2A}、IC_{2B} 输出低电位,二极管 $D_{41\sim46}$ 截止;比较放大器 IC_{3A}、IC_{3B} 同相输入端的电位低于反向输入端的电位,比较放大器 IC_{3A}、IC_{3B} 输出低电位,二极管 D_{49}、D_{52} 截止;光耦 4N25 无输入信号,晶体管 BG_1 无基极电压而截止;所以保护电路不动作。

发电机或市电的输出电压升高时,RP_1、RP_3、RP_5 活动臂上的电位上升。通常情况下,当输出电压升至额定值的 110%～115% 时,IC_{1B}、IC_{1D}、IC_{2B} 同相输入端的电位高于反相输入端的电位,IC_{1B}、IC_{1D}、IC_{2B} 输出高电位,二极管 D_{42}、D_{44}、D_{46} 导通,IC_{3B} 的同相输入端 5 的电位高于反相输入端 6 的电位,IC_{3B} 的输出端 1 输出高电位,二极管 D_{49} 导通,光耦 4N25 导通,晶体管 BG_1 有基极信号而导通,继电器 J_1 获得工作电流,触点 J_{1-1}、J_{1-2}、J_{1-4} 接通。J_{1-1} 的接通使得继电器 J_1 线圈的电源构成自保电路,即不再依赖晶体管 BG1 提供;J_{1-2} 的接通使得继电器 J_2 获得 24V 直流工作电源,其常开触点 J_{2-1}(14、15)接通,使得继电器 KA_1 获得 24V 工作电源,其常开触点控制发电机和市电输出开关的分励脱扣线圈得电后脱扣,从而保护了负载;其常闭触点断开后控制发电机灭磁,从而保护了发电机。控制屏电路中通常还接有声、光报警电路。

J_{1-4} 的作用是当 SA 断开时,维持电路板的 24V 直流电源。J_{1-3} 的作用是保护电路动作后切断 IC_1 和 IC_2 的工作电源。二极管 D_{48}、D_{51} 的作用是当 IC_{3A}、IC_{3B} 输出高电位后钳位自保,从而维持驱动信号。

当发电机或市电的输出电压降低时,IC_{1A}、IC_{1C}、IC_{2A} 的反相输入端起作用,其分析方法与上面相同。

该电路保护后,电路无法自行复位,如要解除保护,必须断开工作电源,通常是将过欠压保护板上的开关 KS 拨至"OFF"挡几秒钟,使电路复位后再拨至"ON"。

需要注意的是,不同时期出厂的过欠压保护板,元件的符号、型号及接插件的安装位置等可能有所不同。

2. 过欠压保护电路的整定

过欠压保护电路的整定包括过欠压值的整定和过欠压延时值的整定,当过欠压保护板接通直流工作电源,且发电机或市电的输出电压送至过欠压保护板时,可对过欠压值和延时值进行整定。

1) 过压值及欠压值的整定

整定过压值的电位器为 RP_1、RP_3、RP_5,它们分别整定 U、V、W 三相电的相电压过压值。U 相电过压保护值的整定步骤如下:

(1) 将过欠压保护板上的开关 KS 拨至"ON"的位置。

(2) 将过欠压保护板上的米粒开关均拨至关(非"ON")的位置,然后将米粒开关第二位拨至"ON"的位置(各电位器对应的米粒开关位置详见图 4-28 中二极管 $D_{41}\sim D_{46}$ 的阳极)。

(3) 调节励磁调节器,使发电机的输出电压稳定在过压值上。

(4) 调节过压值整定电位器 RP_1(所有调节均为顺时针保护值增大,逆时针调节保护值减小),同时注意观察电路板上的发光二极管 LED_2,当其发光时立即停止调节电位器,将过欠压保护板上的开关 KS 拨至"OFF"。

(5) 调节励磁调节器使发电机输出电压恢复到额定值。

(6) 将过欠压板上开关 KS 拨至"ON",然后调节励磁调节器使发电机输出电压缓慢上升,同时观察过压保护值(保护时发电机灭磁)。如在要求的过压值保护,则此相过电压参数调整完毕;反之,重复上述步骤直至过压保护值满足要求。

至此 U 相过电压参数调整完毕。用同样的方法调整 V、W 相的过压保护值。

整定欠压保护值的电位器是 RP_2、RP_4、RP_6,整定方法与上述相同。

2) 过欠压保护延时值的整定

过压保护延时整定电位器为 RP_8,欠压保护延时整定电位器为 RP_7。延时的目的是防止电压的偶然波动引起该电路误动作。过欠压保护值整定完毕后,即可对过欠压保护延时值进行整定,步骤如下:

(1) 将过欠压保护板上 6 位米粒开关均拨至关的位置,同时将过、欠压保护板的开关 KS 拨至"OFF"。

(2) 调节励磁调节器使发电机输出电压稳定在过压值上。

(3) 将过欠压保护板上开关 KS 拨至"ON",然后将过欠压保护板上的米粒开关 UK_2(或 UK_4、UK_6)拨至"ON",此时过压报警发光二极管 LED_2 亮(此时继电器不动作),发光二极管亮的同时开始计时,直到继电器动作为止。判断继电器是否动作可用万用表检测继电器 J2 的常开触点(10、11)是否接通,该段时间即为延时时间(通常设置为 3~5s)。如时间过长或过短可调节过压延时电位器 RP_8(顺时针调节为延时缩短,逆时针调节为延时增加),重复上述步骤,直到满足要求为止。至此过压延时时间整定完毕。

LED_1 为欠压报警发光二极管,RP_8 为欠压保护延时整定电位器。欠压保护延时值整定方法与上述相同。

有些控制屏电路中采用的 ABB CM-MPS.41S 型三相多功能监视器不仅具有过欠压保护功能,还能实现缺相、相序及三相不平衡检测。

4.2.4 逆功率保护模块

发电机组并联或并网运行时,发电机产生电能向网电系统送电(作为发电机运行是常态)。但是当发电机失磁或其他某种原因,发电机有可能变为电动机运行,即从系统中吸取有功功率,逆功率运行。逆功率运行危害极大,对机组和网电系统安全构成严重威胁,必须防范。逆功率保护器就是为避免发电机运行于电动机状态,同时避免系统其他发电机出现过功率跳闸进行相应的报警保护装置。

众智 HPD300 型逆功率保护模块与电路的连接、工作过程及参数设置如下:

1. HPD300 型逆功率保护模块面板

HPD300 型逆功率保护模块面板如图 4-29 所示,面板上有 17 个对外接线端子、1 个通信接口 LINK、3 个指示灯、1 个测试按钮和 4 个电位器。

1) 界面功能

(1) POWER 指示灯:电源指示灯,模块输入直流工作电源后该指示灯亮,该灯为绿色。

(2) RP TRIP 指示灯:逆功率跳闸指示灯,当发电机的逆功率超过设定值时,指示灯每 1s 闪一下,延时时间结束后该指示灯长亮;功率恢复正常后指示灯熄灭,该灯为红色。

(3) OC TRIP 指示灯:过电流跳闸指示灯,当发电机的输出电流超过设定值时,指示灯每 1s 闪一下,延时时间结束后该指示灯长亮;电流恢复正常后指示灯熄灭,该灯为红色。

(4) TEST 测试按键:测试逆功率输出继电器和过电流输出继电器是否能正常工作。

测试逆功率输出继电器时,长按该键 3s,逆功率继电器输出(常闭触点断开、常开触点闭合),逆功率跳闸指示灯亮。

测试过电流输出继电器时,按下该键立即松开,间隔 1s 内再次按下该键 3s,过电流输出继电器跳闸(常闭触点断开、常开触点闭合),过电流跳闸指示灯亮。

(5) 逆功率阈值调节电位器 LEVEL/%:设置逆功率的阈值,可设置范围在额定功率的 0~30% 范围,一般设置在 20%。

(6) 逆功率保护延时电位器 DELAY/s:调整从逆功率阈值出现到开始保护的延时时间,调整范围为 1~20s,一般设置在 2~20s。

(7) 发电机过电流阈值调整电位器 OVER/%:设置发电机输出过电流的阈值,可设置范围在额定电流的 50%~140% 范围,一般设置在 120%。

(8) 发电机过电流阈值保护延时电位器 DELAY/s:调整从发电机过电流阈值出现到开始保护的延时时间,调整范围为 1~60s,一般设置在 5~20s。

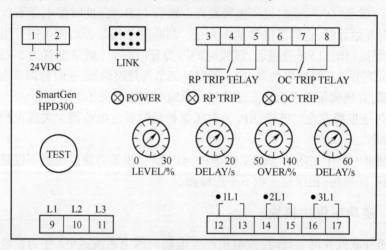

图 4-29　HPD300 型逆功率保护模块面板

2) 端子的功能

(1) 直流电源输入端子 1 和 2,提供模块的直流工作电源,其中端子 1 为电源负极,2 为电源正极。输入直流电压范围为 8~35V,采用较多的是输入 24V。

(2) 逆功率继电器输出端子 3、4、5。其中端子 3 和 4 组成常闭触点;端子 4 和 5 组成常开触点。当发电机组的逆功率超过设定值,且延时结束后继电器动作(常闭触点断开,常开触点闭合),功率恢复正常后继电器触点复位。

(3) 过电流跳闸继电器输出端子 6、7、8。其中端子 6 和 7 组成常闭触点;端子 7 和 8 组成常开触点。当发电机的输出电流超过设定值,且延时结束后继电器动作(常闭触点断开,常开触点闭合),发电机输出电流恢复正常后继电器触点复位。

(4) 相电压输入端子 9、10、11。端子 9 接 L_1 相、端子 10 接 L_2 相、端子 11 接 L_3 相,不可接错。

(5) 电流互感器 A 相输入端子 12、13,要求电流互感器二次线圈额定电流为 5A,其中端子 12 为同名端。

(6) 电流互感器 B 相输入端子 14、15,要求电流互感器二次线圈额定电流为 5A,其中端子 14 为同名端。

(7) 电流互感器 A 相输入端子 16、17,要求电流互感器二次线圈额定电流为 5A,其中端子 16 为同名端。

(8) 通信接口 LINK。通过该接口可连接 SG72 模块,再通过 PC 软件对模块进行参数配置和实时监控。

2. HPD300 型逆功率保护模块的工作过程

HPD300 型逆功率保护模块的接线如图 4-30 所示。

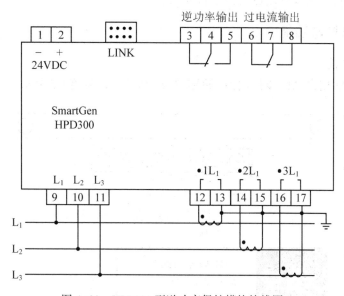

图 4-30 HPD300 型逆功率保护模块接线图

发电机的三相电压和电流按图中对应同名端连接,将逆功率输出继电器的常闭触点 3 和 4 串接在发电机输出开关的失压线圈供电电路中(或将其常开触点 4 和 5 串接在发电机输出开关的断路供电回路中);将过电流输出继电器的常闭触点 6 和 7 串接在发电机输出开关的失压线圈供电电路中(或将其常开触点 7 和 8 串接在发电机输出开关的断路供电回路中)。

1) 逆功率保护过程

当发电机出现逆功率(倒灌电流)时,逆功率检测模块检测到发电机的电压和电流相位关系变成了电动机关系,当这一数值到达保护阈值并经过延时后仍然存在,逆功率输出继电器动作。其常闭触点断开,发电机输出开关的失压线圈失去电源而使发电机输出开关跳闸(或常开触点闭合,使发电机输出开关的断电电路工作,断开发电机输出电路),切断发电机组与供电母线的联系,从而保护发电机组和维护母线的持续供电。

2）过电流保护过程

当发电机出现过电流时,逆功率检测模块检测到发电机的输出电流超过了设置的额定值,当这一数值到达保护阈值并经过延时后仍然存在,过电流输出继电器动作。其常闭触点 6 和 7 断开,发电机输出开关的失压线圈失去电源而使发电机输出开关跳闸(或常开触点 7 和 8 闭合,使发电机输出开关的断电电路工作,断开发电机输出电路),切断发电机组与供电母线的联系,从而保护发电机组。

4.3 自动同步控制器

自动同步控制器是控制中频或工频柴油发电机组在并联并网运行时自动调频调相、自动跟踪同步合闸的模块器件。其作用是调整待并发电机组,在获得与主电网相等的交流电频率和相位时为待并发电机组输出一个同步合闸信号,从而实现机组的并联运行。下面以 SY-SC-2023 型自动同步控制器为例进行介绍。

4.3.1 结构与功能

1. 端子的功能

SY-SC-2023 型自动同步控制器(简称:2023 型同步控制器)的外形如图 4-31 所示,各端子的功能如下:

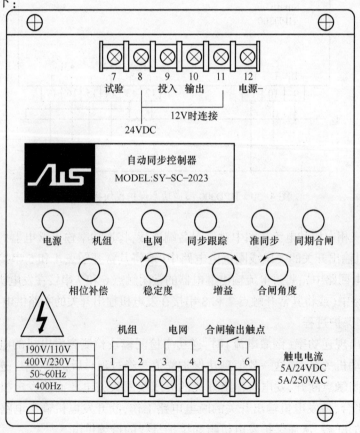

图 4-31 SY-SC-2023 型自动同步控制器的外形

(1) 1、2号端子:待并网机组的相电压的或线电压输入端。

(2) 3、4号端子:正在运行机组的电网相电压或线电压输入端。

(3) 5、6号端子:同步合闸开关端子(控制待并网发电机组开关合闸)。

(4) 7号端子:试验端子。

(5) 8号端子:24V直流电源正极。

(6) 9号端子:系统投入运行端子,当该端子输入直流电压信号时,2023型同步控制器开始工作。

(7) 10号端子:系统输出端子,输出一信号电压给转速控制器以调整柴油机的转速。

(8) 11号端子:12V时与8号端子短接。

(9) 12号端子:直流电源负极。

典型接线如图4-32所示(为防止调速系统受到电磁干扰,输出端子10与柴油机转速控制器之间的连接线一定要用屏蔽线,且屏蔽线要良好接地)。电网的相序与发电机相序的同步在接线图的端子1和端子3是用"＊"表示(只要是相序相同,可使用线电压或相电压作为检测信号)。

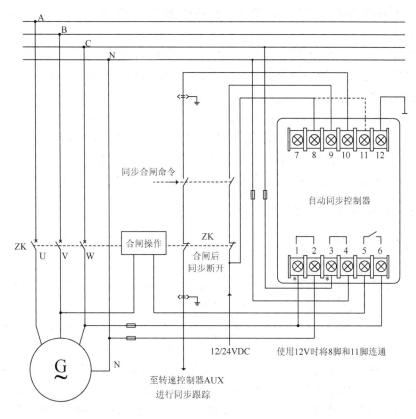

图4-32 SY-SC-2023型自动同步控制器的典型接线图

2. 指示灯及电位器

1) 指示灯

(1) "电源"输入指示灯(绿色):当24V(或12V)直流工作电源输入自动同步控制器

时,指示灯亮。

(2) "机组"电源接入指示灯(红色):当端子1和2有机组电源输入时指示灯亮。

(3) "电网"电源接入指示灯(红色):当端子3和4(来自供电母线)有电源输入时指示灯亮。

(4) "同步跟踪"指示灯(红色):当端子9接入直流工作电压时,2023型同步控制器开始工作,调整待并网发电机组使之跟踪母线电源参数,这时该指示灯亮。

(5) "准同步"指示灯(绿色):当待并网发电机组参数与母线电源参数接近同步(误差在允许范围内)时,该指示灯亮(同时端子5和6之间的内部继电器闭合)。

(6) "同期合闸"指示灯(红色):当待并网发电机组参数与母线电源参数接近同步时,端子5和6之间的内部继电器闭合后该指示灯亮。

2) 电位器

(1) "相位补偿"电位器:调节该电位器可进行±5°的相位误差微调,用来补偿由于采用变压器来获取测量电压而造成的相位误差,校正时将同一交流电输入到端子1与2和端子3与4的采样变压器初级绕组,然后用同步鉴定器测量端子1与2和端子3与4的电压的相位误差,如果该相位差在±5°内,可调节该电位器使2023型同步控制器工作(内部继电器5与6端子接通)。

(2) "稳定度"电位器:逆时针调节时稳定能力增强,过度稳定会使系统反应迟钝。

(3) "增益"电位器:增益过大会使系统不稳定,同时使得系统同步锁定时间太短;增益过小使得同步调整时间太长。

(4) "合闸角度"电位器:调节该电位器可改变同步合闸瞬间两组电源之间允许的相位误差角,顺时针旋转误差减小(旋到底为0°);逆时针旋转误差增大(旋到底为20°)。

系统稳定运行并同步时(在端子1与2和端子3与4之间加同一电源),逆时针(从右至左)慢慢调节该电位器,直到"同期合闸"指示灯亮,再继续调节一小格即可。

4.3.2 系统设置与工作过程

1. 系统设置

1) 设置前注意事项

(1) 设置2023型同步控制器的参数时,把端子7和端子12用跳线接上或把端子5、6的继电器线断开,此方法使得发电机组不能并网合闸。

(2) 调整发电机组的转速使与电网的频率误差小于0.1Hz。注意:2023型同步控制器上指示灯的状态:"电网""机组"和"电源"指示灯应亮。

合上同步合闸命令开关(图4-32),2023型同步控制器与柴油机转速控制器的转速控制端接通,系统投入运行,端子9与24V(12V)工作电源接通。这时红色"同步跟踪"指示灯同时点亮。2023型同步控制器将立即尝试同步,当系统同步时,绿色的"准同步"指示灯点亮,同时合闸输出触点(端子5和6)闭合,同时"同期合闸"指示灯亮。

(3) 增益不可调得太大,增益太大会引起系统不稳定,导致同步锁定困难(同步时间很短,稍纵即逝),不利于合闸。

2) 增益设置

(1) 2023型同步控制器的端子9(投入)不通电。

（2）手动调节柴油机油门使其频率偏离电网的频率。

（3）恢复2023型同步控制器工作（接通端子9的电源），用同步鉴定器（同步表或同步灯）观察速度变化和自动同步控制器的稳定状态，重新快速调节同步"增益"电位器，使其快速跟踪同步又不超调。工作中，当系统出现不稳定，同步时间很短，无法实现合闸功能，或者端子5和6之间的触点频繁通断转换，这是由增益过大引起（使同期锁定的时间变短，不利于开关合闸），应减小增益。（逆时针调整"增益"电位器）；反之，如果同步时间太长（准同步指示灯很长时间才亮），这是由于增益太小引起，应增大增益（顺时针调整"增益"电位器）。

3）校正稳定

调节"稳定度"电位器来优化同步，过多的稳定度设置会降低同步跟踪灵敏度，使同步响应迟钝。工作中，当系统出现不稳定，同步时间很短，无法实现合闸功能，或者端子5和6之间的触点频繁通断转换，这是由稳定度过小引起（使同期锁定的时间变短，不利于开关合闸），应增大稳定度（逆时针调整稳定度电位器）；反之，如果同步时间太长（准同步指示灯很长时间才亮），这是由稳定太强引起，应减小稳定度（顺时针调整稳定度电位器）。

4）相位校正

如果端子1和2与端子3和4的电源是通过变压器输入的，应进行相位校正。当系统接近同步可以微调"相位补偿"电位器，即通过"相位补偿"电位器微调误差（校正时用同步鉴定器观察端子1与2和端子3与4的相位误差），没有通过变压器接入时不需要进行校正。

5）开关合闸角度的调整

系统稳定运行和同步，设定合闸角度为零；调节方法见前面"合闸角度"电位器（合闸角度小，并网时间长但对系统冲击小；合闸角度大，并网时间短，对系统冲击大。逆时针旋到底时合闸角度为20°，顺时针旋到底时合闸角度为0°。多数机组不容易达到0°这个精度，且会造成同步合闸时间过长，设置时往往两者兼顾）。

6）允许开关合闸功能

断开端子7和端子12之间的连线，并接上端子5、6之间的开关连线，实行同步跟踪和同期合闸。

全面检查后，启动发电机组，要确保所有的参数最优。

2. 工作过程

如图4-32所示，当需要发电机组G和供电母线并网运行时，启动发电机组G，调节发电机组G的电压和频率与供电母线一致。接通"同步合闸命令"开关，24V直流电压通过ZK的辅助常闭触点和"同步合闸命令"开关的触点送到2023型同步控制器的端子9，2023型同步控制器投入运行。"电源""机组""电网"和"同步跟踪"指示灯亮，2023型同步控制器再对比机组电源与供电母线电源的频率和相位。

当机组电源的频率低于供电母线时，2023型同步控制器从端子10送出高于5V的直流电压（最高7VDC），通过"同步合闸命令"开关和ZK的触点送到柴油机转速控制器的"AUX"端子，柴油机转速控制器收到该信号后将加大柴油机的油门，使发电机组G的频率升高；当机组电源的频率高于供电母线时，2023型同步控制器从端子10送出低于5V的直流电压（最低3VDC），通过"同步合闸命令"开关和ZK的触点送到柴油机转速控制器的"AUX"端子，柴油机转速控制器收到该信号后将减小柴油机的油门，使发电机组G的频率降低,使发电机组 G 的电源频率与供电母线同步。

同时,2023 型同步控制器对比发电机组 G 电源的相位与供电母线电源相位的差值,当两个电源的相位差满足要求时,"准同步"指示灯亮,内部继电器将端子 5 与 6 接通("同期合闸"指示灯亮)。端子 5 与 6 接通后发电机组供电开关 ZK 的合闸操作机构得电,接通发电机组与供电母线电路,完成自动同步过程。

ZK 主触点接通的同时其辅助常闭触点断开,断开了自动同步控制器端子 10 与柴油机转速控制器的控制电路和系统投入端子 9 的工作电源,自动同步控制器停止工作。

4.3.3 常见故障

在自动并网供电系统中,一般系统工作顺序是:

当所带的负荷已达到设定值(满负荷设定值:80%额定负荷)时,后备机组启动运行正常后自动同步跟踪,同期合闸并网。当优先供电的机组所带的负荷下降到额定负荷的 20% 后系统会解除对后备机组的启动命令,后备机组会自动分闸解列,然后冷却一段时间停机。

当优先启动的机组产生严重故障停机,后备机组启动运行正常后自动合闸送电,替代优先启动的机组。

2023 型同步控制器正常与否,可利用表 4-6 所列测量值进行分析和判断。

当同步失败或同步变慢时可能的原因如下:

(1)调速器不能连续控制。调速器能够连续快速同步,相位的控制基于转速的控制。所以在同步之前,一定要优化系统,确保系统正常工作。

(2)发电机或电网产生大量谐波干扰 2023 型同步控制器,如果谐波分量超过 10%,须外部增加 AC 过滤器。

(3)2023 型同步控制器外壳和输出端子 10 导线的屏蔽层没有接地,导致干扰。

表 4-6 测量值

序号	测量	测量端子	测量值
1	测量电池电压	端子 8(+)和端子 12(-)	正常电压为:12V 或者 24VDC
2	"机组"电源指示灯	端子 1 和端子 2	正常电压为 100~500VAC(可以采用相电压或线电压)
3	"电网"电源指示灯	端子 3 和端子 4	正常电压为 100~500VAC(可以采用相电压或线电压)
4	"同步跟踪"指示灯	端子 9(+)和端子 12(-)	正常电压为:电源电压
5	确认电压检测装置的信号状态是否有效(当系统加装有电压测量装置)		
6	测量自动同步控制器输出	端子 10(+),12(-)	发电机频率低于电网频率时:<5V(3~5V)的电压 发电机频率高于电网频率时:>5V(5~7V)的电压 (注:调整发电机转速直到 5VDC)
7	如果用同步鉴定器(同步表或同步灯)检测已同步,但"准同步"指示灯仍不亮,可能断路器同步合闸角度太小,(逆时针)调整开关合闸控制的电位器直到 LED 亮		
8	同步单元没有合闸信号输出,同步单元的常开触点端子 5、6 同步时应闭合,否则 2023 型同步控制器失效		

4.4 自动负荷分配器

自动负荷分配器用在发电机组并网运行时,实现负荷转移和自动分配。下面以 SY-SC-2043 型自动负荷分配器(简称:2043 型负荷分配器)为例介绍其与电路连接方法和工作过程。

4.4.1 结构与功能

2043 型负荷分配器的外形及各接线端子如图 4-33 所示。

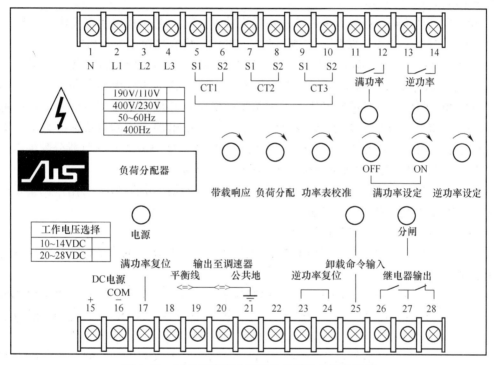

图 4-33　2043 型负荷分配器的外形及各接线端子

1. 端子的功能

(1) 1 号端子:发电机的中性线接线端子。

(2) 2、3、4 号端子:发电机三相电(L_1、L_2、L_3)的输入端子,应正确连到发电机的对应输出端(相序依次为端子 2、3、4)。需要注意的是端子 N 和端子 2~4 为高电压输入,其端子应做好绝缘防护。

(3) 5~10 号端子:端子 5、7、9 是三相电流的输入端,从 5A 的电流互感器接入,负荷分配器要求电路互感器(CT)的每相容量为 0.5VA,由于功耗很低,故可与其他仪表共同使用一组电流互感器。6、8、10 为电流互感器的输出端(公共端),若不再连接其他设备,则可将它们连接在一起并搭铁。

接线时要注意电流输入的相序应与发电机三相电压输入的相序一致,即 5、6 电流互感

137

器的初级应串接在发电机第一相（L_1）输出电路中；7、8 电流互感器的初级应串接在发电机第二相（L_2）输出电路中；9、10 电流互感器的初级应串接在发电机第三相（L_3）输出电路中。切记不要搞错，否则发电机组将无法并网工作。

（4）11、12 号端子：满功率输出继电器连接端子，当 2043 型负荷分配器检测到发电机组满功率时，内部继电器将 11 和 12 端子接通。触点额定电流 5A/250VAC（此输出继电器可用于控制多台机组并联时自动启动或关停另一台机组，也可作为超功率报警用）。

（5）13、14 号端子：逆功率继电器的输出端子，当 2043 型负荷分配器检测到电流互感器次级输入到电流端子的逆向电流达到 0.5%～20%（以电流互感器次级输出额定电流 5A 为基数）时，内部继电器将 13 和 14 端子接通（该继电器可用于逆功率报警或逆功率停机），触点额定电流 5A/250VAC。

（6）15、16 号端子：直流 24V 工作电压输入端子，15(+)是工作电源正极输入，16(-)是工作电源负极输入，也是系统信号接地参考点。此端子应直接接电池负极。

（7）17 号端子：用于满功率锁定后手动即时复位端子，出厂时内部已被连接为满功率自动锁定（负荷为 40%～100%锁定）、低功率自动复位（负荷为 5%～85%复位）。

（8）18、19 号端子：通过发电机组并网系统的继电器并接到系统中其他发电机组的负荷分配器上，导线必须要屏蔽，屏蔽接地点为端子 21。继电器允许的电流标准为小于 1mA（注意：继电器触点应能满足弱电的传送要求，端子接触不良会造成并联负荷分配失败。不适宜选用敞开式易受污染的辅助触点，应采用密封式继电器）。

（9）20 号端子：2043 型负荷分配器控制柴油机转速控制器的输出端，用以调整发电机的有功负载的大小，导线必须要屏蔽。

（10）21 号端子：公共屏蔽接地端子。

（11）22 号端子：功率表信号输出端子，提供正比于有功功率的直流电压给系统作为有功功率的指示仪表。

（12）23、24 号端子：逆功率复位开关接线端子，出厂时该端子短路，即内部继电器保持逆功率锁定状态（锁定容量设定为 0.8A 逆功率电流，逆功率停机用）。若逆功率继电器须手动复位，可将端子 23 和 24 之间的短路线断开，在两个端子间接一复位开关。

（13）25 号端子：负荷卸载命令输入端子。该端子输入高电平信号时负荷分配器卸负载（通过 20 号端子改变柴油机的油量）。

（14）26、27、28 号端子：26 与 27 之间常开、27 与 28 之间常闭继电器输出端子，用来控制外电路使发电机卸载（触点额定电流 5A/250VAC）。

2. 指示灯及电位器

1）指示灯

（1）"电源"指示灯：指示灯亮表示 24V 直流工作电源送入 2043 型负荷分配器。

（2）"卸载命令输入"指示灯：当端子 25 输入卸载命令（高电平）时，该指示灯亮。

（3）"分闸"指示灯：当内部继电器动作使端子 26、27 闭合 27、28 断开时，该指示灯亮。

（4）"满功率"指示灯：当 2043 型负荷分配器检测到发电机组满功率时，内部继电器动作，将端子 11、12 接通的同时该指示灯亮。

（5）"逆功率"指示灯：当 2043 型负荷分配器检测到发电机组有逆功率输入并达到报警值时，内部继电器动作，将端子 13、14 接通的同时该指示灯亮。

2) 电位器

(1)"带载响应"电位器：用来调节2043型负荷分配器负载分配时的灵敏度，顺时针调节时灵敏度增加(增加或减小负载迅速)，逆时针调节时灵敏度减小。灵敏度不能调整太大，否则会使系统不稳定。

(2)"负荷分配"电位器：用来调整2043型负荷分配器并网运行时发电机组分配到的负载大小，顺时针调节时分配到的负载增加(电网负载增大时该发电机组承担较大)，逆时针调节时分配到的负载减小。

(3)"功率表校准"电位器：当2043型负荷分配器的功率表端子22的输出信号与功率表头配合时，通过调节该电位器来校正表头显示数值使之与发电机组输出实际功率一致。

(4)"满功率设定"电位器：电位器"ON"用来设定端子11和12接通时发电机组的功率(通常设定为额定功率的80%)；电位器"OFF"用来设定端子11和12断开时发电机组的功率(通常设定为额定功率的20%)，两个电位器都是顺时针旋转功率增大，逆时针旋转功率减小。

(5)"逆功率设定"电位器：用来设定端子13和14接通时发电机组输入的逆功率值(通常设定为额定功率的20%)，顺时针调节，逆功率值增加；反之减小。

4.4.2 系统设置与工作过程

1. 系统设置

1) 预设置

(1)停机状态下将"带载响应"电位器逆时针旋转到底，然后再顺时针旋转到1/4的位置。

(2)停机状态下将"负荷分配"电位器逆时针转到底。

(3)启动发电机组，将发电机组的频率和电压调节到额定值。

(4)给发电机组加上负载(单机状态)，对端子22的功率表信号进行校正，使功率表头显示正确(可与一标准功率表对比)。

当端子S_1、S_2输入电流5A(满负荷)、功率因数为0.8时，端子22输出代表满负荷有功功率电压信号为(4 ± 0.2)VDC。

如果端子22没有电压输出或者误差较大，应先将发电机卸载，重新检查电压相序及电流互感器CT的相位及绝缘，然后再加载。在三相负载对称时分别短路电流互感器端子5或6、7或8及9或10。其输出电压将分别减小1/3。如果短路某一相电流时电压降不减小反而增加，则说明该相电流互感器CT接反。如果单机带负荷运行出现逆功率报警，必定是有两个以上的电流互感器CT反相连接。如果L_1、L_2、L_3连接相序错误，则必然会出现较大的误差，必须停机校正电压相序或CT相位后，再运行发电机组。

2) 系统调试

系统调试须在预设置完成后进行。

(1)空载并网调试：调整将要并网运行的每台发电机组的频率和电压一致，将要并网的几台发电机组空载并网运行，并通过观察有功功率、逆功率及系统环流是否为零来判断各台发电机组的供油量和励磁电流调整是否符合要求(输出有功功率的发电机组供油量偏大，输入逆功率的发电机组供油量偏小；输出感性电流的发电机组励磁电流偏大；输出容性电流的发电机组励磁电流偏小)。

(2) 负荷分配调试:加上并网发电机组的共有负载,观察在网发电机组所带负载大小。如果发现某台发电机组运行在小负载(相对而言),应顺时针适当调节该机组的"负荷分配"电位器,使该发电机组承担更大的负载,使得并网各发电机组的负载基本相同(系统平衡);反之,如果发现某台发电机组运行在大负载(相对而言),应逆时针适当调节"负荷分配"电位器,使该发电机组承担的负载减小。通过调整,使得并网各发电机组的负载基本相同(系统平衡)。

(3) 带载响应的调整:先逆时针调节"带载响应"电位器1/4圈,然后慢慢顺时针调节该电位器,同时观察发电机组与系统负荷的响应是否同步(电网增加或减小负荷时,该发电机机组增加或减小所承担负荷的速度是否与整个负荷的变化同步)。

(4) 逆功率监察调整:出厂时2043型负荷分配器的逆功率监察值设定在发电机额定功率的20%(电流互感器次级输入到2043型负荷分配器电流输入端子0.8A逆向电流)时,内部继电器将端子13和14接通。"逆功率设定"电位器的调整范围是以电流互感器次级输入额定电流5A为基础的0.5%~20%。调整时应该根据发电机的实际额定电流和配备电流互感器的变流比来确定2043型负荷分配器内部逆功率继电器的运行值。

(5) 超功率监察调整:超功率监察用来监察发电机组输出功率,当本发电机组输出功率已经接近额定功率而系统负荷还在增加,则2043型负荷分配器的端子11和12接通,送出信号自动启动另一台发电机组;当系统负荷减小到一定值时,2043型负荷分配器的端子11和12断开,送出信号自动关闭一台发电机组。

2043型负荷分配器内部控制端子11和12接通和断开的继电器是根据发电机组满负荷时的参数:电流互感器次级5A、$\cos\varphi=0.8$时的电流为发电机满负荷。出厂时设置为80%时,端子11和12接通(ON);下降到20%时,端子11和12断开(OFF),"ON"优先于"OFF"(用户使用不同变流比的电流互感器CT时,应该重新调整)。

如需重新调整可先将"满功率设定ON"电位器顺时针旋转到底,然后将"满功率设定OFF"电位器逆时针旋转到底。逐渐增加发电机负荷到2043型负荷分配器的满功率继电器运行点,逆时针旋转"满功率设定ON"电位器直到"满功率"指示灯亮和内部继电器接通端子11和12;再逐渐减小发电机负荷至2043型负荷分配器的满功率继电器关闭运行点,顺时针调整"满功率设定OFF"电位器,直至"满功率"指示灯灭和内部继电器断开端子11和12。

2. 工作过程

1) 软卸载

2043型负荷分配器的典型接线如图4-34所示。

负荷分配器具有负荷转移(又称为软卸载)、零功率分闸功能。当已并联在网上的机组须退出运行(解列),可首先对该机的负荷分配器发出软卸载命令(给端子25加"+"电源电压),加上卸载命令后,2043型负荷分配器通过端子20给柴油机转速控制器送去减小供油量信号(端子20的电压降低)。由于发电机组的输入功率减小,因此将本机负荷缓慢转移到电网其他机组上。当须解列机组所承担的负荷功率接近于零时,负荷分配器就会通过继电器输出端子(26、27、28触点额定电流5A/250VAC)发出并网开关分闸信号(如图4-34所示端子27和28的常闭触点断开或26、27触点闭合,接通分闸电路,合闸控制电路失电,发

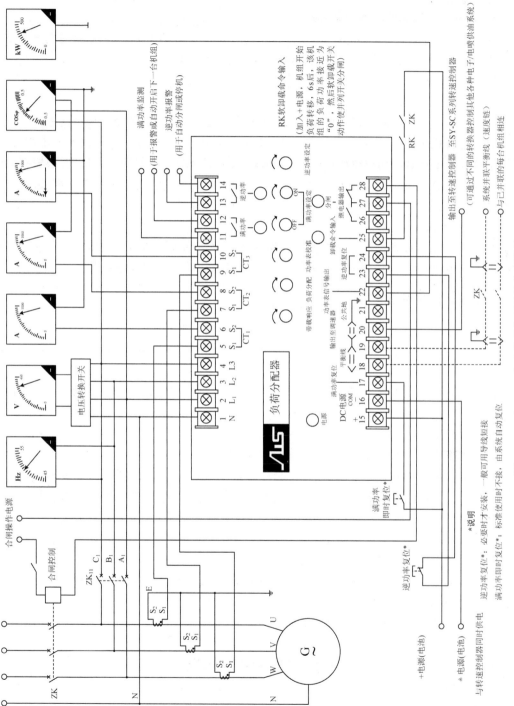

图4-34 SY-SC-2043自动负荷分配器的典型接线

电机组输出开关 ZK 断开,发电机组与电网分离)。开关分闸后应将端子 25 的卸载命令解除(可将信号串接在合闸开关的常开触点上,如接线图 4-34 所示:RK 与 ZK 串联,ZK 分闸后卸载命令也同时解除)。

2) 各发电机组间的功率均衡

如图 4-34 所示,当发电机组与电网同步合闸的同时,发电机输出开关的辅助触点 ZK 将平衡线端子 18 和 19 与在网其他发电机组的平衡端子并联,各发电机组的 2043 型负荷分配器通过该端子传输数据实现各发电机组之间的功率均衡。

3) 并网机组的增加和减少

在多台并网运行的发电机组中,一般都事先设定好主用和备用机组(有时并不设定,而是同时启动各机组,首先满足工作条件的发电机组先给负载供电)。若负载太大主用发电机组给负载供电达到满功率输出设置值时,2043 型负荷分配器内部继电器接通满功率输出端子 11 和 12,用该信号启动备用发电机组投入并网运行;当负载减小达到满功率关闭设置值时,内部继电器断开 11 和 12 触点,送出关闭备用机组信号。

4) 逆功率保护

2043 型负荷分配器检测到并网发电机组的逆功率达到设定值时,点亮逆功率指示灯的同时内部继电器接通端子 13 和 14,该信号用来报警或启动另一台发电机组。

4.4.3 常见故障

2043 型负荷分配器出现故障时,应按以下步骤进行检查和调整:

(1) 检测三相电压(三相电压必须与三相电流的相序相同),同时确认中性线连接是否正确。

(2) 用直流电压表测量端子 16 与 20 之间的电压应为 (5±0.1)VDC;在无负荷情况下测量 18 与 19 端,正常为 (0±0.5)VDC;16 与 18 端子正常约为 5VDC;16 与 19 端子正常约为 5VDC。

(3) 检查电流互感器,测量 CT 输入的等效电流。

(4) 如果发电机并联运行不稳定,逆时针旋转"带载响应"电位器直到恢复稳定状态。如果调到小于 25%,其带载灵敏度下降,最佳设定为 1/4 转位置;如果仍然出现不稳定,可尝试断开端子 18 与 19 和其他机组之间的并行电缆,短接端子 18 和 19,系统将会出现稳定状态。此时可将柴油机转速控制器的增益减小一点,重新接上端子 18 和 19,再试验应能满足要求。否则校验发电机调压器的稳定性。

(5) 在调整负荷分配之前应首先要确认励磁调节器的无功功率补偿电路接入相位是否正确,否则负荷分配无法调整,整个并机系统也无法正常工作。

(6) 并网运行的所有发电机组的中性线应可靠连接在一起,否则无法并网。

4.5 柴油机传感器

柴油机传感器是用来感知柴油机运行时,如油压、油温、水温和转速等信息,并将感知到的信息按规律转变成电信息或其他所需形式信息输出,以满足监视、调整、控制和预警保护等工作需要。

4.5.1 机油压力传感器

1. 结构形式与工作原理

柴油机机油压力传感器用于检测柴油机机油压力的大小,它一般通过螺纹拧在缸体的油道内,通常有可变电阻式(简称:变阻式或机械式)和压敏电阻式(简称:压阻式)两种。

1)变阻式

变阻式机油压力传感器原理如图4-35所示。

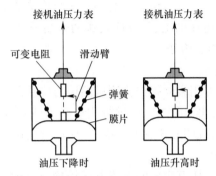

图4-35 变阻式机油压力传感器的结构原理

变阻式机油压力传感器的内部有一个可变电阻,一端输出信号,一端与搭铁的滑动臂相连。当油压增大时,油压通过润滑油道接口推动膜片弯曲,膜片推动滑动臂移动到低电阻位置,使电路中的输出电流增大;反之,油压降低时,膜片推动滑动臂移动到高电阻位置,使电路中的输出电流减小,最终在机油压力表上将机油压力的大小以指针(或数字)显示出来。图4-35所示为负阻式(输出电阻与机油压力呈相反变化,又称为负压力系数)机油压力传感器;如果将电位器的活动触点与电位器上端相连接,则为正阻式(正压力系数)机油压力传感器。

两个、三个接线端的机油压力传感器中除了一个随油压变化的可变电阻外,还有一个常闭开关,该开关在机油压力高于一定值时断开。这两种传感器的区别在于可变电阻和常闭开关的公共点是否接外壳。

2)压阻式

压阻式机油压力传感器结构如图4-36(a)所示。

制作时使用硅膜片与柴油机的机油油道形成一个空腔,压力传感器芯片基于硅材料的压阻效应。利用这个原理,采用集成工艺技术,经过掺杂、扩散,沿单晶硅片上的特定晶体方向制成4个应变电阻,构成一个电桥,如图4-36(b)所示,其中电阻R_1和R_3与硅膜片的边平行;而电阻R_2和R_4与硅膜片的边垂直。如果电阻的布局合理,当有压力作用在硅膜片上时,两个电阻阻值增大,另外两个电阻阻值减小;并且增大量与减小量应该相等。这4个电阻组成的电桥如图4-36(c)所示,其中V为外加电压,ΔV为电桥输出电压。由于在零压力下电阻$R_1 = R_2 = R_3 = R_4$,故在零压力时$\Delta V = 0$。

半导通材料对温度非常敏感,压力传感器之所以采用电桥结构,主要是为了消除温度变化时对压力测试的影响。在零压力时,温度发生变化时4个电阻的变化量相等,从而保证电桥输出电压不受温度影响。

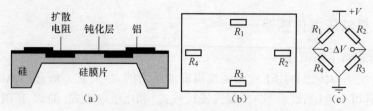

图 4-36 压阻式机油压力传感器的结构原理

由该原理可知,压阻式机油压力传感器对外有 4 个连接端子,在与电路连接时要分清哪两个端子是输入工作电压(电压的正、负极性),哪两个端子接显示仪表。

2. 机油压力传感器的检测方法

1) 变阻式传感器的检测

在柴油机停机状态,用万用表欧姆挡检测机油压力传感器接头与搭铁线之间的电阻值;柴油机启动后,油压上升时,再对其电阻值进行测量必须断开线路,将测量阻值与正常阻值比较,如果阻值太小或太大,说明此传感器已损坏,应进行更换。

2) 压阻式传感器的检测

在柴油机准备启动状态,用万用表的直流电压挡检测机油压力传感器的显示信号输出端子之间,这时电压应约为 0V;柴油机启动后,油压上升时,再对其显示信号输出端子之间进行测量,将测量的直流电压与正常时的电压值比较,如果太小或太大,说明此传感器已损坏,应进行更换。

4.5.2 温度传感器

柴油机中常用到的温度传感器有机油温度传感器、冷却液温度传感器及气缸温度传感器(常用在风冷机上)。这些传感器的基本结构和工作原理大致相同。

1. 温度传感器的结构与原理

柴油机的温度传感器一般均采用热敏电阻式。热敏电阻式温度传感器灵敏度高,能够测量微小的温差,结构简单,价格低廉,经济性好。热敏电阻式温度传感器利用了半导体热敏电阻随温度而变化的特性,其灵敏度较高。根据热敏电阻性质的不同,有 NTC(负温度系数)和 PTC(正温度系数)两种形式。

热敏电阻式温度传感器主要由热敏电阻、引线、接线端子和壳体组成。传感器的壳体上有螺纹,便于安装和拆卸。接线端子分为单端子式和双端子式两种,单端子式的传感器壳体是传感器的一个电极(图 4-37),目前大多数采用的是双端子式,如图 4-38 所示。

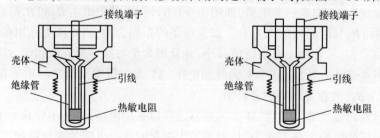

图 4-37 单端子式冷却液温度传感器　　图 4-38 双端子式冷却液温度传感器

接线时两端子分别与电控部分相应端子连接。机油温度传感器通常安装于油底壳、机油冷却器上或机体油道中，水温传感器安装在冷却液出水口，汽缸温度传感器安装在风冷气缸套的散热片上。这些传感器将温度转变为电阻值输出，通过电控部分在油温表、水温表上和汽缸温度表上显示温度。

2. 温度传感器的检测

（1）就机检测。用数字式万用表电阻挡检测传感器接头两端子间的电阻，若电阻值偏差过大（与正常值对比），则说明传感器已失效或损坏，应更换传感器。

（2）单体检测。从发电机组上拆下温度传感器，并将其置于水杯中，缓慢加热提高水温，同时用万用表测量传感器两端子间的电阻值，如图4-39所示，其电阻值随温度的变化应符合要求，否则说明传感器已失效或损坏，应更换传感器。

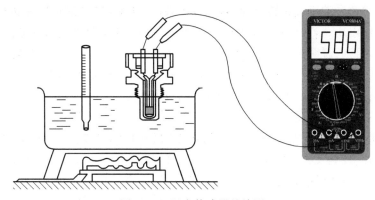

图4-39　温度传感器的检测

4.5.3　转速传感器

1. 转速传感器的结构原理

柴油机的转速传感器用来检测柴油机的实时转速，一般安装在柴油机的飞轮壳上。柴油发电机组中采用较多的是电磁感应式转速传感器，如图4-40所示，电磁感应式转速传感器主要由传感器本体、永久磁铁、线圈、锁紧螺母等组成。

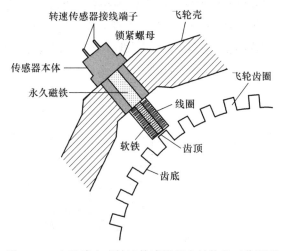

图4-40　电磁感应式转速传感器基本结构及工作原理

145

飞轮旋转时,齿顶和齿底交替经过传感器顶部,引起磁力线增强或减弱,线圈中就会产生近似正弦波的交流感应电动势,其频率为

$$f = \frac{Zn}{60}$$

式中　Z——齿圈齿数;
　　　n——柴油机转速(r/min);
　　　f——频率(Hz)。

当传感器中心与飞轮齿圈顶面的垂直间隙为0.5~1mm时,在柴油机正常工作转速范围内,一般情况下,输出交流电动势的有效值为4~10 V。

2. 转速传感器的检测方法

用起动机带动柴油机飞轮转动,同时用万用表(交流电压挡)测量转速传感器的两接线端子间有无感应电压。若万用表的显示值大于1.5VAC,则说明传感器有输出脉冲电压,传感器工作正常;否则,说明传感器有故障,应进一步检查传感器永久磁铁及感应线圈是否脏污、退火或安装不当。若脏污,应进行清洁,再进行测试;若传感器仍无电压产生,则说明传感器已经损坏,应进行更换;若输出电压太低,则应重新安装。

3. 转速传感器的安装方法

停机时,用盘车工具将柴油机飞轮的齿顶对准转速传感器安装孔的中心,然后用手将传感器拧入安装孔,碰到飞轮齿圈为止(传感器应该很容易拧入。不要用过大的力来装传感器,如果用手不能将传感器拧进去,就要清理安装孔,除锁紧传感器时,其他情况决不允许用扳手拧传感器),然后将传感器拧回1/2~3/4圈(康明斯柴油机要求传感器与飞轮齿圈之间的间隙为0.71~1.07mm),再用扳手将传感器锁紧。

当用起动机驱动柴油机时,转速传感器的传感信号应大于等于1.5VAC(正常工作时,最大输出应小于30VAC),如达不到该标准,就将传感器再拧进1/8~1/4圈。

4.5.4　燃油液位传感器

燃油液位传感器是柴油机燃油保障系统的一个重要装置,它的测量结果是操作人员决定柴油机工作状态、工作时限的依据之一。燃油液位传感器的功能是准确地测量油箱的剩余油量以维持对柴油机的自动供油,使柴油机能够正常运行。下面以热敏电阻式燃油液位传感器为例进行介绍。热敏电阻式燃油液位传感器利用负温度系数的热敏电阻制成,它一般用在燃油报警系统的回路中,如图4-41所示。

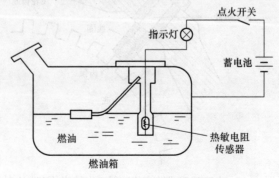

图4-41　热敏电阻式燃油报警回路

当回路接通时,热敏电阻上有电流通过,在电流的作用下,热敏电阻本身会发热。当燃油液面较高时,由于热敏电阻置于燃油中,因此其热量极易散发,所以热敏电阻的温度不会升高(热敏电阻阻值大,燃油报警指示灯不亮);反之,当燃油量减少时,热敏电阻会慢慢暴露在空气中,其热量难以散发,因此热敏电阻的阻值会降低(它是负温度系数的热敏电阻)。当热敏电阻的阻值下降到一定值时,线路中流过的电流增大到可以使液位低指示灯(或继电器)工作,从而使低油位报警灯发亮报警。根据指示灯的亮熄可以知道油箱中的燃油量。

4.6 柴油机控制器

柴油发动机控制器,简称为柴油机控制器,又称为柴油机监控器/仪或引擎控制器。其主要作用是手动、自动或遥控方式控制柴油机的启动、运行和停机等运行状态;可实时显示柴油机的运行参数,如转速、机油压力、冷却液温度和蓄电池电压等;当柴油机发生故障时会显示相应的故障代码,必要时则进行声、光报警并控制柴油机停机。控制器的品种较多,具有代表性的型号如下所述。

4.6.1 30TP-2型柴油发动机控制器

1. 面板介绍

30TP-2型柴油发动机控制器(简称:TP表)的面板如图4-42所示。

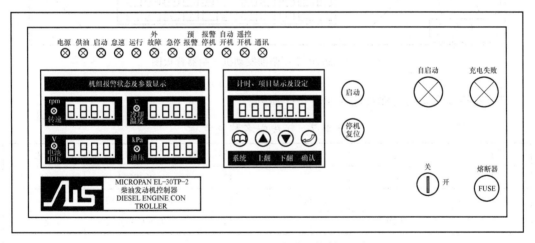

图4-42 30TP-2型柴油发动机控制器面板图

在图4-42中,上排的指示灯用于显示柴油机的运行状态,如启动、供油、急停等;指示灯下面为显示功能区,包括主显示屏和副显示屏。"机组报警状态及参数"为主显示屏,用于显示柴油机转速,冷却液温度,电池电压和机油压力等参数,数字左侧的指示灯在出现故障时亮;"计时、项目显示及设定"为副显示屏,用于显示运行状态显示序列,运行参数检测序列,控制参数设置序列和故障报警显示序列,副显示屏下面有4个按钮,用于参数设置和选择。显示功能区的右侧安装有启动按钮、停机复位按钮、自启动指示灯、充电失败指示灯、电源开关和熔断器。

(1)启动按钮:按一下该按钮,柴油机启动。
(2)停机复位按钮:按一下该按钮,柴油机停止工作,故障后按此按钮使系统复位。
(3)自启动指示灯:指示灯亮时,机组进入自动启动程序。
(4)充电失败指示灯:电站启动后,当充电发电机不给蓄电池充电时,指示灯亮。
(5)电源开关:TP 表输入电源的开关。
(6)熔断器:串接在 TP 表电源的输入电路中。

2. 背板介绍

TP 表的背板如图 4-43 所示。他有两个接插件,分别为 8 芯和 21 芯。8 芯接插件连接至电源开关、熔断器、自启动指示灯、充电失败指示灯等器件,再与 21 芯接插件连接,21 芯接插件连接至控制电路。

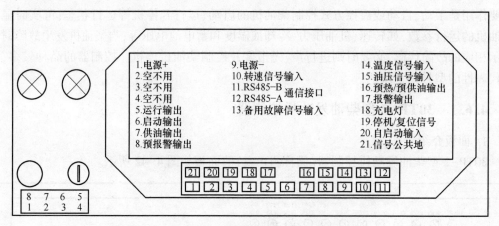

图 4-43 30TP-2 型柴油发动机控制器背板图

TP 表各接线端的名称及色标如表 4-7 所列。

表 4-7 接线端名称及色标

端子号	名称	颜色	端子号	名称	颜色
1	电源+	红	12	RS485-A	红
2	空不用	棕	13	备用故障信号输入	蓝
3	空不用	黑白	14	温度信号输入	绿
4	空不用	—	15	油压信号输入	白
5	运行输出	蓝灰	16	预热/预供油输出	黄
6	启动输出	棕	17	报警输出	灰黑
7	供油输出	橙	18	充电灯	紫
8	预报警输出	黄绿	19	停机/复位信号	蓝黑
9	电源-	黑	20	自启动输入	红黑
10	转速信号输入	白	21	信号公共地	黑
11	RS485-B	蓝	—	—	—

各接线端的功能如下：

(1) 1号端子：电源+接口。蓄电池24V+端，经5A熔断器、电源开关接入。

(2) 2、3、4号端子不用。

(3) 5号端子：运行输出接口。柴油机启动结束后，该端子输出低电平信号，控制外电路继电器进入工作状态，使电子调速器从怠速状态进入全速工作状态。

(4) 6号端子：启动输出接口。按下启动按钮后，该端子输出低电平信号，控制外电路继电器进入工作状态，接通柴油机启动电路。

(5) 7号端子：供油输出接口。按下启动按钮后，该端子输出低电平信号，控制外电路继电器进入工作状态，打开柴油机的供油油门或接通电子调速器电路。

(6) 8号端子：预报警输出接口。当柴油机故障时，该端子输出低电平信号，控制外电路继电器进入工作状态，接通预报警电路。

(7) 9号端子：电源−接口。接蓄电池负极。

(8) 10号端子：转速表信号输入接口。转速传感器信号从该端子接入。

(9) 11、12号端子：RS485-B、RS485-A通信接口。用于远程监控。

(10) 13号端子：备用故障信号输入接口。该输入端可接入其他监控输入信号（低电平有效），如配电故障、水位低、燃油不足等信号，由用户自选。

(11) 14号端子：温度信号输入接口。水温传感器信号从该端子输入。

(12) 15号端子：油压信号输入接口。机油压力传感器信号从该端子输入。

(13) 16号端子：预热/预供油输出接口。启动时输出一低电平，控制外电路继电器进入工作状态，接通柴油机预热电路（如有需要）。

(14) 17号端子：报警器输出接口。当柴油机的监控参数（转速、油压、温度）到达所设定的保护值时，输出低电平信号，控制外电路继电器进入工作状态，接通报警灯和电喇叭（同时TP表自动送出关机信号，关闭柴油机，并记忆故障）。

(15) 18号端子：充电指示灯接口。面板上的充电失败指示灯一端接入该端子。

(16) 19号端子：停机/复位信号接口。需要停机时，向该端子输入低电平信号。

(17) 20号端子：自启动输入接口。该端子输入低电平时，机组自动启动；低电平信号消失时，机组执行自动停机程序。有线控制距离50m。

(18) 21号端子：信号公共地接口。该端子为TP表的公共低电平端（0VOLT）。

3. 参数设置

接通钥匙开关，TP表得电后进行自检，自检结束且无故障后进入待机状态，副显示屏上显示"rEAdy"，此时可对其参数进行设置。设置前首先按下副显示屏下面的"系统"按键，出现"PASS"后输入密码，即依次按下"上翻""下翻""系统"和"确定"（△、▽、⌒、↵）按键后即可进入设置项，该操作在2s内完成，否则TP表恢复到待机状态。各项设定参数的显示顺序、形式及意义如表4-8所列。

TP表的基本运行控制参数设置过程如下：

进入设置项后立即显示第一个设置参数的序号和名称，即"转速脉冲频率/相对额定转速值"设定（0 ltCAL），按"上翻""下翻"按键可对其值进行调整。该值由公式"飞轮齿数×

表 4-8 各项设定参数的显示顺序、形式及代表意义

显示形式	代表意义	显示形式	代表意义
PASS	输入密码	11SPLP	低速预报警（默认 1400r/min）
01tCAL	转速脉冲频率/相对额定转速值设置	12SPHP	超速预报警（默认 1600r/min）
02EGSP	额定转速值设定	13SPHA	超速报警停机（默认 1650r/min）
03CdSP	启动切断转速	14oPrA	低油压报警停机（默认 150kPa）
04CrtN	启动限时	15oPrP	低油压预报警（默认 200kPa）
05SdLY	启动延时设定（默认 2s）	16CLtP	高温度预报警（默认 95℃）
06HEAt	预热或润滑时间	17CLtA	高温度报警停机（默认 98℃）
07rdLY	急速延时设定（默认 8s）	18bAtL	低电池电压预报警（默认 8V）
08odLY	升速延时设定（延时合闸）	19bAtH	高电池电压预报警（默认 28V）
09Cool	冷却停机延时（默认 60s）	20FUEL	低燃油位报警（默认 0%）
10SPLA	低速报警停机（默认 1350r/min）	21WtSt	低水位保护选择（预报设 0，停机设 1）
—	—	22Addr	通信地址设定

额定转速/60"确定，对于康明斯 6CTA8.3 型发动机，其飞轮齿数为 138，代入公式可知其设定值为 3450。设置完毕后按下"系统"按键，可进入到第二个设置参数的序号和名称，即"额定转速值"设定（02EGSP），本机（指 120GF-W6-2126.4f 型电站，下同）设定值为 1500 r/min。同样是按"上翻""下翻"按键对其值进行调整。如 10s 内不对其进行操作，副显示屏恢复到待机状态，此时需要重新进入设置项。第三项为"启动切断转速值"设定（03CdSP），本机设定值为 300r/min。第四项为"启动限时"设定（04CrtN），本机设定值为 8s。第五项为"启动延时"设定（05SdLY），本机设定值为 2s。第六项为"预热或预润滑时间"设定（06HEAt），本机设定值为 5s。第七项为"急速延时"设定（07rdLY），本机设定值为 15s。第八项为"升速运行延时"设定（08odLY），本机设定值为 5s。第九项为"冷却停机延时"设定（09Cool），本机设定值为 20s。第十项为"低速报警停机"设定（10SPLA），本机设定值为 0。第十一项为"低速预报警"设定（11SPLP），本机设定值为 0。第十二项为"超速预报警"设定（12SPHP），本机设定值为 1600r/min。第十三项为"超速报警停机"设定（13SPHA），本机设定值为 1650r/min。第十四项为"低油压报警停机"设定（14oPrA），本机设定值为 105kPa。第十五项为"低油压预报警"设定（15oPrP），本机设定值为 150kPa。第十六项为"高温度预报警"设定（16CLtP），本机设定值为 95℃。第十七项为"高温度报警停机"设定（17CLtA），本机设定值为 98℃。第十八项为"低电池电压预报警"设定（18bAtL），本机设定值为 18V。第十九项为"高电池电压预报警"设定（19bAtH），本机设定值为 30V。第二十项为"低燃油位报警"设定（20FUEL），本机设定值为 0。第二十一项为"低水位保护选择"设定（21WtSt），本机设定值为 0。第二十二项为"通信地址"设定（22Addr），本机设定值为 1。

TP 表的基本运行控制参数设置完成后,即可正常工作。其运行状态显示形式及意义如表 4-9 所列。

表 4-9 运行状态显示形式及意义

显示形式	英文意义	代表意义	显示形式	英文意义	代表意义
rEAdy	READY	待机	SdELAY	SDELAY	怠速延时
StArt	START	开机	odELAY	ODELAY	延时结束
P-HEAt	P-HEAT	预热/预润滑	rUnn	RUN	运行
FUEL	FUEL	供油	Cool	COOL	冷却
CrAnK	CRANK	启动	StoP	STOP	停机
—	—	—	EStoP	ESTOP	急停/复位

当机组处于运行状态显示序列时,按下副显示屏下方的"上翻"或"下翻"按键,即进入运行参数检测序列。首先显示的是"SPEEd"(速度),在参数名称(或缩写)出现 2s 后显示该参数的数值。每按一下"上翻"或"下翻"按键,变换一项参数。按"系统"按键,即返回到运行状态显示。各运行参数检测显示形式及意义如表 4-10 所列。

表 4-10 各运行参数检测显示形式及意义

显示形式	英文意义	代表意义	显示形式	英文意义	代表意义
SPEEd	SPEED	现时转速	bAtt	BATT	现时蓄电池电压
oIL-PS	OIL-SP	现时机油压力	FUEL	FUEL	现时油位
C-tEMP	C-TEMP	现时冷却温度	HoUrS	HOURS	运行时间累计

机组运行中出现故障或临界设定的限制值时,会自动控制发出预报警或报警信号。预报警时,副显示屏显示"P00-××";报警时,副显示屏显示"ALA-××",其中"××"为报警项目的数字代码。预报警、报警代码显示形式及意义如表 4-11 所列。

表 4-11 预报警、报警代码显示形式及意义

代码	代表意义	代码	代表意义
11	速度超过设定值	32	冷却液温度高于设定值
12	速度低于设定值	33	气温低于4℃
13	速度信号未设定	40	启动失败
20	油压传感器开路	41	停机失败
22	机油油压低于设定值	50	蓄电池电压低于设定值
30	温度传感器开路	51	蓄电池电压高于设定值
31	温度传感器短路	80	外部故障信号

常见显示代码含义对照表如表 4-12 所列。

表 4-12　常见显示代码含义对照表

代码	含义	代码	含义
ALA-11	转速过高	P00-33	冷却温度过低预报警
P00-11	转速过高预报警	ALA-40	启动失败
ALA-12	转速过低	ALA-41	停机失败
P00-12	转速过低预报警	P01-50	电池电压过低预报警
ALA-13	转速信号未校准	P00-51	电池电压过高预报警
ALA-20	油压信号线断路	P02-52	燃油油位过低
ALA-22	油压过低	ALA-53	冷却水位过低
P00-22	油压过低预报警	P80-53	冷却水位过低预报警
ALA-30	温度传感器断路	P03-50	油位和电池电压过低
ALA-31	温度传感器短路	P02-51	油位过低和电池电压过高
ALA-32	冷却温度过高	ALA-80	外部故障输入停机
P00-32	冷却温度过高预报警		

4.6.2　S2001 型柴油机监控仪

SUPERVISOR2001 型柴油机监控仪(简称：S2001 型监控仪)由系统主板和显示板两大部分组成，对柴油机的运行参数进行实时监控和显示。

1. 面板介绍

S2001 型监控仪面板(又称为柴油机参数显示板)如图 4-44 所示。

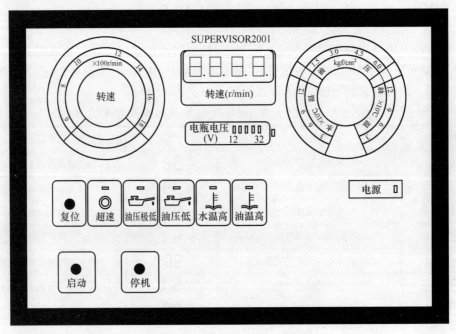

图 4-44　S2001 型监控仪面板图

面板上部装的发光二极管用来显示转速(显示精度为100r/min),4位数码显示转速(显示精度为10r/min);电瓶电压发光二极管显示电瓶电压值和组合式发光二极管分别显示水温、油压、油温;面板的中部依次装有复位按钮、超速、油压极低、油压低、水温高和油温高报警指示灯,以及电源指示灯;面板左下方装有启动按钮和停机按钮。面板用一根9芯电缆与S2001型监控仪系统主板的$BX_1 \sim BX_8$相连(其中有一芯未用)。

2. 系统主板各接线端子介绍

S2001型监控仪系统主板如图4-45所示,各端子功能如下:

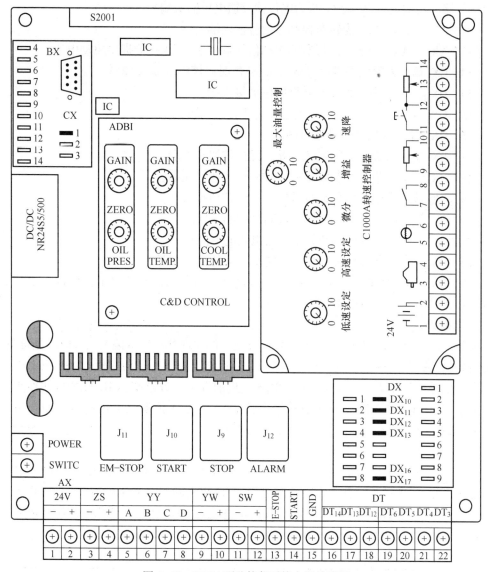

图4-45 S2001型监控仪系统主板接线图

(1) $AX_1 \sim AX_2$端子为直流电源输入端,输入24V直流电源,AX_1负极、AX_2正极。

(2) $AX_3 \sim AX_4$端子为转速传感器信号输入端。

(3) $AX_5 \sim AX_6$端子向压阻式机油压力传感器提供工作电压,输出8V直流电压。

（4）$AX_7 \sim AX_8$ 端子为机油压力传感器信号输入端。

（5）$AX_9 \sim AX_{10}$ 端子为机油温度传感器信号输入端。

（6）$AX_{11} \sim AX_{12}$ 端子为水温传感器信号输入端。

（7）AX_{13} 端子未用。

（8）AX_{14} 端子为起动机控制端,启动时输出+24V 控制信号。

（9）AX_{15} 端子接地。

（10）$AX_{16} \sim AX_{18}$ 端子为执行器反馈电位器接线端(端子 16 和 18 之间输出 9V 直流电压给执行器的反馈电位器,端子 17 为电位器反馈电压输入端)。

（11）$AX_{19} \sim AX_{20}$ 端子为转速控制器信号输入端。

（12）$AX_{21} \sim AX_{22}$ 端子为执行器的驱动信号输出端,向执行器提供驱动电压。

（13）CX_1 端子为紧急停机信号输入端,急停时向该端子输入+24V。

（14）$DX_{10} \sim DX_{11}$ 端子为转速微调电位器接入端。

（15）$DX_{12} \sim DX_{13}$ 端子为怠速/额定转速开关接入端。

（16）DX_{17} 端子为报警信号输出端。

（17）BX_1 端子为柴油机参数显示板"复位"按钮接线端。

（18）BX_2 端子为柴油机参数显示板"停止"按钮接线端。

（19）BX_3 端子为柴油机参数显示板"启动"按钮接线端。

（20）BX_4 端子向柴油机参数显示板输出+24V 电源。

（21）BX_5 端子向柴油机参数显示板输出 0 电平信号。

（22）BX_6 端子向柴油机参数显示板输出+5V 的工作电源。

（23）$BX_7 \sim BX_8$ 为 RS485 通信接口,通过该接口向柴油机参数显示板传输显示参数和报警信号,该接口的有效通信距离小于 1km。

3. 参数设定介绍

参数出厂时已设定完毕,用户无须自行设定。但发现参数显示偏差太大时应进行整定。整定时先打开控制屏内柴油机监控箱盖板,可见系统主板上有一调整板 ADBI,板上有三组电位器分别是机油压力参数整定(OIL PRES)、机油温度参数整定(OIL TEMP)和冷却液温度参数整定(COOL TEMP)。每组有两个电位器,一个是零位调整电位器(ZERO),另一个是放大倍数调整电位器(GAIN)。其整定方法如下。

1）油温、水温参数整定

先将系统主板上相应的传感器输入端接上一个 100Ω 的电阻,接通主板电源(若刚关闭主板电源应过 5s 再打开),调整零位调整电位器,使相应的温度值显示为 0。再将相应的传感器输入端接上电阻(表 4-13 中 111.67Ω),调整放大倍数电位器,使相应的温度值显示为对应值(表 4-13 中 30℃),重复上述调整步骤,直到达到要求的温度测量精度。

表 4-13 油温传感器参数

温度/℃	阻值/Ω	温度/℃	阻值/Ω	温度/℃	阻值/Ω	温度/℃	阻值/Ω
0	100	40	115.54	80	130.90	120	146.07
10	103.90	50	119.40	90	134.71	130	149.83
20	107.79	60	123.24	100	138.51	140	153.58
30	111.67	70	127.08	110	142.29	—	—

2）油压参数整定

在进行油压参数整定时，先将传感器安装在压力泵上，使泵的压力设置为 $0kgf/cm^2$，调整零位调整电位器，使显示压力值为零；再将泵的压力设置为一数值（如 $3kgf/cm^2$），调整放大倍数调整电位器，使显示压力值与压力设置值（如 $3kgf/cm^2$）一致，重复上述调整步骤，直到达到要求的压力测量精度。

3）S2001 型监控仪的监控功能

（1）超速报警。柴油机的转速超过额定转速 10%（达 1650r/min）时，监控仪进入报警工作状态，其报警信号输出端子 DX_{17} 向外电路输出+24V 信号，柴油机参数显示板上的"超速"灯闪光，当转速超过额定转速 15%（达 1725r/min）时，监控仪除进行上述报警外，内部电路还向"STOP"端送出停机信号，立即停止柴油机运行；停机后报警项目保留。如按下"复位"按钮不能复位，可关闭电源。10s 后，重新打开电源，报警停机项被强行复位，故障消除后方可重新开机启动。

（2）油压低报警。当柴油机处于运行状态，机油压力小于等于 $1.8kgf/cm^2$ 时，监控仪进入报警工作状态，其报警信号输出端子 DX_{17} 向外电路输出+24V 信号，柴油机参数显示板上的"油压低"灯闪光。

（3）油压极低报警。当柴油机处于运行状态，机油压力小于等于 $0.8kgf/cm^2$ 时，监控仪进入报警工作状态，其报警信号输出端子 DX_{17} 向外电路输出+24V 信号，柴油机参数显示板上的"油压极低"灯闪光。

（4）水温高报警。柴油机冷却液温度超过 97℃时，监控仪进入报警工作状态，其报警信号输出端子 DX_{17} 向外电路输出+24V 信号，柴油机参数显示板上的"水温高"灯闪光。

（5）油温高报警。柴油机机油温度超过 118℃时，监控仪进入报警工作状态，其报警信号输出端子 DX_{17} 向外电路输出+24V 信号，柴油机参数显示板上的"油温高"灯闪光。

报警时按下"复位"按钮，报警灯由闪光变为平光。待故障消除后，再按"复位"按钮，报警灯灭，如故障还未消除，报警灯不灭。

以上报警参数出厂时已固化在监控仪模块内，用户不可调整。

4.6.3 MP-30J 型柴油机监控器

MP-30J 型柴油机监控器（简称：MP30 型监控器）外形如图 4-46 所示。控制系统可采用全自动化控制设计，可选择手动程序控制、自动程序控制、遥控等控制模式。

1. 主要功能

（1）提供柴油机的润滑油压、冷却水温、转速、电池电压等运行参数，提供低油压、高水温、超速、低速及油压、水温、转速传感器开路或短路等保护。

（2）设定柴油机的过程控制时间，包括预热或预润滑时间、启动延时时间、启动限时、起动机脱离转速、怠速运行时间、升速过程时间、冷却停机时间等。

（3）设定柴油机额定转速值，自动监视柴油机在启动、怠速、升速、全速等过程的速度变化情况，完成起动机的投入与撤出、速度过高与过低的预报警及超限停机等。

（4）设定报警限定值，自动实现超限预报警（不停机）或报警同时自动停机。预报警的项目包括超速、低速、低油压、高冷却水温、高/低电压、超电流、低气温（低于4℃）、低冷却水位、低电池电压、高电池电压、转速信号未校准。自动报警并停机的项目包括无转速信号

(启动转速过低或转速传感器失灵)、超速、低速、低油压、高冷却水温、高/低发电机输出电压、超负荷电流、启动失败、停机失败、油压传感器开路或短路、水温传感器开路或短路、转速传感器开路或短路。

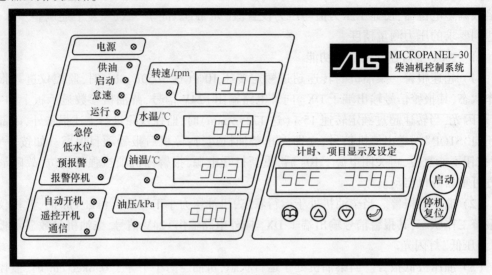

图 4-46 MP-30J 型柴油机监控器外形

2. 面板介绍

MP30 型监控器的面板上装有主显示屏、副显示屏、启动按钮和停机复位按钮。

1)主显示屏

主显示屏有 4 个显示窗口(图 4-46 所示中间),固定显示柴油机转速、冷却液温度、润滑油温度和润滑油压力,左边的指示灯显示系统当前运行状态。

2)副显示屏

副显示屏(图 4-46 所示右侧)显示共分 4 个序列,分别为运行状态显示序列、运行参数检测序列、控制参数设置序列和故障报警显示序列。

副显示屏上有 4 个小按钮,分别为功能按钮"ᄦ"、向上按钮"△"、向下按钮"▽"和确认按钮"↵"。

(1) 运行状态显示序列。当系统接通电源后,自动进入运行状态显示序列,此时显示屏上会显示出柴油机当前正处于的状态,正常运行后,即循环显示当前运行参数:S(转速)、P(油压)、t(水温)、L(油位)。其形式及意义如表 4-14 所列。

表 4-14 各种运行状态显示形式及其意义

显示形式	代表意义		显示形式	代表意义
rEAdy	待机		rUnn	运行
StArt	开机	循环显示	S0000	现时转速
P-HEAt	预热或预润滑		P0000	现时油压
FUEL	供油		t0030	现时水温
CrAnk	启动		L0090	现时油位

续表

显示形式	代表意义	显示形式	代表意义
SdELAY	怠速延时	Cool	冷却
odELAY	延时结束	StorP	停机
—	—	EStoP	急停/复位

(2) 运行参数检测序列。当系统处于运行状态显示序列时,按下显示屏下方的△或▽键,即进入运行参数检测序列,首先显示的是"SPEEd"(速度),在参数名称(或缩写)出现2s后显示该参数的数值。每按一次,将变换一项参数,周而复始。各种运行参数检测显示形式及其意义如表4-15所列。需要返回时,按下 m 键,即返回到运行状态显示。

表 4-15 各种运行参数显示形式及其意义

显示形式	代表意义	显示形式	代表意义
SPEEd	现时转速	bAtt	现时蓄电池电压
oIL-PS	现时机油压力	FUEL	现时油位
C-tENP	现时冷却温度	HoUrS	运行时间累计

(3) 控制参数设置序列。当系统通电后,按下显示屏左下方的 m 键,即进入控制参数设置序列,首先会显示"PASS",这时需依次按下△▽m↵4个键(在2s内完成),才可进入设置。每完成一项设置再按 m 键,进入下一项设置。每一参数显示后,如果静止20s未动任何按键,即自动返回运行状态显示序列。

进入后会显示第一项设置参数的序号和名称(表4-16):"0 ItCAL"(速度信号频率),2s后显示其参数值。如果要把当前运行的实际频率信号确认为额定转速的参考值,此时按"↵"即可(此设置是整个控制系统是否能正常工作的关键,所以要慎重按下此键,如果转速为零时按下即转速设置为"0")。

表 4-16 各种运行参数显示形式及其意义

显示形式	代表意义	显示形式	代表意义
PASS	输入密码	13SPhA	超速报警停机(默认1650r/min)
0 ItCAL	转速脉冲频率/相对额定转速值设置	14oPrA	低油压报警停机(默认150kPa)
02EGSP	额定转速值设定	15oPrP	低油压预报警(默认200kPa)
03CdS9	启动切断转速	16CLtP	高温度预报警(默认95℃)
04CrtN	启动限时	17CLtA	高温度报警停机(默认98℃)
05SdLY	启动延时设定(默认2s)	18oLtP	高油温报警(默认100℃)
06HEAt	预热或润滑时间	19oLtA	高油温报警(默认120℃)
07rdLY	怠速延时设定(默认8s)	20bAtL	低电池电压预报警(默认8V)

续表

显示形式	代表意义	显示形式	代表意义
08odLY	升速运行延时（延时合闸）	21bAtH	高电池电压预报警（默认28V）
09Cool	冷却停机延时（默认60s）	22FUEL	低燃油位报警（默认0%）
10SPLA	低速报警停机（默认1350r/min）	23HtSt	低水位保护选择（预报设0，停机设1）
11SPLP	低速预报警（默认1400r/min）	24Addr	通信地址设定
12SPhP	超速预报警（默认1600r/min）		—

首次运行使用前应先进行转速校准，控制器的转速信号是取自柴油机飞轮转速的电磁感应式传感器，其校准与设定的方法有两种。

方法一：设置前准确取得柴油机飞轮的齿数（由柴油机生产厂提供或直接数出），然后计算出转速信号频率，计算公式为齿数×（额定转速/60）。例如：国产6135柴油机的飞轮齿数为125，在发电频率为50Hz场合应用时，其转速频率应为125×（1500÷60）= 3125Hz。在"01tCAL"状态下通过"△▽"使其显示数字为3125，注意：不必按"↵"键确认。此时计算机将3125Hz作为1500r/min的对应转速信号频率记录并保存下来，作为额定转速及与转速有关的运行、保护参数的基准。完成"01tCAL"操作后，按 ⌒ 键，进入"02EGSP"项确认额定转速如1500（3000），即1500r/min（或某些采用3000r/min的柴油机）。

方法二：用本控制器以外的手动方式启动柴油机，然后将转速准确调整到额定转速（利用转速表或频率表检测），如1500r/min（3000r/min），在"01tCAL"状态按下"↵"按钮，计算机会将当前检测到并显示在屏幕上的转速信号（频率）记录并保存下来，作为额定转速及与转速有关的运行、保护参数的基准。完成"01tCAL"操作后，按 ⌒ 键，进入"02EGSP"项确认额定转速如1500（3000），即1500r/min（3000r/min）。

每设置好一个参数后按下 ⌒ 键进入下一个项目的设置（同30TP-2型柴油发动机控制器）。

(4) 故障报警显示。系统运行中出现故障或临界设定的限制值时，会自动发出预报警或报警（响鸣声）直至自动停机。此时显示屏会显示出"P00-××"（预警）或"ALA-××"（报警）。其中××为报警项目的数字代码，当系统出现故障后预警或报警时，显示屏的该位置将显示出相应的数字，其意义如表4-17所列。

出现预报警，系统不停机，报警原因排除后，显示自动回复到运行状态显示序列；出现报警并停机后，首先将运行控制旋钮置于"关"的位置，排除报警的故障后需按"停机复位"按键进行人工复位，系统才能回复到运行状态的"rEAdY"（待机）状态，等待下一次的开机。

3) 按钮

面板的右下方有两个按钮：一个是启动按钮，另一个是停机复位按钮。

按下启动按钮时启动柴油机；按下停机复位按钮柴油机停止工作，故障后按此按钮使系统复位。

表 4-17 各种故障代码及其意义

代码	代表意义	代码	代表意义
10	无转速信号	34	油温传感器开路
11	速度超过限定值	35	油温传感器短路
12	速度低于设定值	36	油温高于设定值
13	速度信号/频率未设定	40	启动失败
20	油压传感器开路	41	停机失败
22	机油油压低于设定值	50	蓄电池电压低于设定值
30	水温传感器开路	51	蓄电池电压高于设定值
31	水温传感器短路	52	燃油位低于设定值
32	冷却液温度高于设定值	53	冷却水位过低
33	气温低于4℃	80	外部故障信号

3. 各端子名称及作用

MP30型监控器各接线端子功能和典型接线如图4-47所示。

（1）端子1、2：RS485通信接口，用于远程监控。

（2）端子3：屏蔽地线。

（3）端子4：油温信号输入。

（4）端子5：电池电压测量输入（直流0~50V）。

（5）端子6：水温传感器信号输入。

（6）端子7：油位信号输入。

（7）端子8：机油压力传感器信号输入。

（8）端子9：信号公共地线，该端子为MP30型监控器的公共低电平端。

（9）端子10、11：速度信号输入，转速传感器信号从该端子接入（端子10为信号端，端子11为接地端）。

（10）端子12：合闸反馈输入。

（11）端子13：故障信号输入。

（12）端子14：复位/停机信号输入。

（13）端子15：低水位信号输入。

（14）端子16：开机/关机信号输入。

（15）端子17：遥控合闸输出（触点电流1ADC+）。

（16）端子18：预报警输出（触点电流1ADC+），当柴油机故障时，输出高电平信号，控制外电路继电器进入工作状态，接通预报警电路。

（17）端子19：共用报警器输出（触点电流1ADC+），当柴油机的监控参数（转速、油压、温度）到达所设定的保护值时，输出高电平信号，控制外电路继电器进入工作状态，接通报

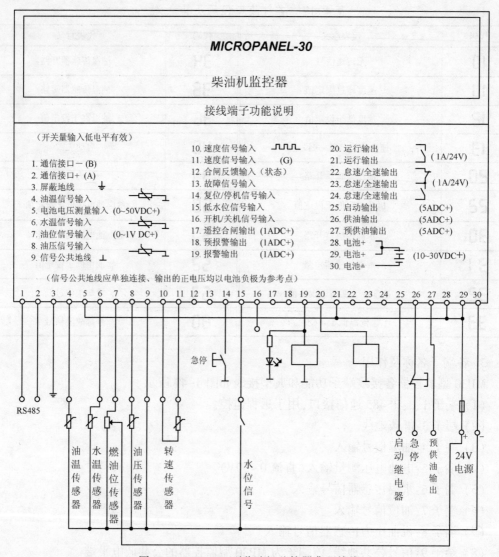

图 4-47 MP-30J 型柴油机监控器典型接线

警灯和电喇叭(同时 MP30 型监控器送出关机信号,关闭柴油机,并记忆故障)。

(18) 端子 20、21:运行信号输出(触点电流 1A/24V)。

(19) 端子 22、23、24:急速/全速运行输出(触点电流 1A/24V),端子 22、23 为常闭触点,端子 23、24 是常开触点。

(20) 端子 25:启动输出(触点电流 5ADC+),按下启动按钮后,该端子输出高电平信号,控制外电路继电器进入工作状态,接通柴油机启动电路。

(21) 端子 26:供油阀输出(触点电流 5ADC+),按下启动按钮后,该端子输出高电平信号,控制外电路继电器进入工作状态,打开柴油机的供油油门或接通电子调速器电路。

(22) 端子 27:预供油输出(触点电流 5ADC+)。

(23) 端子 28、29:蓄电池组(+)输入,蓄电池+24V 端,经 5A 熔断器,电源开关接入。

(24) 端子 30:蓄电池组(-)输入,接蓄电池负极。

4.6.4 超速保护板

超速保护板的典型应用电路如图 4-48 所示,该电路主要由超速保护板、转速传感器和超速保护继电器 KA_3 组成。

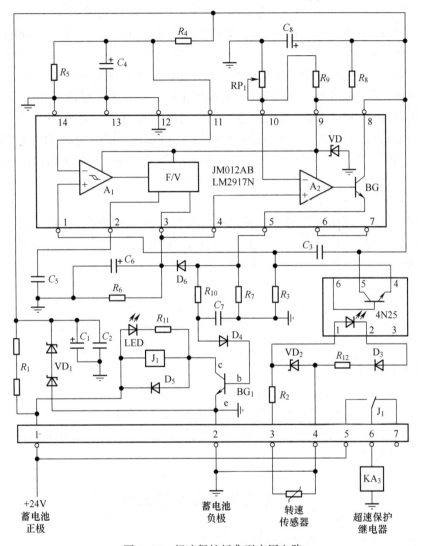

图 4-48 超速保护板典型应用电路

超速保护板的端子 1、2 为 24V 直流电源输入端。电源通过 R_1 和 VD_1 进行稳压,在 C_1 两端得到一个 17.4V 的稳定直流电压供超速保护电路工作。集成电路 LM2917N 的 8 脚接 17.4V 作为内部驱动晶体管 BG_1 的集电极电压;9 脚通过外接电阻 R_8 与集成电路内部稳压管组成一个稳压电路,得到稳定的 7.8V 直流电压供 LM2917N 内部电路工作;10 脚通过调节电位器 RP_1 得到大约 4.8V 报警阈值电压,加在比较放大器 A_2 的反相输入端;11 脚通过外接电阻 R_4、R_5 分压得到大约 3V 基准电压加在比较放大器 A_1 的反相输入端。超速保护板的端子 3、4 接转速传感器两端,端子 3 为转速传感器非接地端,端子 4 为转速传感器的接地端(必须直接由转速传感器接地端引入)。转速传感器送来的交流信号经过 R_2 和 VD_2 组成的稳压削波电路变为不受外电路电压影响的直流脉冲信号(当3为正时,稳压管 VD_2 反向击穿工作,在 VD_2 两端得到峰值为8.7V的梯形波电压;当3为负时稳压管 VD_2 正向导通可看成近似短路,输入的转速传感器信号全部加在电阻 R_2 两端),该信号加在光电转换集成电路4N25 的 1、2 端(1为正、2为负),内部发光二极管工作发光,该光源照在内部光控晶体管的基极区,使光控晶体管导通。光控晶体管集电极电流由 C_1 正到4N25 的 5 脚通过内部晶体管的集电极到发射极到4N25 的 4 脚,到外接电阻 R_3 到地,在 R_3 两端产生一个直流脉冲电压,该电压通过集成电路 LM2917N 的 1 脚加到内部比较放大器 A_1 的同相输入端,这时 A_1 的同相输入端电压高于反相输入端的电压, A_1 输出正脉冲到集成电路内部的频率-电压变换器 F/V 的输入端, F/V 输出端 3 输出电压的高低受控于 A_1 送来的脉冲频率,频率越高 F/V 的 3 端输出电压就越高(LM2917N 的 3 脚外接的 R_6 和 C_6 组成滤波电路,使 3 脚的输出电压平稳不受瞬间干扰控制)。F/V 的输出电压通过 LM2917N 的 4 脚送入内部比较放大器 A_2 的同相输入端(当柴油机的转速正常时 A_2 的同相输入端电压低于反相输入端电压,所以 A_2 控制的内部晶体管不导通)。

超速保护板的端子 5、6 为超速保护继电器 J_1 的一组常开触点。5 接外部 24V 直流电源,6 接外接超速保护继电器 KA_3 的线圈一端, KA_3 线圈的另一端接 00;继电器 J_1 线圈一端接 24V 直流电源正极,另一端接超速保护板内的晶体管 BG_1 的集电极,晶体管 BG_1 的发射极接 00。

当发电机组的转速超速并达到报警阈值时,LM2917N 内部的比较放大器 A1 的输出脉冲电压使频率电压变换器 F/V 输出电压 U_{C6} 大于 A_2 反相送入端送来的基准电压(4.8V 左右)。比较放大器 A_2 因同相输入端电压高于反相输入端电压而输出正电压,使内部晶体管 BG 导通,LM2917N 从 5 脚向外输出驱动电压,通过电阻 R_{10}、二极管 D_4 加在外部晶体管 BG_1 的基极,晶体管 BG_1 导通,发光二极管 LED 和继电器 J_1 得到工作电压,发光二极管亮、继电器 J_1 的常开触点(端子 5、6)闭合,超速保护继电器 KA_3 线圈得电, KA_3 的常开触点和常闭触点分别动作:一方面接通报警电路进行声光报警,另一方面同时切断柴油机转速控制器的供电电路,柴油机断油停机。

4.7 柴油机转速控制器及执行器

4.7.1 ESD5500E 型转速控制器

ESD5500E 型转速控制器(简称:DT)用以调节柴油机的转速,是电子调速器的核心部件。它是一个全电子装置,对于瞬间的负载变化用快速和精确的响应去控制柴油机的转速。

1. 各端子的名称及作用

ESD5500E 型转速控制器面板如图 4-49 所示。面板上有 14 个端子,按面板上的编号分别介绍如下:

(1) A、B:电磁执行器输出端子(ACTUATOR),向直流比例电磁铁 YA 输出控制电流。

(2) C、D:转速传感器输入端子(PICK-UP),柴油机速度信号从该端子接入(D 为接地端,转速传感器的接地端子应与其对应连接)。

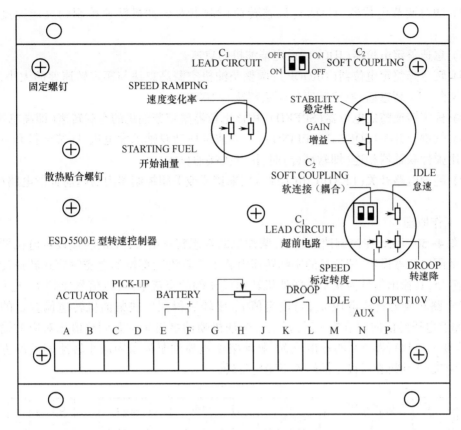

图 4-49 ESD5500E 型转速控制器面板图

(3) E、F：电源输入端子(BATTERY)，E(-)、F(+24V)。

(4) G、(H)、J：转速微调电位器接入端子，端子 G 接控制器内部低电平点。

(5) K、L：速降选择端子(DROOP)，用短路线短接时电子调速器工作在有转速降状态，开路时工作在同步状态。机组在并联运行时一般要通过调节机组油门来分配两台机组之间的有功功率，所以一般设置在有转速降工作状态，即该组端子用导线短接。

(6) M：怠速输入端子(IDLE)，该端子输入低电平时，转速控制器控制柴油机在怠速状态下运行。该端子开路时，转速控制器控制柴油机在全速状态下运行。

(7) N：辅助调速端子(AUX)，可接入自动同步控制器或自动负荷分配器送来的转速控制信号，改变柴油机的供油量。

(8) P：10V 电压输出端子(OUTPUT 10V)。

2. 几个调整元件的作用

ESD5500E 型转速控制器的面板上有三个橡皮塞子(见图 4-49)，取下塞子，可以看见如下调整元件：

(1) 开始油量调节电位器(STARTING FUEL)：调整启动时的供油量，按环保要求，调整的原则是容易启动，冒烟最小。

(2) 速度变化率调节电位器(SPEED RAMPING)：调整柴油机转速变化的斜率曲线。

(3) 稳定度整定电位器(STABILITY)：调整柴油机转速的稳定度。

(4) 增益调节电位器(GAIN):调整转速控制器对柴油机转速控制的反应速度和准确度。

(5) 怠速整定电位器(IDLE):设定柴油机的怠速。

(6) 转速降整定电位器(DROOP):调整柴油机空载高怠速与额定转速差的大小,调速器的转速降=[(高怠速-额定转速)/额定转速]×100%。

(7) 标定转速整定电位器(SPEED):用该电位器整定柴油机的空载转速(即高怠速)。

(8) 软耦合开关(SOFT COUPLING):当柴油机拖动双轴承发电机,即柴油机和发电机之间采用弹性联轴器相连(即软耦合)时,该开关接通(ON)。

(9) 超前电路开关(LEAD CIRCUIT):用来接通或关闭控制器内的超前补偿电路(起稳定作用)。

3. 工作原理

如图4-50所示,在该调速系统中,柴油机的理想转速由DT上的转速设定电位器和外部转速微调电位器设定;柴油机的实际转速由装于飞轮齿圈部位的电磁感应式转速传感器ZSG所感受,其输出信号为频率与柴油机转速成比例的交流电压;该信号经频率-电压(F/V)变换电路转换为直流电压 u_n,与设定值 u_H 比较后得到反映柴油机转速偏差量的电压 Δu;该偏差电压经前向调节放大后,得出与柴油机喷油泵齿条位置调整值相对应的输出电流,以改变电磁执行器YA的输出位置,驱动柴油机喷油泵齿条向减小转速偏差的方向运动,从而控制柴油机在所设定的转速下稳定运转。

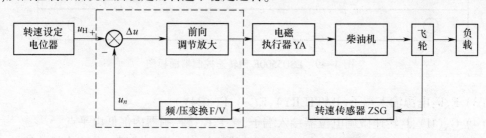

图4-50 ESD5500E转速控制器调速原理图

电磁执行器YA为直流比例电磁铁,其加油方向驱动力与绕组内控制电流成比例,减油方向驱动力则由复位弹簧产生,当二力相等时,输出轴位于平衡位置;若增大控制电流,则输出轴向加油方向运动,反之则向减油方向运动。

如果DT检测不到转速传感器的信号,转速控制器的输出回路会关闭送往电磁执行器YA的电流。

4. 电子调速器的性能调整

电子调速器系统出厂时已调整好,通常无需再做调整。如更换了该系统部件后,出现转速不稳或调速器反应速度迟钝时须进行一般调整;如更换了DT则需进行全面调整。

1) 一般调整

(1) 稳定度的调整。当柴油机空载或小负载(小于额定负载的1/4)时转速出现不稳定,可通过调节DT上的稳定度整定电位器(STABILITY),调整柴油机转速的稳定度。方法是:顺时针旋该电位器,直到转速稳定,再将该电位器顺时针旋转1°~3°,以保证有一定稳定裕量。

更换新 ESD5500E 后的调整方法:先逆时针旋转稳定度整定电位器(STABILITY),直到转速产生不稳定,然后将该电位器顺时针旋转,直到转速稳定,最后顺时针旋转 1°~3°,以保证有一定稳定裕量。

(2) 增益的调整。当柴油机出现加负载后转速下降过多或回升至额定转速时间过长时,就要对 DT 的增益进行调整。调整方法如下:

① 机组接上大约 1/4 的额定负载,这时柴油机转速应该是稳定的,否则应首先调整稳定度;

② 顺时针方向慢慢旋转 DT 上的增益调节电位器(GAIN),直到柴油机转速出现不稳定为止;

③ 逆时针方向转动增益调节电位器(GAIN),直到柴油机转速回到稳定,再将该电位器逆时针旋转 1°~3°,以保证有一定稳定裕量。

2) 全面调整

(1) 如发电机与柴油机采用的是弹性连接,则将 DT 上的软耦合开关(SOFT COUPLING)接通(ON);如是刚性连接,则应断开(OFF),超前电路开关(LEAD CIRCUIT)接通。

(2) 调整 DT 上的标定转速整定电位器(SPEED),使柴油机空载时运行在大于1500r/min,而小于或等于1545r/min(即高怠速值),对应控制屏上频率表显示为大于 50Hz,而小于或等于 51.5Hz(因该机组设计为有转速降系统,该值为 3% 的转速降)。

(3) 进行稳定度和增益的调整(方法同上)。

(4) 将柴油机加上额定功率负载。检查频率表,保证额定功率输出时,电子调速器应维持频率表指示为 50Hz(对应柴油机转速在 1500r/min)。

如果频率表指示小于 50Hz,那么柴油机的转速降值比希望的多。这时应逆时针慢慢转动调整 DT 上的转速降整定电位器(DROOP),直到频率达到 50Hz 为止;如果这时频率表指示高于 50Hz,那么柴油机的转速降值比希望的少。这时应顺时针转动转速降整定电位器(DROOP),直到频率达到 50Hz 为止。

断开柴油机的负载,观察调整柴油机的高怠速(空载转速),调到正确为止。柴油机的转速降允许 3%,即高怠速最大可到1545r/min(对应频率表指示为51.5Hz),在满足加额定负载柴油机转速为 1500 r/min 的前提下,高怠速低一点为好。

再将柴油机接上额定功率负载,频率表应指示为 50Hz,如不正确,就重复上述方法调整。为了得到准确的转速,通常要经过二次到三次连续调整。

在调整时如没有额定负载,只有部分负载时,可利用下式计算出在局部负载下的转速和转速降:

$$Sal = Snl - \frac{可得到的负载功率(kW)}{额定功率(kW)} \times (Snl - Sfl)$$

式中　Sal——在可得到的千瓦负载功率下的转速(r/min);

　　　Sfl——在额定负载下的转速(r/min);

　　　Snl——空载转速(r/min)。

例如:可得到的负载为 60kW,额定功率为 120kW,在额定负载下的转速为 1500r/min,

空载转速为1525r/min(对应转速降约为1.7%),则

$$Sal = 1525 - \frac{60}{120} \times (1525 - 1500) = 1512.5 (r/min)(对应频率为50.4Hz)$$

即加60kW负载调整转速降时,频率表指示应为50.4Hz。

(5) 将DT的端子G、M短接,使柴油机在急速状态下运行,根据柴油机铭牌上标明的急速值,调节DT上的急速整定电位器(IDLE),使柴油机工作在急速状态。

(6) 调节DT上的开始油量调节电位器(STARTING FUEL),调整启动时的供油量,调整时按照好启动又少烟(少烟是相对的)的原则进行。顺时针旋转该电位器,启动时供油量增大,反之减少。

(7) 柴油机转速从急速到全速的过渡时间过长或过短时,可调节DT上的速度变化率调节电位器(SPEED RAMPING),通常DT出厂时已调到较为适中的位置,所以除非必须,一般不必再进行调整。

4.7.2 C1000A型转速控制器

由转速传感器ZSG_2、转速控制器C1000A、电磁执行器ZX、急速/全速转换开关S_2及转速微调电位器RP_2等组成ESG1000A型电子调速系统,而C1000A转速控制器是其核心控制部件,具体如图4-51所示。

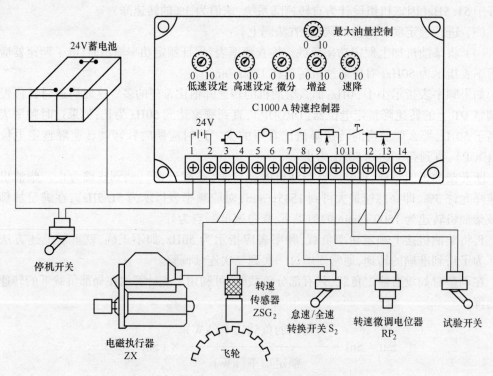

图4-51 ESG1000A型电子调速系统结构图

1. 工作原理

在该调速系统中,柴油机的理想转速由控制器C1000A上的转速设定电位器和外部转速微调电位器RP_2设定;柴油机的实际转速由装在飞轮齿圈部位的磁电式转速传感器ZSG_2

检测,其输出信号为频率与柴油机转速成比例的交流电压(图 4-52)。

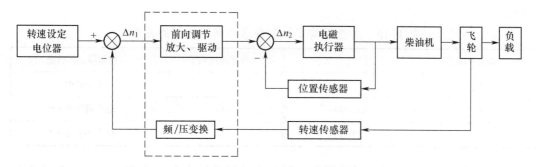

图 4-52　ESG1000A 电子调速系统工作原理图

该信号经转速控制器内部频率/电压(F/V)变换电路转换为直流电压,与设定值比较后得到柴油机转速的偏差量 Δn_1;该偏差经控制器内部前向调节放大后,得出柴油机喷油泵齿条位置调整值,再与喷油泵齿条位置反馈值比较,得出需调节的偏差信号 Δn_2;该偏差信号再通过控制器内部前向调节放大和驱动电路向电磁执行器 ZX 输出控制电流,以改变电磁执行器 ZX 的输出位置,驱动柴油机喷油泵齿条向减小转速偏差的方向运动,从而控制柴油机在所设定的转速下稳定运转。

转速控制器内部设有安全保护电路,可以保证由于电缆破损等原因而导致的转速反馈及设定信号中断或控制器失电等意外情况下,自动将柴油机油量调整齿杆拉至停止供油位置。

2. 几个调整元件的作用

转速控制器的面板上有 6 个电位器和 14 个接线端子。在图 4-51 中已清楚地显示 14 个接线端子的作用。现将 6 个电位器的作用介绍如下:

(1) 最大油量限制电位器,调整控制器驱动执行器 ZX 的最大电流。以此限制柴油机的最大供油量。

(2) 低速设定电位器,调整柴油机的怠速。

(3) 高速设定电位器,调整柴油机的空载高怠速。

(4) 微分电位器,调整柴油机转速的稳定度。

(5) 增益电位器,调整转速控制器对柴油机转速控制的反应速度。

(6) 速降电位器,调整柴油机空载高怠速与额定转速差的大小。

打开控制器的外壳,可见控制器的右侧部位有一排运行状态选择跨接端子,由上至下分别是 C_5、C_6、C_1、C_2、C_3、C_4(图 4-53)。各选择端子是否跨接,要根据柴油机的工作转速范围

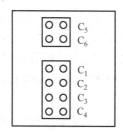

图 4-53　选择端子位置图

和飞轮齿数关系以及工作特性来选择。各选择端子控制频率和调速特性的关系如表4-18所列。

表4-18 各选择端子控制频率和调速特性的关系

选择跨接端子	控制器工作状态	选择跨接端子	控制器工作状态
C_1	<1700Hz	C_4	<13000Hz
C_2	<3400Hz	C_5	稳态调整率≠0
C_3	<7800Hz	C_6	稳态调整率=0

使用时应保证转速反馈信号的频率上限值为控制器频率上限的70%~90%，当要求系统稳态调速率不为0(需并联供电时)时，必须将短路片跨接在C_5位置。一般情况下在出厂前已将C_1~C_6连接完毕，用户不必自行设置。C_5和C_3出厂时一般已跨接。

3. 电子调速系统的性能调整

电子调速器系统出厂时已调整好，通常无需再做调整。如更换了该系统部件后，出现转速不稳或转速控制器反应速度迟钝时须进行一般调整；如更换了转速控制器后需进行全面调整。

1) 一般调整

（1）稳定度的调整。当柴油机的转速出现不稳定时，可通过调整转速控制器上的微分电位器，调整柴油机转速的稳定度。方法是：先逆时针旋转微分电位器，直到转速产生明显不稳定，然后顺时针旋转该电位器，直到转速稳定，再将该电位器顺时针旋转1°~3°，以保证有一定裕量。

（2）增益的调整。当柴油机出现加负载后转速下降或回升至额定转速时间过长时，就要对转速控制器的增益进行调整。调整方法如下：

① 机组接上大约1/4的额定负载，这时柴油机转速应该是稳定的，否则应首先调整柴油机的稳定度。

② 顺时针方向慢慢旋转转速控制器上的增益调节电位器，直到柴油机转速出现明显不稳定为止。

③ 逆时针方向转动增益调节电位器，直到柴油机转速回到稳定，再将该电位器逆时针旋转1°~3°，以保证有一定裕量。

2) 全面调整

在柴油机安装本调速器后的首次启动前，应进行以下初调工作。

（1）静态调整。

① 参照图4-54连接电路，其中转速传感器和调速电位器及执行器与转速控制器间的连线应采用屏蔽电缆，屏蔽层应在控制器一端接地。为防止不慎将电源接反而损坏转速控制器电路，控制器内部装有保护二极管，但该二极管长时间工作发热较大，因此在系统调试完毕后，可以用随机所附的短路接线将控制器接线端子2、3端短接起来，这样对减小控制器发热、提高系统的可靠性更为有利。

② 检查执行器的机械传动有无阻、卡现象，断电时执行器输出轴位置为柴油机零供油位置，必要时可拆下执行器后盖以便观察。

③ 将怠速/全速转换开关断开，即置于怠速位置。

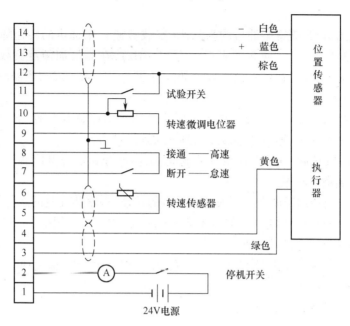

图 4-54　ESG1000A 调速系统初调接线图

④ 接通"停机开关"，观察执行器输出轴是否停留在零供油初始位置，然后用万用表直流电压挡测量控制器接线端子 12(+)和 14(-)之间电压是否为 9V(±0.5V)，13 端电压在停车位置时为 0V，油门位置增大，13 端电压升高。

⑤ 接通"试验开关"或短接控制器 11 和 12 端子，此时执行器输出轴将拉至最大供油位置，调节转速控制器上的最大油量限制电位器，使转速控制器输入电流达到 2.5~3A 左右；然后断开"试验开关"，执行器输出轴应立即回复到零供油位置，该过程可通过观察转速控制器电流变化加以判断。

（2）开机调整。

① 接通"停机开关"，利用"试验开关"（或短路线）检验其是否正常，按下和松开该按钮时，转速控制器电流应分别为 2.5A(或 3A)和 0A 左右。

② 将怠速/额定转速开关置于"怠速"位置，启动柴油机，待运转正常后，调整低速设定电位器，将柴油机的怠速设置在 500~750r/min，然后调节微分和增益电位器（方法如前面所述），使柴油机在怠速工况稳定运行。

③ 将怠速/全速转换开关置于"全速"位置，柴油机转速升高，待运转正常后，将"转速微调"电位器放在中间位置，调整高速设定电位器，将柴油机的转速设置在 1525r/min(高怠速)，对应控制屏上频率表显示为 50.8Hz 左右（机组设计为有转速降系统），必要时调节微分和增益电位器以保证柴油机运转稳定。

④ 将柴油机加上额定功率负载，检查频率表，保证额定功率输出时，电子调速器应维持频率表指示为 50Hz（对应柴油机转速在 1500r/min）。

如果频率表指示小于 50Hz，那么柴油机的转速降值比希望的多，这时应慢慢转动控制器上的速降电位器，逆时针慢转，直到频率达到 50Hz 为止；如果这时频率表指示高于 50Hz，那么柴油机的转速降值比希望的少,这时应顺时针旋转速降电位器,直到频率达到50Hz为止。

断开柴油机的负载,观察柴油机的高怠速(空载转速),柴油机的转速降允许3%,即高怠速最大可到1545r/min(对应频率表指示为51.5Hz),在满足加额定负载柴油机转速为1500 r/min的前提下,高怠速低一点为好。如高怠速大于1545r/min,还需调整高速设定电位器,将转速降下来。

再将柴油机接上额定功率负载,频率表应指示为50Hz,如不正确,就重复上述方法调整。为了得到准确的转速,通常要经过二次到三次连续调整。

⑤ 分段突加、减负载,观察调速系统的响应,微调微分和增益电位器,使系统的动态性能和稳态性能达到最佳状态。

⑥ 卸掉负载,用转速微调电位器改变柴油机的转速,观察柴油机的运行情况,必要时可反复上述调整,直至柴油机转速在1455~1545r/min范围内(对应频率48.5~51.5Hz),系统均能保持稳定并具有满意的动态性能为止。

⑦ 将急速/全速转换开关置于"急速"位置,柴油机转速降至急速;断开调速器停机开关,柴油机应立即停机。

⑧ 拆除电流表和状态试验开关。

4.7.3 康明斯转速控制器

虽然康明斯转速控制器有很多型号,但不同型号之间差别很小。在电子调速器电路中的接线基本一致,下面以康明斯4914090型转速控制器为例(图4-55),该转速控制器适用于康明斯350kW(4914091型用于800kW)以下的常闭式PT泵的柴油发电机组。

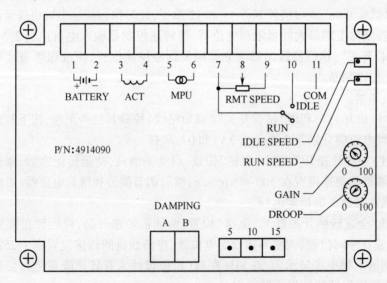

图4-55 康明斯4914090型转速控制器

1. 各端子的名称及作用

(1) 端子1和2:蓄电池电源输入端子,1为24V正极输入端,2为负极输入端。

(2) 端子3和4:控制器控制信号输出端,与电磁执行器相接。

(3) 端子 5 和 6:转速传感器信号输入端,端子 5 为传感器信号非搭铁端,6 为传感器信号的搭铁端。

(4) 端子 7、8、9:外接转速微调电位器接线端,其中 7(低电平端)和 9 接转速微调电位器的两端,8 接转速微调电位器的中心点。

(5) 端子 10:急速运行控制端子,该端子接低电平时,控制器控制柴油机运行在急速状态;该端子低电平消失时,控制器控制柴油机运行在全速状态(通常端子 7 和 10 之间接一"急速/全速"开关,该开关接通运行在急速,断开运行在全速)。

(6) 端子 11:与端子 2 同电位(可不接)。

(7) 端子 A 和 B:稳定性选择端子,柴油机组在调试过程中如转速出现不稳定可短接 A 和 B 端子。

2. 电位器和开关的名称及作用

(1) 急速电位器(IDLE SPEED):这是一个 20 圈的多圈电位器,顺时针旋转为升速,逆时针旋转为降速(康明斯柴油机的急速一般为 600~1000r/min)。

(2) 运行转速电位器(RUN SPEED):又称为高急速调节电位器,是一个 20 圈的多圈电位器,顺时针旋转为升速,逆时针旋转为降速(康明斯柴油机的空载转速一般为 1515~1545r/min,即频率在 50.5~51.5Hz,额定负载 1500r/min,即频率为 50.0Hz)。

(3) 增益电位器(GAIN):顺时针旋转增益大,速度调节反应快;逆时针旋转增益小(调节反应慢),稳定性好(一般在 5~7 格处)。

(4) 转速降电位器(DROOP):逆时针旋转,速降小;顺时针旋转,速降大(小容量机组转速降可小些,大容量机组转速降可大些,一般在 0~1.5 格处)。

(5) 延时开关组:在控制器上有 1 个蓝色的延时开关组合,它的作用是增加平滑缓慢启动过程控制,这一新功能可以解决柴油机在启动过程中由急速加油而造成的冒黑烟现象,降低启动噪声。

开关上有 3 个小开关,接通后可分别延时 5s、10s 和 15s。根据 3 个开关接通组合,可使柴油机升速时间在 0s、5s、10s、15s、20s、25s、30s 之间进行选择。

3. 电子调速器的调试

1) 控制器开机前的初调

(1) 将急速电位器逆时针旋转到底,再顺时针旋转 10 圈(中间位置)。

(2) 将运行电位器逆时针旋转到底,再顺时针旋转 10 圈(中间位置)。

(3) 将增益电位器旋至中间位置。

(4) 将转速降电位器逆时针转到底(这时为同步运行转速降为 0),将该电位器再顺时针调到 40%~80%处,40%处的转速降大约为 3%,80%处的转速降大约为 5%。

2) 一般调整

(1) 稳定度的调整。当柴油发电机组空载或小负载转速出现不稳时,可将转速控制器上的 A 和 B 端用短路线短接在一起(接通控制器内部的稳定电路)。

(2) 增益的调整。当柴油发电机组加大负载(大于 1/4 额定负载)转速出现不稳定或者转速调整过程反应迟钝时,应对控制器的增益进行调整。空载转速稳定,加大负载时转速不稳,应逆时针调节增益电位器直到转速稳定,然后再逆时针调 1°~3°;如果加负载后转速调节过程缓慢,应顺时针调节增益电位器。

3) 全面调整

全面调整一般在更换转速控制器后进行。首先应进行开机前的初调,然后启动柴油发电机组进行以下内容调整。

(1) 怠速调整。将怠速/全速开关拨到"怠速"位置(或将端子7和端子10短接),调节怠速电位器,使柴油机的转速达到600~650r/min。

(2) 空载转速的调整。将怠速/全速开关拨到"全速"位置(或将端子7和端子10的短路线撤掉),控制屏面板上的"转速微调"电位器应放在中间阻值的位置,根据柴油发电机组需要的转速降值,调节运行转速电位器使空载运行转速(频率)满足以下对应关系:

转速降为0%,频率显示应为50.0Hz,转速显示应为1500r/min。

转速降为3%,频率显示应为51.5Hz,转速显示应为1545r/min。

转速降为5%,频率显示应为52.5Hz,转速显示应为1575r/min。

(3) 转速降的调整。如果柴油发电机组需要同步运行(转速降为0),转速降电位器必须逆时针旋转到底,不需要做其他调整。转速降的调整方法、步骤与ESD5500E型转速控制器的调整过程相同,请参考相关内容。

(4) 增益的调整。如果转速稳定又无特殊要求,最好将增益电位器放在中间位置。如有特殊要求,可进行调整,顺时针调节增益电位器增大转速调节灵敏度,逆时针调节则减小。无论怎样调节,均须保证柴油发电机组的转速稳定。

4.7.4 电磁执行器

电磁执行器在各类电站中起着非常重要的作用,是电站中具有重要特性的配套件,它的品质直接影响着电站的各项性能指标以及电站的可靠性。

1. 类型和结构

常用电磁执行器的结构如图4-56所示。康明斯B、C系列柴油机通常采用图4-56(a)所示的电磁执行器,康明斯M系列柴油机通常采用图4-56(b)所示的电磁执行器(安装在PT泵内)。

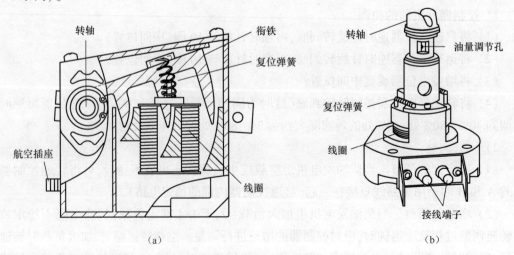

图4-56 电磁执行器

无论哪种类型的电磁执行器,它们都由线圈、衔铁和复位弹簧组成。当执行器内部的线圈通过电流时,在闭环磁路中将产生磁通并产生电磁吸力。线圈通过的电流大,产生的电磁吸力就大,该电磁吸力克服弹簧的弹力,吸引衔铁向电磁吸力方向运动;反之,产生的电磁吸力就比较小,衔铁在弹簧的复位力作用下,向弹簧复位力方向运动。

电磁执行器又称为直流比例电磁铁,其通过的直流电流的大小与衔铁运动的行程(或转角)成正比。

2. 工作原理

电磁执行器的基本原理:电磁执行器绕组通过电流时,电磁铁产生与电流成正比的电磁吸力,当电磁吸力与弹簧复位力相平衡时,执行器的衔铁位于相应平衡位置。在实际工作过程中,由转速传感器测量的转速信号经过柴油机转速控制器的处理后,给执行器输出一定的直流电流,此时在执行器中产生电磁力。在电磁力的作用下,通过杠杆机构带动柴油机喷油泵的齿条向增加供油量方向移动,另外油泵齿条在弹簧复位力的作用下带动油泵齿条向减少供油量的方向运动。当转速下降时,在转速控制器的控制下,执行器线圈电流增大从而加大供油量,使柴油机转速上升,反之,在弹簧复位力的作用下减少供油量。由此可以看出,只要控制线圈中电流的大小,就可以控制执行器输出轴的位移,从而达到了控制油泵齿条位移,即调节供油量的目的。使执行器稳定在一定的范围内,从而达到提高电站稳定性和可靠性的目的。

3. 注意事项

(1)图4-56(a)所示电磁执行器中有两个额定电压为12V的线圈。在24V控制电路中,这两个线圈顺向串联,在12V控制电路中,这两个线圈应并联。

(2)电磁执行器是将电路控制转换为机械控制的器件,由于电路控制速度远远高于机械运动速度,所以对电磁执行器的机械尺寸、安装位置和灵活程度的要求都十分严格。在拆卸电磁执行器前,对拉杆、摆臂、执行器轴之间的相对位置要做好记号,拉杆的长度不可随意改变;重新装配后对拉杆的球头及电磁执行器的转轴位置要做好润滑。

(3)电磁执行器重新安装后,初次开机前应用手推动(反复开、关)油门,使执行器与高压油泵齿杆连接灵活;开机后如果出现转速不稳定不要立即调整,应运转几分钟后如果仍然不稳再调节。

4.8 柴油机低温启动与预热装置

柴油机在冬天启动比较困难,尤其是在天气较为寒冷的地区,这一矛盾显得更加突出。这是由于柴油机采取的是压燃点火的方式,进入冬季时,环境温度降低,进入柴油机气缸内的空气热量较低,致使压缩后的空气热量大部分被机体吸收,达不到自燃温度。再加上机油黏度增大,使启动阻力变大,以及燃油蒸发雾化不好和蓄电池低温时内阻增加使得端电压下降等原因,使柴油机启动困难。

为了保证柴油机在较寒冷的地区仍然能启动迅速可靠,除设法对冷却液、润滑油、蓄电池加温以外,柴油机一般还采用加装进气预热装置来提高进入气缸的空气温度、启动时喷注冷启动液等方法。下面分别予以介绍。

4.8.1 循环冷却液加热系统

循环冷却液加热系统(基本结构与工作原理如图4-57所示)是一套利用电能加热和保持柴油机冷却液温度的装置,该装置采用电加热元件和温差环流系统(热虹吸管)循环加热冷却液,而冷却液的循环又可对柴油机的缸体和其他部件进行加热,系统的电子温控系统可以有效地控制柴油机冷却液的加热温度以确保系统的安全。

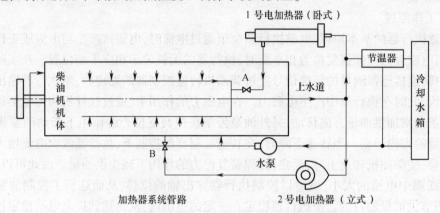

图4-57 循环冷却液加热系统基本结构与工作原理

柴油机在保温状态时处于关机状态,水泵不工作。接通电加热器电源时,1、2号电加热器的发热元件通电工作,同时打开水道开关A和B。冷却液通过上水道流入1、2号电加热器内加热(虹吸原理),然后分别通过开关A和B流入机体(热虹吸原理)。通过机体的冷却液从上水道流入1、2号电加热器进行加热(这时节温器是关闭的,热水不会流向散热器),如此循环以保证柴油机的温度。

1、2号电加热器内装有温度控制器,当冷却液达到设定温度时断开柴油机保温电路的电源;当柴油机冷却液温度低于设定温度时,温度控制器又自动接通1、2号电加热器的保温电源。这样既可以保持柴油机的机体温度维持在一个合适的温度,又可以防止加热超温引起结焦、变质、炭化,更可避免超温严重时导致发热元件烧坏。电加热器运行平稳、加热速度快,可有效降低排放、抑制积炭生成、延长柴油机使用寿命等。

柴油机正常工作时,冷却液的温度高于设定温度,温度控制器断电,开关A和B关闭,冷却液加热系统停止工作。水泵开始工作,冷却液回到正常的循环系统工作。

4.8.2 进气加热装置

进气加热装置是在进气管内安装电热器,直接加热进入进气管内的空气,电热加热装置会消耗过多的蓄电池的电能,所以只适合小排量的柴油机。下面以PTC柴油机进气预热器为例进行介绍。

1. 基本结构及原理

PTC柴油机进气预热器一般装配在柴油机增压器与进气歧管之间。PTC预热器采用正温度系数热敏陶瓷作为发热体(温度越高其自身电阻值越大,消耗的电能越少),以储热热交换方式工作。发热元件的结构为同心分布多级串联散热片形式,具有结构紧凑、热量集中、热效率高、功耗低、自动恒温、能耗比低、可靠性高、发热体不氧化、寿命长、故障率低、适用温度范围广等多项优点,操作十分简便,配装柴油机时一般无须改动零部件,安装便利。配装 PTC 预热器的柴油机低温启动性能显著提高,对柴油机无不良影响,并且能够减小柴油机零件磨损。

预热器电路系统见图 4-58,主要由预热器熔断器 FU_1、预热开关、时间控制器、预热指示灯、预热继电器、预热器和预热器熔断器 FU_2 组成。

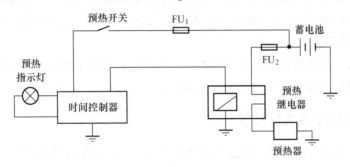

图 4-58 PTC 柴油机进气预热器电路系统图

接通预热开关后,时间控制器工作(预热指示灯亮),内部触点接通,将蓄电池电压通过熔断器 FU_1 加到预热继电器的线圈两端,预热继电器工作,接通预热器电路。蓄电池电压通过熔断器 FU_2、预热继电器触点加到预热器两端,预热器开始工作,加热进气道空气。

当到达时间控制器所设定的预热时间时,时间控制器内部触点断开,预热继电器吸动线圈断电,其触点断开预热器电路,以免时间过长损坏预热器发热元件。

预热过程中可操作进气门机构控制进入柴油机进气歧管的空气,提高预热效果。

2. 预热起动器的正确使用

(1)预热起动器供柴油机因温度较低启动困难时使用。

(2)将启动钥匙转到"ON"位置,拉出节气阀门手柄,按下预热开关,此时绿色指示灯亮,PTC 进气预热器开始预热。

(3)预热时间结束时,绿色指示灯闪烁,同时蜂鸣器鸣叫,这时可启动柴油机。

(4)柴油机启动成功后应及时关闭预热开关,推回节气阀门手柄。若启动不成功,可重复上述操作步骤。

(5)当预热时间结束,柴油机启动不成功、启动后未关闭预热器或达到预热断电保护设定的时间时,预热器电源自动切断,蜂鸣器停止鸣叫,绿色指示灯由闪烁变为常亮,提醒操作人员关闭预热器开关。

3. 预热起动器操作注意事项

(1)蓄电池充电不足时,应根据蓄电池容量谨慎使用进气预热器。

(2)在预热器正常工作情况下,若启动柴油机多次不成功,应检查启动转速以及燃油供油情况等。

4.8.3 机油加热装置

当柴油机的使用环境低于 4℃ 时,在启动阶段,柴油机的润滑油有可能失去润滑的作用,从而损坏柴油机,因此在使用环境温度低于4℃时,可为柴油机加装机油加热器,以保证柴油机的正常启动及运行。

机油加热器加热管及外壳采用耐腐蚀性的不锈钢制造,其外形如图4-59所示,通过螺纹装在柴油机的油底壳内。加热器内有自动温度控制器,天气寒冷时通上电源可自动保持机油温度在设定值。

通常应根据柴油机的机油容积的大小来选择加热器的功率。一般来说,机油容积在19~45L时采用300W左右的加热器;45~70L时采用400W左右的加热器;70~110L时采用500W左右的加热器。

机油加热器内的温度控制器的断开温度一般设定在50℃;接通温度一般设定在35℃。

机油加热器的绝缘电阻应大于等于50MΩ。

4.8.4 喷注冷启动液装置

冷启动液是易挥发的液体(如乙醚、丙酮、50号轻柴油、航空煤油、吡啶等),其燃点较低,使用喷注冷启动液装置时,冷启动液随进气一起进入柴油机的燃烧室,由于冷启动液的燃点低,柴油机在压缩时冷启动液首先到达自燃点自燃,然后引燃雾化的柴油。

1. 组成

喷注冷启动液装置一般由冷启动液罐、喷注电磁阀、熔断器和预热开关组成(图4-60),使用时在按下启动按钮的同时按下预热按钮,将冷启动液喷入气缸,在燃烧室压力和温度较低的情况下,自动发火燃烧,并引燃喷入的雾化柴油。

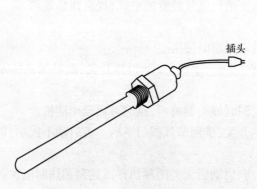

图4-59 机油加热器外形

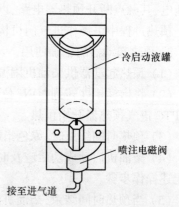

图4-60 喷注冷启动液起动电路

2. 注意事项

使用喷注冷启动液装置应注意以下问题:

(1) 每次注入启动液量不能过量。

(2) 启动后不可立即升高转速,须经预热后再升高转速。

(3) 启动液为柴油机启动专用,不准加入油箱与柴油混合使用,以免产生气阻。

(4) 启动液不宜存放过久,存放的容器要密封;启动液不能与其他油品混放在一起,以免出差错;启动液不宜在50℃以上环境下保存,注意防火,并由专人保管。

（5）操作时不可粗心大意,防意外着火。

（6）长期停用的冷启动装置,需进行仔细检查后方可使用。

（7）喷注冷启动液装置不可与进气加热装置同时使用。

4.8.5 低温蓄电池

低温蓄电池与常规蓄电池一样,都是在盛有稀硫酸的容器中插入两组极板而构成的电能储存器,由极板、电解液、隔板和外壳等组成。

蓄电池启动容量越大,提供的电能就越多,就更易实现柴油机低温快速启动。

通过大量研究和实验表明,蓄电池要达到低温性能优秀,必须对蓄电池极板构造(极板厚度和极板高度)、放电电流、电解液温度和电解液相对密度做实验匹配,得到最适合在低温环境下工作的蓄电池的参数,根据这些参数生产的蓄电池更适于在低温环境下工作,所以称为低温蓄电池。

4.8.6 蓄电池自动充电器

蓄电池自动充电器专门为柴油发电机组蓄电池充电而设计,能自动根据蓄电池电压的不同状况,分别采用恒流快充、涓流浮充、充满时自动停充等方式工作,同时具有自动过流及短路保护等功能。与较老型号的浮充式充电器相比,自动充电器具有避免电池损坏、延长使用寿命的优势,还具有效率高、体积小、重量轻的特点。

自动充电器电路一般采用开关型电路,以开关电源专用控制芯片为核心,保证充电器的可靠性及稳定性。有的还有液晶显示及通信接口,可增加液晶数显、通信接口,进行远程的测控。

下面以 SY-CH-2061J 型蓄电池自动充电器为例进行介绍,其外形如图 4-61 所示。打开充电器外壳,通过电路板上右下方的开关(或跳线)可选择与充电器配套的蓄电池电压。

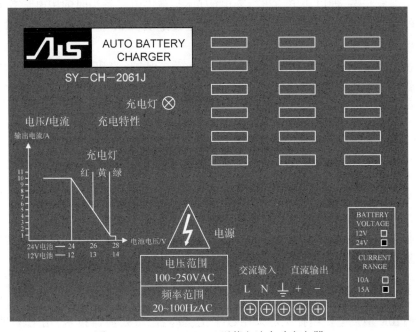

图 4-61　SY-CH-2061J 型蓄电池自动充电器

1. 接线端子

SY-CH-2061J型蓄电池自动充电器有5个接线端子,(从左到右)作用如下:

(1) 交流电源输入端子L、N:其中L接相线,N接中性线。

(2) 接地端子:接地线。

(3) 直流输出端子+、-:分别接蓄电池的正负极。

2. 充电指示灯

SY-CH-2061J型蓄电池自动充电器面板的左上方有1个充电指示灯,该灯有3种显示状态:

(1) 蓄电池电压低于26V(或13V)时,指示灯显示为红色,表示蓄电池亏电。

(2) 蓄电池电压在26~28V(或13~14V)时,指示灯显示为黄色。

(3) 蓄电池电压高于28V(或14V)时,指示灯显示为绿色。

3. 工作参数

(1) 工作电压为160~250VAC,工作频率为20~100Hz,可保证柴油发电机组在低转速(怠速)时仍可充电。

(2) 可在温度-40~+50℃及相对湿度98%以下、不凝露的潮湿环境中使用。

(3) 允许在市电对蓄电池充电的同时启动柴油发电机组。

4. 功能特点

(1) 恒流快充。当被充蓄电池的电压低于设定值(24V蓄电池在26V左右)时,充电器以最大的、恒定的电流对蓄电池进行快速充电,快速充电电流不受交流电压的影响,可维持恒流不变,且无须人为调整。

(2) 限流。当被充的蓄电池接近充满时,自动充电电流进行限制。

(3) 涓流浮充。当被充的蓄电池的电压达到浮充设定值时(24V蓄电池约为27.4V),则自动转为浮充状态,即以小电流进行充电(具体与被供电设备当时的用电量有关)。

(4) 停充。当被充的蓄电池的电压达到充盈设定值(24V蓄电池为28V)时,则自动关断充电输出。

(5) 过流及短路保护。具有完善的过流及短路保护,当出现电池容量很大(内阻极小)、负荷短路或在市电充电期间同时启动机组的情况时(此时启动电流非常大,对于充电器而言是接近短路),不会损坏充电器。

4.9 柴油发电机组控制器

柴油发电机组控制器是前面柴油机控制器的升级版或扩展版。因为它不仅能控制柴油机的运行,而且能对发电机运行进行监测、调整、预警和保护等控制,是发电机组的"中枢大脑"。目前市场上应用较多的是HGM6110K(众智)和IL-NT-MRS16 LT(科迈)两款柴油发电机组控制器。本节将着重介绍其基本结构、功能、参数设置及控制过程。

4.9.1 HGM6110K型柴油发电机组控制器

HGM6110K型发电机组控制器采用数字化、智能化微处理器技术,用于单台柴油发电机组自动化及监控系统,可实现柴油发电机组的自动开机/停机(包括远程遥控)、数据测量、报警保护功能。监视、操作界面采用液晶显示,操作简单,运行可靠。150GF-W6-2824B4 型发电机组采用了该型控制器。

1. 面板介绍

HGM6110K 型控制器的面板如图 4-62 所示,面板上装有报警灯、显示屏、参数选择(上、下)按键、停机/复位键、手动控制键、自动控制键、参数设置确认键和开机键。

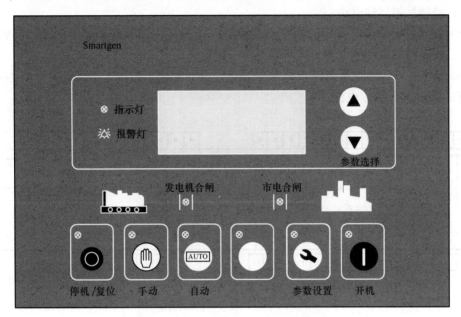

图 4-62　HGM6110K 型控制器面板图

（1）报警灯:当发电机组发生故障报警时,该灯亮。

（2）显示屏:显示运行、调校或报警参数。

（3）参数选择键:上、下翻屏;在设置参数时可向上(下)移动光标及增加(减少)光标所在位置的数字。在显示界面中按下下翻键可显示 5 个开关量输入口是否有效。

（4）停机/复位键:在手动或自动状态下,均可按下此键使运行中的发电机组停止工作;在发电机组报警状态下,可按下此键使报警复位;在停机状态下,按下该键 3s 以上,可测试面板上的指示灯是否正常(试灯);在停机过程中,再次按下此键,可快速停机。

（5）手动控制键:按下此键可将控制器置于手动工作状态。

（6）自动控制键:按下此键可将控制器置于自动工作状态。

（7）参数设置确认键:按下此键进入设置菜单,在设置中移动光标并按下此键确认设置信息。

（8）开机键:在手动工作模式下,按下此键可使发电机组启动。

2. 背板介绍

HGM6110K 型控制器背板如图 4-63 所示,背板上向外引出 33 个接线端子和 1 个程序插口。

（1）端子 1 直流工作电源输入端(负极):接蓄电池的负极,导线截面 2.5mm^2。

（2）端子 2 直流工作电源输入端(正极):接启动蓄电池正极,导线截面 2.5mm^2。若长度大于30m应用双根并联,该回路熔断器最大20A。端子1和2之间的直流工作电压范围是8~35V。

(3)端子3紧急停机输入端:通过急停按钮常闭触点接蓄电池正极。导线截面为2.5mm²。

(4)端子4燃油继电器输出端:工作时由端子3通过内部继电器控制,供给+24V,额定电流7A,控制外部供油电路。

(5)端子5启动继电器输出端:启动时由端子3通过内部继电器控制,供给+24V,额定电流7A,控制外部启动继电器工作。

(6)端子6可编程继电器输出口端子1:通过编制程序来控制端子2与端子6之间的常开触点,供给+24V,额定电流7A。

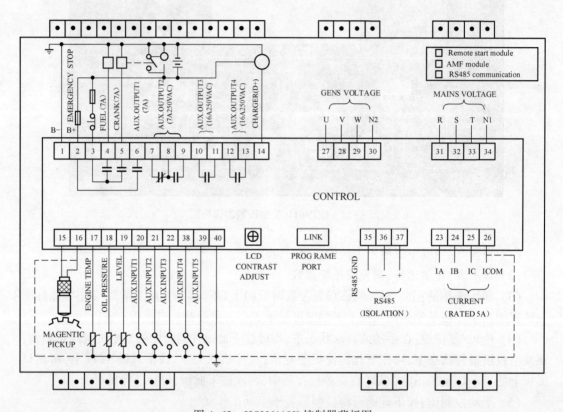

图4-63 HGM6110K控制器背板图

(7)端子7~9:可编程继电器输出口端子2,通过编制程序来控制端子7与端子8之间的常闭触点断开、端子9与端子8之间的常开触点闭合时机,触点额定电流7A(常用于急速、全速控制)。

(8)端子10~11:可编程继电器输出口端子3,通过编制程序来控制端子10与端子11之间的常开触点的闭合时机,触点额定电流16A(常用于报警控制,当发生故障报警时端子10与11接通)。

(9)端子12~13:可编程继电器输出口端子4,通过编制程序来控制端子12与端子13之间的常开触点的闭合时机,触点额定电流16A。

(10) 端子 14:充电发电机 D+端输入端子,接充电发电机 D+(WL)端子,控制器可监控充电发电机是否给蓄电池充电,若充电发电机上没有此端子,则该端子悬空。

(11) 端子 15:转速传感器非搭铁输入端子,接柴油机转速传感器没有搭铁的端子,接线外需用屏蔽线屏蔽。

(12) 端子 16:转速传感器搭铁输入端子,控制器内部已将端子 16 与蓄电池负极相接,所以当转速传感器有一端搭铁时,应将搭铁端接到该端子。

(13) 端子 17:温度传感器输入端子,连接水温或汽缸温度电阻型传感器。

(14) 端子 18:机油压力传感器输入端子,连接变阻式油压传感器。

(15) 端子 19:液位传感器输入端子,连接电阻型液位传感器。

(16) 端子 20:可编程输入口端子 1,当该端子输入低电平信号时,可通过编制的程序实现某种控制程序。

(17) 端子 21:可编程输入口端子 2,当该端子输入低电平信号时,可通过编制的程序实现某种控制程序(通常用于合闸反馈:当发电机组供电开关合闸时,送入低电平,表示机组已供电,控制器自动执行对机组供电参数的检测)。

(18) 端子 22:可编程输入口端子 3(通常设定为远程开机控制输入端子),当该端子输入低电平信号时,控制器执行开机供电程序。

(19) 端子 23~25:电流互感器 A~C 相监视信号输入端子,接外接电流互感器 A~C 相二次线圈(额定 5A)。

(20) 端子 26:电流互感器公共接点输入端子,接外接电流互感器 A、B、C 相二次线圈的公共点。

(21) 端子 27~29:发电机组 A 相~C 电压监视输入端子,通过 2A 熔断器接发电机 A~C 相。

(22) 端子 30:发电机组 N 线输入端子,连接到发电机组输出的中性线 N。

(23) 端子 31~33:市电 A~C 相电压监视输入,通过 2A 熔断器接市电 A~C 相(HGM6110K 无此功能)。

(24) 端子 34:市电 N 线输入端子,连接到市电中性线 N。

(25) 端子 35:RS485 公共地(RS485 的接线采用阻抗为 120Ω 的屏蔽线,屏蔽线单端接地)。

(26) 端子 36:RS485-。

(27) 端子 37:RS485+。

(28) 端子 38:可编程输入口端子 4,当该端子输入低电平信号时,可通过编制的程序实现某种控制程序。

(29) 端子 39:可编程输入口端子 5,当该端子输入低电平信号时,可通过编制的程序实现某种控制程序。

(30) 端子 40:传感器公共输入端子,连接传感器屏蔽引线并接地。

控制器背板的下方还有 1 个 LINK 插口,用它与外部设备连接可修改控制器内部程序。

3. 参数设定介绍

控制器开机后按下面板上的参数设置键即可进入设置菜单,菜单项目有控制器参数设置、控制器信息设置和语言选择。在设置过程中,任何时候按下停机复位键则立即中断当前参数设置。

控制器参数设置方法如下：

当输入口令"1234"时，可设置下述前33项，当输入口令"0318"时，能设置下述所有项目。

（1）开机延时：设置远程开机信号（低电平）送入控制器22端子时，机组开机的延时时间。数值为0～3600s，出厂默认值为2s。

（2）停机延时：设置远程开机信号（低电平）消失后，到机组停机的时间。数值为0～3600s，出厂默认值为10s。

（3）启动次数：设置柴油机启动不成功时，最多启动的次数。当达到设定的启动次数时，控制器发出启动失败信号。数值为1～10次，出厂默认值为3次。

（4）预热时间：设置启动前，预热塞加电的时间。数值为0～300s，出厂默认值为0。

（5）启动时间：设置起动机启动时的通电最长时间。数值为3～60s，出厂默认值为8s。

（6）启动间歇时间：设置发电机组启动不成功时，在第二次加电开始前的等待时间。数值为3～60s，出厂默认值为10s。

（7）安全运行时间（即保护延时时间）：在此设置时间内油压低、水温高、欠速、欠频、欠压、充电失败以及辅助报警输入（如果设置）报警量都无效，保证在机组启动过程中能过渡到正常工作状态。数值为1～60s，出厂默认值为10s。

（8）开机怠速时间：设置开机时发电机组怠速运行的时间。数值为0～3600s，出厂默认值为15s。

（9）暖机时间：设置发电机组进入全速运行后，在合闸之前所需的暖机时间。数值为3～3600s，出厂默认值为15s。

（10）散热时间：设置发电机组卸载后，在停机前所需的全速散热时间。数值为3～3600s，出厂默认值为15s。

（11）停机怠速时间：设置停机时发电机组怠速运行的时间。数值为0～120s，出厂默认值为15s。

（12）得电停机时间：设置要停机（控制器收到停机信号）时，端子6向停机电磁铁延时加电的时间。数值为0～120s，出厂默认值为20s。

（13）等待停稳延时：当"得电停机时间"为0时，设置从怠速延时结束到停稳所需时间；当"得电停机时间"设置不为0时，设置从得电停机延时结束到停稳所需时间。数值为0～120s，出厂默认值为30s。

（14）开关合闸延时：设置可编程继电器输出口3（端子10、11）输出合闸脉冲的宽度。数值为0～10s，当设置为0时表示持续输出直流合闸信号，出厂默认值为0s。

（15）飞轮齿数：设置控制器所配柴油机飞轮的齿数，用于起动机分离条件的判断和柴油机转速参数的检测。数值为10～300，出厂默认值为118（在运用到具体机组时应根据飞轮齿数来设置）。

（16）发电异常延时：设置发电机电压过高或过低报警延时时间。数值为0～20s，出厂默认值为5s。

（17）发电过压停机阈值：当发电机电压高于此值而且持续超过设定的"发电异常延时"时间时，即认为发电机电压过高，这时控制器发出发电异常停机报警。设为360V时，控制器不检测电压过高信号。数值为30～360V,出厂默认值为253V(相电压的高阈值)。

(18) 发电欠压停机阈值:当控制器检测到电压低于此值而且持续超过设定的"发电异常延时"时间时,即认为发电机电压过低,这时控制器发出发电异常停机报警。设为30V时,控制器不检测电压过低信号。数值为30～360V,出厂默认值为207V(相电压的低阈值)。

(19) 欠速停机阈值:当柴油机的转速低于此值而且持续10s时,即认为欠速,控制器发出欠速报警停机信号。数值为0～6000 r/min,出厂默认值为0 r/min(即没有欠速停机报警)。

(20) 超速停机阈值:当柴油机的转速高于此值而且持续2s时,即认为超速,控制器发出超速报警停机信号。数值为0～6000r/min,出厂默认值为1650 r/min。

(21) 发电欠频停机阈值:当发电机频率低于此值(不为0)而且持续10s时,即认为欠频,控制器发出欠频报警停机信号。数值为0～75.0Hz,出厂默认值为45.0Hz。

(22) 发电超频停机阈值:当发电机频率高于此值而且持续2s时,即认为超频,控制器发出超频报警停机信号。数值为0～75.0Hz,出厂默认值为55.0Hz。

(23) 高水温停机阈值:当外接温度传感器的温度值大于此值时,控制器发出温度过高信号。此值仅在安全延时结束后开始判断,只对温度传感器输入口外接的温度传感器进行判断。数值为80～140℃,出厂默认值为100℃(当设置值为140℃时,不发出温度过高信号)。

(24) 低油压停机阈值:当外接油压传感器的压力值小于此值时,即认为油压过低,控制器发出报警停机信号。数值为0～400kPa,出厂默认值为105kPa。

(25) 燃油位警告阈值:当外接液位传感器的液位小于此值且持续10s时,控制器发出液位过低信号。数值为0～100%,出厂默认值为0。

(26) 速度信号丢失延时(警告):设置速度信号丢失后停机延时时间,若设置为0,只警告不停机。数值为0～20s,出厂默认值为5s。

(27) 充电失败警告阈值:在发电机组正常运行时,当充电机D+(WL)电压低于此值且持续5s时,控制器发出充电失败报警。数值为0～30V,出厂默认值为8V。

(28) 电池过压警告阈值:当蓄电池电压高于此值且持续20s时,控制器发出电池电压异常信号,此值仅警告不停机。数值为12～40V,出厂默认值为33V。

(29) 电池欠压阈值:当蓄电池电压低于此值且持续20s时,控制器发出电池电压异常信号,此值仅警告不停机。数值为4～30V,出厂默认值为18V。

(30) 电流互感器变比:设置所配外接电流互感器的变流比。数值为(5～6000)/5,出厂默认值为300。

(31) 满载电流:设置发电机的额定电流,用于控制器计算负载是否过流。数值为5～6000A,出厂默认值为271A。

(32) 过流百分比:当负载电流大于此百分数时,开始过流延时。数值为(50～130)%,出厂默认值为120%。

(33) 过流延时:当负载电流大于设定的"过流百分比"数值且持续时间达到此设定值时,即认为过流。延时时间设为0时,控制器仅发出过流警告而不停机。数值为0～3600s,出厂默认值为5s。

(34) 燃油泵开阈值:当可编程输出口1～4中某输出口被用于驱动燃油泵工作时,当燃油液位低于该设定值且持续10s时,输出燃油泵开信号。数值为(0~100)%,出厂默认值为25%。

(35)燃油泵关阈值:当可编程输出口1~4中某输出口被用于驱动燃油泵工作时,当燃油液位高于该设定值且持续10s时,输出燃油泵关信号。数值为(0~100)%,出厂默认值为80%。

(36)可编程输出口1的设置:设置可编程输出口1的功能,以便设置该输出口的参数。数值为0~12,出厂默认值为0。

(37)可编程输出口2的设置:设置可编程输出口2的功能,以便设置该输出口的参数。数值为0~12,出厂默认值为3(怠速控制)。

(38)可编程输出口3的设置:设置可编程输出口3的功能,以便设置该输出口的参数。数值为0~12,出厂默认值为1(公共报警输出)。

(39)可编程输出口4的设置:设置可编程输出口4的功能,以便设置该输出口的参数。数值为0~12,出厂默认值为6(市电合闸)。

开关量输出口1~4的设置数值0~12的定义如下:

"0"表示未使用,即输出口不输出。

"1"表示公共报警输出,包括所有停机报警和警告报警,当仅有警告报警时,此报警不自锁,当停机报警发生时,此报警自锁,直到报警复位。

"2"表示得电停机控制,用于某些具有停机电磁铁的机组,当停机怠速结束时吸合。当设定的"得电停机输出时间"结束时断开。

"3"表示怠速控制,用于有怠速运行的机组,在机组启动时吸合,进入高速暖机时断开;在停机怠速过程中吸合,在机组停止后断开。

"4"表示预热控制,在开机前闭合,起动机加电前断开。

"5"表示发电合闸。

"6"表示市电合闸,HGM6110K无此功能。

"7"表示分闸,当合闸时间设定为0时,即为持续合闸,HGM6110K无此功能。

"8"表示升速控制,在进入高速暖机过程时吸合,吸合时间为全速暖机时间。升速辅助输入有效时断开。

"9"表示降速控制,在进入停机怠速过程或得电停机过程(报警停机时)时吸合,吸合时间为停机怠速时间。降速辅助输入有效时断开。

"10"表示机组运行输出,机组正常运行时输出,转速小于启动成功转速后断开。

"11"表示燃油泵控制,当燃油位低于设定的燃油泵开阈值或输入口油位低警告输入有效时吸合;当燃油位高于设定的燃油泵关阈值且输入口油位低警告输入无效时断开。

"12"表示全速控制,进入全速暖机时输出,全速散热后断开。

(40)可编程输入口1设置:设置可编程输入口1的功能,以便设置该输入量的控制程序。数值为0~15,出厂默认值为1(温度高报警开关输入)。

(41)可编程输入口1有效:设置可编程输入口1是与地接通有效还是断开有效。数值为0(闭合)或1(断开),出厂默认值为0(闭合有效)。

(42)可编程输入口1延时:设置可编程输入口1有效输入时,执行该有效输入的延时时间。数值为0~20s,出厂默认值为2s。

(43) 可编程输入口 2 设置:设置可编程输入口 2 的功能,以便设置该输入量的控制程序。数值为 0~15,出厂默认值为 6(发电合闸状态输入)。

(44) 可编程输入口 2 有效:设置可编程输入口 2 是与地接通有效还是断开有效。数值为 0(接通有效)或 1(断开有效),出厂默认值为 0(闭合有效)。

(45) 可编程输入口 2 延时:设置可编程输入口 2 有效输入时,执行该有效输入的延时时间。数值为 0~20s,出厂默认值为 2s。

(46) 可编程输入口 3 设置:设置可编程输入口 3 的功能,以便设置该输入量的控制程序。数值为 0~15,出厂默认值为 10(远程开机输入,需要时可自行接入)。

(47) 可编程输入口 3 有效:设置可编程输入口 3 是与地接通有效还是断开有效。数值为 0(接通有效)或 1(断开有效),出厂默认值为 0(闭合有效)。

(48) 可编程输入口 3 延时:设置可编程输入口 3 有效输入时,执行该有效输入的延时时间。数值为 0~20s,出厂默认值为 2s。

(49) 可编程输入口 4 设置:设置可编程输入口 4 的功能,以便设置该输入量的控制程序。数值为 0~15,出厂默认值为 11(油位低警告输入,需要时可自行接入)。

(50) 可编程输入口 4 有效:设置可编程输入口 4 是与地接通有效还是断开有效。数值为 0(接通有效)或 1(断开有效),出厂默认值为 0(闭合有效)。

(51) 可编程输入口 4 延时:设置可编程输入口 4 有效输入时,执行该有效输入的延时时间。数值为 0~20s,出厂默认值为 2s。

(52) 可编程输入口 5 设置:设置可编程输入口 5 的功能,以便设置该输入量的控制程序。数值为 0~15,出厂默认值为 12(冷却液位低警告输入,需要时可自行接入)。

(53) 可编程输入口 5 有效:设置可编程输入口 5 是与地接通有效还是断开有效。数值为 0(接通有效)或 1(断开有效),出厂默认值为 0(闭合有效)。

(54) 可编程输入口 5 延时:设置可编程输入口 5 有效输入时,执行该有效输入的延时时间。数值为 0~20s,出厂默认值为 2s。

可编程输入口 1~5(全部为接地有效)的设置数值 0~15 的定义,如下:

"0"表示未使用。

"1"表示温度高报警输入,在安全运行延时结束后,若此信号有效,发电机组将立即报警停机。

"2"表示油压低报警输入,在安全运行延时结束后,若此信号有效,发电机组将立即报警停机。

"3"表示外部告警输入,若此信号有效,仅告警不停机。

"4"表示外部停机报警输入,若此信号有效,发电机组将立即报警停机。

"5"表示温度过高时散热停机输入,当此信号有效且机组正常运行时,若出现温度过高,控制器先经过全速散热延时后才停机;当此信号无效时,若出现温度过高,控制器直接全速停机。

"6"表示发电合闸状态输入。

"7"表示市电合闸状态输入。

"8"表示温度过高停机禁止,若此信号有效,温度高时只报警不停机。

"9"表示油压低停机禁止,若此信号有效,油压低时只报警不停机。

"10"表示远程开机输入。

"11"表示油位低警告输入。

"12"表示水位低警告输入。

"13"表示油位低停机输入。

"14"表示水位低停机输入。

"15"表示自动开机禁止,若此信号有效,发电机组已经正常运行,则发电机组执行停机操作。当此信号无效时,发电机组根据市电异常否,自动执行启动或停机操作(HGM6110K没有市电输入端子,所以无此功能)。

（55）开机状态选择:设置控制器刚通电时,柴油机在什么状态。数值为0~2(0停机、1手动、2自动),出厂默认值为0。

（56）控制器地址:设置控制器通信地址。数值为1~254,出厂默认值为1。

（57）口令设置:设置进入参数设置的密码。数值为0~9999,出厂默认值为1234。

（58）启动成功条件:设置起动机与飞轮分离的条件。数值为0~5(0表示转速传感器、1表示发电、2表示转速传感器加发电、3表示转速传感器加油压、4表示发电加油压、5表示发电加转速传感器加油压),出厂默认值为2。

（59）启动成功转速:当柴油机转速超过此设定值时,认为机组启动成功,起动机将与飞轮分离。数值为0~3000r/min,出厂默认值为360r/min。

（60）启动成功频率:在启动过程中当发电机频率超过此值时,认为机组启动成功,起动机将分离。数值为10~30Hz,出厂默认值为14Hz。

（61）启动成功油压:在启动过程中当柴油机油压超过此值时,认为机组启动成功,起动机将分离。数值为0~400kPa,出厂默认值为200kPa。

（62）电压输入选择:设置输入控制器电压的种类。数值为0~2(0:三相四线;1:二相三线;2:单相两线),出厂默认值为0。

（63）温度传感器选择:设置温度传感器的类型。数值为0~8(0:无。1:自定义电阻型。2:VDO型。3:SGH黄河传感器。4:SGD东康传感器。5:CURTIS型。6:DATCON型。7:VOLVO-EC型。8:SGX型),出厂默认值为1(自定义电阻型)。

（64）压力传感器选择:设置压力传感器的类型。数值为0~8(0:无。1:自定义电阻型。2:VDO 10bar。3:SGH黄河传感器。4:SGD东康传感器。5:CURTIS型。6:DATCON bar型。7:VOLVO-EC型。8:SGX型),出厂默认值为1(自定义电阻型)。

（65）液位传感器选择:设置液位传感器的类型。数值为0~5(0:无。1:自定义电阻型。2:SGH黄河传感器。3:SGD东康传感器。4:保留1。5:保留2),出厂默认值为3(东康传感器)。

（66）自定义传感器曲线:数值为0~2(0:自定义温度传感器曲线。1:自定义压力传感器曲线。2:自定义液位传感器曲线),出厂默认值为0。

4. 开机与停机操作

1) 自动开机与停机

按下"自动"控制键,自动模式指示灯亮,表示发电机组处于自动开关机模式。

（1）自动开机。当远程开机输入(端子22)有效时(表示市电或另一机组停止供电),进入"开机延时",显示屏上显示倒计时;开机延时结束后,预热继电器输出(如果设置了),显示屏上显示开机预热延时倒计时;预热延时结束后,供油继电器(端子 4)输出,1s 后起动机继电器(端子 5)输出;如果在"启动时间"内发电机组没有启动成功,供油继电器和起动机继电器停止输出,进入"启动间隔时间",等待下一次启动;在设定的启动次数内,如果发电机组没有启动成功,显示屏的第四行会返黑,同时显示屏的第四行显示启动失败报警,面板上的报警指示灯亮;若启动成功,自动断开端子 5 的输出,起动机与飞轮分离,进入"安全运行时间",在此时间内油压低、水温高、欠速、充电失败以及辅助输入(如果设置了)报警量都无效,安全运行时间结束后进入"开机怠速时间"(端子 8 和端子 9 接通(如果设置了));在开机怠速时间运行中,欠速、欠频、欠压报警都无效,开机怠速时间结束后,进入"暖机时间"(端子 8 和端子 9 接通(如果设置了));当暖机时间结束时,若发电机组正常发电则发电状态指示灯亮,如果发电机电压、频率达到带负载要求,则将发电机输出开关合闸,发电机组带载,发电机组合闸后合闸状态输入到端子 21(低电平),控制器的发电供电指示灯亮,发电机组进入正常运行状态;如果发电机组电压或频率不正常,控制器报警停机(显示屏显示发电报警量)。

(2)自动停机。当远程开机输入(端子 22)失效时(表示市电或另一机组有电),进入"停机延时";停机延时结束后,开始"散热时间",这时可断开发电机组供电开关(外电路切换装置切换到市电供电),发电机组开关分闸后,控制器的端子 21 失去低电平,控制器的发电供电指示灯灭;散热时间结束后,进入"停机怠速时间"(如果设置了)时,怠速继电器(端子 8、9)接通,停机怠速时间结束后,进入"得电停机时间"得电停机继电器加电输出,燃油继电器输出断开(端子 4 与端子 3 断开);随后机组进入"等待停稳时间",控制器自动判断机组是否停稳;当机组停稳后,进入发电待机状态(等待远程开机输入端子 22 的有效信号);若机组不能停机,则控制器报警,显示屏显示停机失败警告。

2)手动开机与停机

按下"手动"控制键,控制器进入"手动模式",手动模式指示灯亮。

(1)手动开机。按下"开始"键,则控制器端子 4 送出 24V 供油信号,1s 后 5 端子送出 24V 启动信号,发电机组开始启动,控制器自动判断启动成功否,当启动成功后,自动断开端子 5 的输出,起动机与飞轮分离,进入"安全运行时间",在此时间内油压低、水温高、欠速、充电失败以及辅助输入(如果设置了)报警量都无效,安全运行时间结束后进入"开机怠速时间"(端子 8 和端子 9 接通(如果设置了));在开机怠速时间运行中,欠速、欠频、欠压报警都无效,开机怠速时间结束后,进入"暖机时间"(端子 8 和端子 9 断开(如果设置了));当暖机时间结束时,若发电机组正常发电则发电状态指示灯亮,如果发电机电压、频率达到带负载要求,则将发电机输出开关合闸,发电机组带载,发电机组合闸后合闸状态输入到端子 21(低电平),控制器的发电供电指示灯亮,发电机组进入正常运行状态;如果发电机组电压或频率不正常,控制器报警停机(显示屏显示发电报警量)。

(2)手动停机。按下"停机复位"键,可使正在运行的发电机组停机。停机过程与自动停机时收到"远程开机输入(端子 22)失效信号"后的过程相同。

5. 警告与保护

控制器在工作中可对发电机组的参数进行自动检测和判断,当参数偏离正常值达到报警值时控制器便会发出报警信号进行警告,当某参数的变化会危及到机组或负载的安全时控制器会进行停机和报警。

1) 警告

当控制器检测到警告信号时，控制器仅发出警告信号而并不停机，而且在显示屏上显示警告量报警类型。控制器警告量包括：

（1）速度丢失信号警告：当控制器检测到发电机组的转速等于零且"速度丢失延时"设置为0时，控制器发出警告报警信号，同时显示屏上显示"速度信号丢失警告"字样。

（2）发电过流警告：当控制器检测到发电机组的电流大于设定的过流阈值且"过流延时"设置为0时，控制器发出警告报警信号，同时显示屏上显示"发电过流警告"字样。

（3）停机失败警告：当得电停机时间和等待停稳延时结束后，若发电机组没有停稳，则控制器发出警告报警信号，同时显示屏上显示"停机失败警告"字样。

（4）燃油位低警告：当控制器检测到发电机组的燃油液位值小于设定的阈值或者油位低警告输入有效时，控制器发出警告报警信号，同时显示屏上显示"燃油液位低警告"字样。

（5）充电失败警告：当控制器检测到发电机组的充电发电机电压小于设定的阈值时，控制器发出警告报警信号，同时显示屏上显示"充电失败警告"字样。

（6）电池欠压警告：当控制器检测到发电机组的蓄电池电压值小于设定的阈值时，控制器发出警告报警信号，同时显示屏上显示"电池欠压警告"字样。

（7）电池过压警告：当控制器检测到发电机组的蓄电池电压值大于设定的阈值时，控制器发出警告报警信号，同时显示屏上显示"电池过压警告"字样。

（8）水位低警告：当控制器检测到水位低警告输入有效时，控制器发出警告报警信号，同时显示屏上显示"水位低警告"字样。

2) 停机报警

当控制器检测到停机报警信号时，控制器立即进行进入停机控制程序，同时显示报警类型。停机报警量包括：

（1）紧急停机报警：当控制器检测到紧急停机报警信号时，控制器发出停机报警信号，同时显示屏上显示"紧急停机报警"字样。

（2）高温度报警停机：当控制器检测的水/缸温度数值大于设定的水/缸温度停机数值时，控制器发出停机报警信号，同时显示屏上显示"高温度报警停机"字样。

（3）低油压报警停机：当控制器检测的油压数值小于设定的油压警告数值时，控制器发出停机报警信号，同时显示屏上显示"低油压报警停机"字样。

（4）超速报警停机：当控制器检测到发电机组的转速超过设定的超速停机阈值时，控制器发出停机报警信号，同时显示屏上显示"发电超速报警停机"字样。

（5）欠速报警停机：当控制器检测到发电机组的转速低于设定的超欠速阈值时，控制器发出停机报警信号，同时显示屏上显示"发电欠速报警停机"字样。

（6）速度信号丢失报警停机：当控制器检测到发电机组的转速等于零且"速度丢失延时"设置不为0时，控制器发出停机报警信号，同时显示屏上显示"速度信号丢失报警停机"字样。

（7）发电过压报警停机：当控制器检测到发电机组的电压大于设定的过压停机阈值时，控制器发出停机报警信号，同时显示屏上显示"发电过压报警停机"字样。

（8）发电欠压报警停机：当控制器检测到发电机组的电压小于设定的欠压停机阈值时，控制器发出停机报警信号，同时显示屏上显示"发电欠压报警停机"字样。

（9）发电过流报警停机：当控制器检测到发电机组的电流大于设定的过流停机阈值且"过流延时"设置不为 0 时，控制器发出停机报警信号，同时显示屏上显示"发电过流报警停机"字样。

（10）启动失败报警停机：在设定的启动次数内，如果发电机组没有启动成功，控制器发出停机报警信号，同时显示屏上显示"启动失败报警停机"字样。

（11）超频报警停机：当控制器检测到发电机组的频率超过设定的发电过频停机阈值时，控制器发出停机报警信号，同时显示屏上显示"发电超频报警停机"字样。

（12）欠频报警停机：当控制器检测到发电机组的频率小于设定的发电欠频停机阈值时，控制器发出停机报警信号，同时显示屏上显示"发电欠频报警停机"字样。

（13）不发电报警停机：当控制器检测到发电机组的电压等于零，控制器发出停机报警信号，同时显示屏上显示"不发电报警停机"字样。

（14）燃油位低报警停机：当控制器检测到燃油位低停机输入有效时，控制器发出停机报警信号，同时显示屏上显示"燃油位低报警停机"字样。

（15）水位低报警停机：当控制器检测到水位低停机输入有效时，控制器发出停机报警信号，同时显示屏上显示"水位低报警停机"字样。

4.9.2 IL-NT-MRS16 LT 型发电机组控制器

科迈 IL-NT-MRS16 LT 与 IL-NT-MRS10/11/15 LT 属于同一系列发电机组控制器（以下叙述以 200GF-W6-3024B11 型电站为例）。

1. 面板介绍

控制器面板如图 4-64 所示，面板上有操作按钮、指示灯和显示屏。

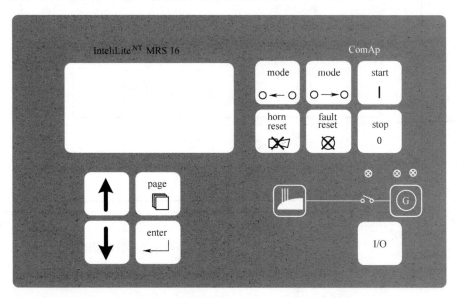

图 4-64 IL-NT-MRS16 LT 型发电机组控制器

（1）mode→键：循环向前选择发电机组的操作模式（关→手动→自动）。
（2）mode←键：循环向后选择发电机组的操作模式（关←手动←自动）。

(3) horn reset 键:解除报警蜂鸣器声。

(4) fault reset 键:故障报警复位。

(5) start 键:发电机组启动。

(6) stop 键:发电机组停止。

(7) I/O 键:发电机供电断路器的手动接通/断开(在手动模式有效)。

(8) page 键:进入或退出参数设定显示模式。

(9) ↑选择设定点键:选择屏幕或增加设定值。

(10) ↓选择设定点键:选择屏幕或减少设定值。

(11) enter 键:确认设定点的值。

(12) 发电机电压存在指示灯:如果发电机电压存在并在限定值范围内,绿灯亮。

(13) 发电机组故障指示灯:当发电机组发生故障时红色指示灯开始闪亮。按下 fault reset 键后,如果故障警报仍然存在红色指示灯稳定亮,如果故障警报解除红色指示灯熄灭。

(14) 发电机供电(GCB)断路器接通指示灯:当发电机供电的断路器接通时,绿灯亮。由 GCB 的反馈信号驱动。

(15) 显示屏:显示机组运行参数或设置参数。

2. 背板介绍

背板上有 32 个接线端子和 1 个通信接口(选配件),如图 4-65 所示。

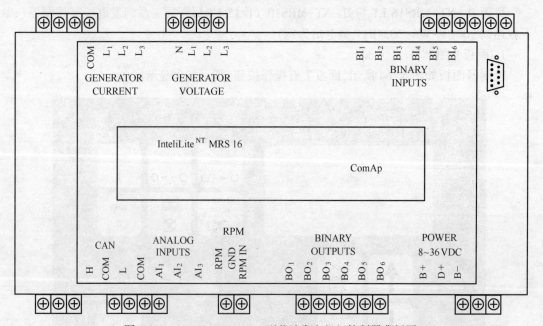

图 4-65 IL-NT-MRS16 LT 型柴油发电机组控制器背板图

1) 输入端子

(1) COM:电流互感器公共端输入端子(搭铁端也是蓄电池负极输入端子)。

(2) L_1、L_2、L_3:三相电流互感器次级输入端子。

(3) N:机组发电机中性线输入端子。

(4) L_1、L_2、L_3:发电机三相电输入端子。

(5) BI_1:紧急停机输入端子,该输入端低电平信号消失时控制器执行紧急停机。

(6) BI_2:应急手动(备用)工作模式输入端子,输入低电平信号时有效(工作在"备用"模式)。

(7) BI_3:不准停机信号输入端子,该端子输入低电平信号时,所有停机被禁止(除了"紧急停机"和"柴油机超速保护"外),控制器将不执行停机程序。

(8) BI_4:机组合闸反馈信号输入端,该端输入低电平信号时表示机组输出开关已经合闸。

(9) BI_5、BI_6:二进制输入,一般未用。

(10) COM:公共端子,对应线路编号(00)。

(11) AI_1:油压传感器输入端子,对应线路编号(31)。

(12) AI_2:水温传感器输入端子,对应线路编号(34)。

(13) AI_3:燃油液位传感器输入端子,本机未用。

(14) RPM GND:转速传感器接地端输入端子,对应线路编号(22)。

(15) RPM IN:转速传感器非接地端输入端子,对应线路编号(21)。

(16) B+:蓄电池电源正极输入端子,对应线路编号(210)。

(17) B-:蓄电池负极输入端子,对应线路编号(00)。

(18) D+:充电发电机磁场线圈电源输入端子,对应线路编号(05)。

2) 输出端子

(1) BO_1:供油阀控制信号输出端子,工作时该端子输出低电平,接通外接继电器,使电子调速器系统得电,对应线路编号(211)。

(2) BO_2:启动控制信号输出端子,启动时端子输出低电平,接通外接继电器,使启动电路得电,对应线路编号(212)。

(3) BO_3:全速控制信号输出端子,该端子送出低电平信号时,接通外接继电器,使电子调速器工作在全速状态,对应线路编号(213)。

(4) BO_4:报警信号输出端,机组发生故障时该端子输出低电平信号,接通声光报警器电源,对应线路编号(214)。

(5) BO_5:机组合闸控制信号输出端,控制器工作在自动状态,当机组工作正常时从该端子送出低电平信号(控制器工作在手动状态时,按下面板上的I/O按钮后),使发电机输出电路接通,对应线路编号(215)。

(6) BO_6:机组分闸控制信号输出端,控制器工作在自动状态,当机组需关机(或机组故障时),从该端子送出低电平信号(控制器工作在手动状态时,按下面板上的I/O按钮后),使发电机输出电路断开,对应线路编号(216)。

3) 通信接口

该控制器有两个通信接口。一个是与计算机通信的接口(可选配 RS232、RS232-485、USB 通信卡或 IB-Lite 以太网通信卡);另一个是与柴油机电子控制单元通信的 CAN 接口(H、COM、L)。

3. 参数设定

需要检查或设定参数时按下 PAGE 键,进入设定状态。

1) 密码

密码最多由 4 位数组成。如果所设定的某参数已经使用了密码保护,则必须先输入密码后才能调整。

控制器的原始密码为"0",密码的设定范围是"0"到"9999"。需要更改密码时要先输入原来的密码。

2) 基本设定

(1) 机组名称:给本台机组自定义一个名称,用于控制器身份的远程连接。该名称最多由 14 个字符长度组成,出厂设定为"200kW 发电机组"。

(2) 额定功率:设定控制器所配发电机组的额定功率。控制器对发电机组的保护建立在该设定值上,数值范围 1~5000kW,出厂设定为 200kW。

(3) 额定电流:设定发电机组的电流限制值。控制器对发电机组的短路电流和过电流保护都是建立在该设定值上,数值范围 1~10000A,出厂设定为 361A。

(4) CT 比例:设定控制器对发电机组输出电流取样的电流互感器的变流比。控制器显示的电流参数是按该变流比放大的,数值范围为(1~5000)A/5A,200kW 发电机组选用 600/5 的电流互感器,故设定值为 600/5A。

(5) PT 比例:设定控制器对发电机组输出电压取样的电压互感器的变压比。数值范围为 0.1~500.0V/V(如果没有使用电压互感器,则设定为 1),出厂设定为 1.0/1。

(6) 额定相电压:设定发电机组的额定相电压(三相电送入控制器时要注意电压的相序应与三相电流相序一致,否则会出现报警,而且发电机出口断路器 GCB 不能合闸输出)。数值范围为 80~20000V,出厂设定为 231V。

(7) 额定线电压:设定发电机组的额定线电压。数值范围为 138~35000V,出厂设定为 400V。

(8) 额定频率:设定发电机组的额定频率。数值范围为 45~65Hz,出厂设定为 50Hz。

(9) 齿数:设定与发电机配套的柴油机的飞轮齿数(如果没有使用转速传感器,或者柴油机转速是根据发电机的频率来计算的,请设定 0)。数值范围为 0~500,出厂设定为 118。

(10) 额定转速:设定柴油机的额定转速。数值范围为 100~4000r/min,出厂设定为 1500r/min。

(11) 控制器(iG)模式:设定控制器工作模式(等于控制器面板上的 mode→或 mode← 按键)。数值范围为关、手动、自动,出厂设定为手动。

(12) 复位转手动:设定发电机组故障报警被按下复位键时,控制器是否自动改变到手动工作模式。如果控制器选择在"自动"工作模式下工作,当发电机组报警停机后,为了避免发电机组自动重新启动,选择复位转手动是一种安全模式,按下复位按钮后不再有报警。数值范围为非执行、执行,出厂设定为非执行(通常情况下,除大型发电机组外,一般都设定控制器工作在手动模式)。

(13) 背光时间:设定控制器的液晶显示器背景光时间。数值范围为 0~241min,出厂设定为 15min。

(14) 连接方式:设定发电机绕组的连接方式。数值范围为 3 相 4 线、3 相 3 线、分相、单相,出厂设定为 3 相 4 线。

3）通信设定

（1）控制器地址:设定控制器的设备识别号。一个控制器独特的识别编号是连接总线与更多控制器连接在一起的必要条件。同一组多个控制器里不能使用同一个地址！更改地址会导致远程连接失败。数值复位为1~32,出厂设定为1(注:有密码保护,进入前先进入"密码",输入密码后再设定)。

（2）COM1 模式:设定通信协议转变为 COM1 串口通道。数值复位为直接、解调器、MODBUS、ECU 连接(直接:LiteEdit 软件直接连接通信数据线。解调器:LiteEdit 软件通信协议需通过调制解调器连接到通信数据线。MODBUS:采用 MODBUS 协议连接。ECU 连接:通过 EFI 柴油机通信来连接 MODBUS 协议),出厂设定为直接(注:有密码保护,进入前先进入"密码",输入密码后再设定)。

（3）COM2 模式:设定通信协议转变为 COM2 串口通道。内容与 COM1 相同,出厂设定为直接(注:有密码保护,进入前先进入"密码",输入密码后再设定)。

（4）解调器起始:如果调制解调器需要一些额外的初始命令(网络不同而引起),可以进入这里设置项目。除此以外该项目应为空白,出厂设定为空白。

（5）MODBUS 传输速率:如果 MODBUS 模式是选择在 COM1 或者 COM2 的通道上,那么采用 MODBUS 通信的速度可以在这里调整。数值范围为 9600、19200、38400、57600,出厂设定为9600(注:有密码保护,进入前先进入"密码",输入密码后再设定)。

（6）IBLte IP Addr:设定以太网卡的 IP 地址,出厂时已经固化为 192.168.1.254 不可更改。

（7）IBLte NetMask:设定以太网卡的子网掩码,出厂时已经固化为 255.255.255.0 不可更改。

（8）IBLte GateIP:设定以太网卡的网关地址,出厂时已经固化为 192.168.1.1 不可更改。

（9）IBLte DHCP:设定以太网卡动态地址获取协议。数值范围为非执行、执行,出厂设定为执行。

（10）ComAp 连接口:设定科迈(ComAp)连接口。数值范围为 0~任意,出厂设定为 23。

（11）APN 名称:设定网络接入种类。出厂时空白,并固化为不可设置。

（12）APN 用户名:设定网络接入时该控制器的网名。出厂时空白,并固化为不可设置。

（13）APN 用户密码:设定网络接入时密码。出厂已经固化不可更改。

（14）AirGate:设定简易连接。数值范围为非执行、执行,出厂设定为执行。

（15）AirGate IP:设定简易链接地址。出厂时已经固化为 airgate.comap.cz 不可更改。

（16）SMTP 用户名:设置简单邮件传输用户名。出厂时为空白,并固化为不可更改。

（17）SMTP 密码:设置简单邮件传输密码。出厂时已经固化不可更改。

（18）SMTP IP:设置简单邮件传输地址。出厂时为空白,并固化为不可更改。

（19）控制邮箱:出厂时为空白,并固化为不可更改。

（20）时区:设置所在时区。出厂设定为 GMT+1:00。

（21）DNS IP 地址:设置域名系统地址。出厂时设定为 8.8.8.8,并固化为不可更改。

4) 柴油机参数

(1) 启动转速:设定启动成功转速,用额定转速的百分比来表示,启动过程中当柴油机转速达到这个设定值时表示柴油机启动成功,控制器将终止启动程序(终止启动过程有三个参数:转速、油压、充电机磁场输入电压,当任何一个达到设定值时控制器便终止启动过程)。数值范围 5%~50%,出厂设定为 25%。

(2) 启动油压:设定启动成功油压,启动过程中如果油压高于此设定值表示柴油机启动成功,控制器将终止启动程序。数值范围取决于所配油压传感器的参数,出厂设定为 4.5bar。

(3) 预启动时间:设定启动前的准备时间,在这段时间结束前起动机是不工作的,把该值设为 0 时,该功能无效。数值范围 0~600s,出厂设定为 2s。

(4) 最高(长)启动时间:设定启动过程中起动机最长通电时间。数值范围 1~60s,出厂设定为 5s。

(5) 启动失败间隙:设置第一次启动失败后与第二次启动时间的间隔,禁止马上再次启动,以防止损坏起动机和蓄电池。数值范围 1~60s,出厂设定为 8s。

(6) 启动次数:设定最多启动次数(最后一次启动不成功则发出启动失败警告)。数值范围 1~10,出厂设定为 3。

(7) 急速时间:设置柴油机启动成功后急速运行的时间,该设置可以控制急速与额定转速的切换。数值范围 1~600s,出厂设定为 12s。

(8) 最短稳定时间:当发电机组完成启动和急速运行后,柴油机进入全速运行后,控制器会等待一段时间让发电机组有一个稳定过程,该设置就是设定这个时间值。该时间过了,若发电机的电压和频率正常,发电机组才可以给负载供电。数值范围 1~300s 最长稳定时间,出厂设定为 2s。

(9) 最长稳定时间:设定当发电机组完成启动和急速后,柴油机进入全速运行时,控制器等待发电机组稳定的最长时间。数值范围最短稳定时间~300s,出厂设定时间 10[s]。

(10) 冷却速度:设定柴油机冷却过程中是选择急速运行还是全速运行。数值范围急速、额定转速,出厂设定为额定转速。

(11) 冷却时间:设定柴油机在无负载冷却停机之前的运行时间。数值范围 0~360s,出厂设定为 30s。

(12) 停机输出时间:设定柴油机必须停机的时间(柴油机停机需要同时具备以下条件:转速小于 2r/min、油压小于启动油压、发电机输出电压小于 10VAC 和充电发电机 D+ 输入端未激活,当在停机输出时间内有一个条件未达到,控制器便认为停机失败,并报警)。数值范围 0~240s,出厂设定为 60s。

(13) 燃油阀:设定柴油机所用燃料的种类。数值范围柴油、燃气,出厂设定为柴油。

(14) D+功能:设定充电发电机磁场端子电压送入控制器的作用。数值范围:执行、充电故障、非执行(设定执行时,该端子电压用来判断是否启动成功、停机成功和充电失败报警;设定充电故障时,只进行充电失败报警;设定非执行时,该输入未被使用),出厂设定为非执行。

(15) 供油泵开:设定当燃油液位低于或等于此设置值时激活输出打开加油泵供电电路。数值范围 0~100%,出厂设定为 0%(实际 200kW 发电机组未用自动加注燃油功能,如需要可将"VDO 传感器 0~180R=0~100%"液位传感器信号输入到 AI_3 端子)。

(16) 供油泵关:设定当燃油液位高于或等于此设置值时激活输出关闭加油泵供电电路。数值范围 0~100%(供油泵开和供油泵关功能必须和模拟量输入 AI_3 功能结合起来用,因为该功能是建立在模拟量 AI_3 液位输入的功能上的),出厂设定为 100%(实际 200kW 发电机组未用自动加注燃油功能,如需要可将"VDO 传感器 0~180R=0~100%"液位传感器信号输入到 AI_3 端子)。

(17) 温度开关"开":设定输出温度开关打开的温度值(此功能与控制器模拟输入 AI_2 联系在一起)。数值范围-100~10000℃,出厂设定为-20℃。

(18) 温度开关"关":设定输出温度开关关闭的温度值(此功能与控制器模拟输入 AI_2 联系在一起)。数值范围-100~10000℃,出厂设定为 120℃。

温度开关是控制器根据输入模拟量 AI_2 来感应水温的,设定温度开关接通与温度开关断开的二进制开关量是用来激活风扇或加热器电路的(200kW 发电机组未用)。

(19) 功率开关"开":设定发电机组功率开关打开的阈值。数值范围为 0~32000kW,出厂设定为 220kW。

(20) 功率开关"关":设定发电机组功率开关关闭的阈值。数值范围为 0~32000kW,出厂设定为 50kW。

(21) 油箱容量:设定发电机组所配燃油箱的容量。数值范围为 0~10000L,本机模拟量输入端 AI_3 没有用可以不设置,出厂设置为 200L。

(22) 最高燃油箱下降:设定燃油箱液面高度下降到多少时开始补充燃油。数值范围为 0~50%,本机没有使用该功能可以不设,出厂设置为 0%。

5) 柴油机保护

(1) 暂停保护:设定柴油机刚刚启动时关闭报警保护的时间。数值范围为 0~300s,出厂设定为 5s。

(2) 蜂鸣时间:设定报警输出的持续时间(如果想完全禁止报警喇叭响,可将此项设定为 0)。数值范围为 0~600s,出厂设定为 60s。

(3) 超速保护:设定柴油机超速时的保护值,该值取决于柴油机的额定转速。数值范围为 100%~150%,出厂设定为 110%。

(4) 油压警告:设定油压低的告警值(这时只报警不停机)。数值范围为-10~1000bar,出厂设定为 1.5bar。

(5) 油压停机:设定油压低的报警停机值。数值范围为-10~1000bar,出厂设定为 1.0bar。

(6) 油压 Del(延时):设定油压低时的报警延时时间。数值范围为 0~900s,出厂设定为 3s。

(7) 水温警告:设定水温高的告警值(这时只报警不停机)。数值范围为-10~10000℃,出厂设定为 95℃。

(8) 水温停机:设定水温高的告警停机值。数值范围为-10~10000℃,出厂设定为 98℃。

(9) 水温 Del(延时):设定水温高时的报警延时时间。数值范围为 0~900s,出厂设定为 5s。

（10）电池电压高：设定蓄电池电压高的报警值。数值范围为 0~40V，出厂设定为 30V。

（11）电池电压低：设定蓄电池电压低的报警值。数值范围为 8~40V，出厂设定为 18V。

（12）电池电压延时：设定电池电压低的报警延时时间。数值范围为 0~600s，出厂设定为 5s。

（13）维护警告：设定发电机组下次低保养时间（倒计时），如果该设定值倒计时到达"0"且柴油机正在运行时会出现保养时间报警。数值范围为 0~10000h，出厂设定为 9995h。

6）发电机保护

（1）过载 BOC：设定发电机组的过载分闸停机值（用额定功率的百分比表示）。数值范围为 0~200%，出厂设定为 110%。

（2）过载延时：设定发电机组的过载报警延时时间。数值范围为 0~600s，出厂设定为 5s。

（3）电流短路 BOC：设定发电机组短路电流值，达到该值时进行分闸停机报警。数值范围为 100%~500%，出厂设定为 250%。

（4）电流短路延时：设定发电机组达到短路电流时报警保护的延时时间。数值范围为 1~10s，出厂设定为 0.04s。

（5）IDMT 延时：设定发电机组 IDMT（反时限过电流时间）过电流报警的反应时间。IDMT 过电流报警反应时间是不固定的，它依赖于超出额定负载的标准，过高的过电流使反应短路保护时间缩短。计算公式是：反应时间 = IDMT 延时×额定电流/（发电机输出电流－额定电流）。由此可见，发电机输出电流越大，保护时机越提前。数值范围为 1~60s，出厂设定为 4.0s。

（6）电流不平衡 BOC：设定发电机组输出电流不平衡的分闸停机值，该值取额定电流的百分比。数值范围为 1%~200%，出厂设定为 50%。

（7）电流不平衡延时：设定发电机组不平衡电流的报警延时时间。数值范围为 1~600.0s，出厂设定为 5.0s。

（8）发电机电压高停机：设定发电机组过压报警停机值（取决于额定电压的设定）。数值范围为发电机电压低停机值（%）~200%，出厂设定为 110%。

（9）发电机电压低停机：设定发电机组欠压报警停机值（取决于额定电压的设定）。数值范围为 0~发电机电压高停机值%，出厂设定为 90%。

（10）发电机电压延时：设定发电机组过、欠压报警延时时间。数值范围为 0~600s，出厂设定为 3.0s。

（11）电压不平衡 BOC：设定发电机组电压不平衡报警停机值（该值用额定电压的百分比表示）。数值范围为 0~200%，出厂设定为 10%。

（12）电压不平衡延时：设定发电机组电压不平衡时报警延时时间。数值范围为 0~600s，出厂设定为 3.0s。

（13）机组高频率 BOC：设定发电机组高频率时的报警停机值（该值用额定频率的百分比表示），报警信号取自于对 L_3 相的频率检测。数值范围：机组低频率 BOC 值（%）~200%，出厂设定为 110%。

（14）机组低频率 BOC：设定发电机组低频率时的报警停机值，报警信号取自于对 L_3 相的频率检测。数值范围：0~机组高频率 BOC 值%，出厂设定为 90%。

（15）频率延时：设定发电机组高、低频率报警延时时间。数值范围为 0~600s，出厂设定为 3.0s。

7）日期/时间

（1）历史印记：设定控制器运行参数的记录周期。在发电机组运行中以该设定时间为一个周期，将该周期的参数记录到历史记录里。使用该功能可以调整周期记录时间，此项设置为"0"时，此功能无效。数值范围为 0~200min，出厂设定为 60min。

（2）夏令时：设置是否执行夏令时。选项为非执行、冬季、夏季、南半球冬季和南半球夏季，出厂设定为非执行。

（3）时间/日期：系统时间在这里更改。系统的日期存储在电池备份时钟电路，一般不需要进行调整。该系统的日期和时间用于运行计时器以及历史记录。

（4）计时器 1 或 2 功能：设定计时器 1 或 2 是否运行。选择项为不功能、自动运行和关模式，出厂设定不功能。

（5）计时器 1 或 2 重复：设定计时器 1 或 2 的重复周期。范围：没有、星期一、星期二……星期一到星期五、星期一到星期六、星期一到星期天和星期六到星期天，出厂设定为没有。

（6）计时器 1 或 2 开机时间：设定计时器 1 或 2 的输出时间。数值为 hh.mm.ss，本机未用计时器，屏显为 05：00：00。

（7）计时器 1 或 2 期间：设定计时器 1 或 2 的计时时间。数值范围为 1~1440min，本机屏显 5min。

8）传感器规格

（1）AI_1 校对：设定对模拟量输入口 AI_1 的修正值。数值范围为 -1000~+1000bar，出厂设定为 0.0bar。

（2）AI_2 校对：设定对模拟量输入口 AI_2 的修正值。数值范围为 -1000~+1000℃，出厂设定为 0℃。

9）短信/E-mail

如果控制器与 GSM 和互联网连接，当出现新的报警在控制器液晶显示屏上显示的同时，控制器会通过通信线路发送短信息和 E-mail（本机该功能未用）。如果要使用该功能需进行设置。

（1）黄灯报警：如想收到黄色报警（警告不停机）信息就设置为"开"，否则设置为"关"。

（2）红灯报警：如想收到红色报警（报警并停机）信息就设置为"开"，否则设置为"关"。

（3）事故信息：假如想收到事故信息就设置为"开"，不用设置为"关"。

（4）通 1 电话/地址：设置第一个 GSM 电话或邮箱地址。以实现报警信息的传递，该参数只能通过 PC 机才可以修改。

（5）通 2 电话/地址：设置第二个 GSM 电话或邮箱地址。以实现报警信息的传递，该参数只能通过 PC 机才可以修改。

（6）SMS 语言：设置发送短信的语言。"1"中文、"2"英文。

思 考 题

1. DTW5 型励磁调节器由几个部分组成？各部分的功能是什么？
2. 简述 SE350 型励磁调节器各接线端子的功能。
3. 简述 R448 型励磁调节器的几个调节电位器的作用。
4. 简述 MP-40J 型发电机监控器的功能。
5. 简述电压过高时，过欠压保护板的工作过程。
6. 简述过欠压保护板的过压保护值的调整方法步骤。
7. 简述过欠压保护板的欠压延时值的调整方法步骤。
8. 什么是逆功率保护？
9. 叙述众智 HPD300 型逆功率保护模块是怎样实现逆功率保护的。
10. 叙述 SY-SC-2023 型自动同步控制器实现同步控制的工作过程。
11. 叙述 SY-SC-2043 型自动负荷分配器实现负荷转移和负荷自动分配的工作过程。
12. 简述电磁感应式传感器的结构特点及工作原理。
13. 简述 30TP-2 型柴油机控制器第一个参数的含义及设置方法。
14. 列表画出 30TP-2 型柴油机控制器的故障代码及含义。
15. 简述超速时超速保护板的工作过程。
16. 叙述 ESD5500E 型转速控制器自动调节转速的工作过程。
17. 简述喷注冷启动液装置的组成及工作过程。
18. 简述 HGM6110K 型发电机组控制器面板各按钮的功能及参数设置方法。
19. 简述 HGM6110K 型发电机组控制器启动成功条件设置方法。
20. 简述 IL-NT-MRS16LT 型发电机组控制器启动转速设置方法。

第5章 典型电站控制电路

5.1 75GF-W6-3925.4型电站电路

75GF-W6-3925.4型电站的额定功率75kW,额定频率50Hz,额定转速1500r/min,输出400/230V三相交流电,主要由康明斯(CUMMINS)6BT5.9-G1-05型柴油机、SB-W6-75型三相无刷同步发电机和P50.25.25型控制屏配套组成(该控制屏同时与50kW和64kW的机组配套)。SB-W6系列发电机采用谐波无刷励磁系统,极大地提高了供电质量和运行可靠性,延长了发电机的保养周期,减少了维护时间;P50.25.25型控制屏内装有发电机和柴油机控制电路;康明斯系列柴油机采用电子调速器调速,提高了电站电源频率的稳定性。

5.1.1 SB-W6-75型三相无刷同步发电机的导线连接关系

SB-W6-75型三相无刷同步发电机的结构如图5-1所示。该型发电机与柴油机采用刚性连接,其他结构与SB-W6-120系列无刷同步发电机基本相同。

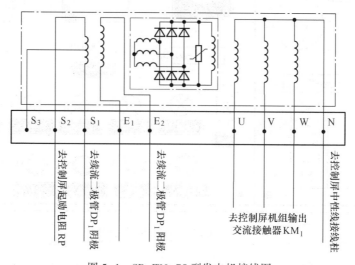

图5-1 SB-W6-75型发电机接线图

主发电机的三相交流绕组接成星形后,其末端N接至控制屏内中性线接线柱,三个始端U、V、W分别接至控制屏内发电机组输出交流接触器KM_1,穿过电流互感器TA_1、TA_2、TA_3后接至输出空气开关QF_1;发电机的三次谐波绕组引出三根线S_1、S_2、S_3(其中S_3为中心抽头),S_1、S_2分别接至控制屏内接线排JX,S_3不接线;交流励磁机的励磁绕组E_1、E_2分别接至接线排JX。接线排JX上的E_2、S_1和S_2分别与控制屏内励磁整流板APO的续流二极管DP_1的阳极、续流二极管DP_1的阴极和起励电阻RP的一端相连。

主发电机励磁绕组和压敏电阻并接后接在旋转整流器的输出端,交流励磁机电枢绕组接成星形后与旋转整流器的交流输入端相连。

5.1.2　P50.25.25型控制屏

1. 控制屏的结构及面板上各元件的作用

1）控制屏的结构

控制屏的面板如图5-2所示,正面板上方装有照明灯HLA_1、HLA_2,照明开关SA_0。面板的左侧装有水温表PWT、充电电流表PA、转速表PR、燃油油量表POC、机油压力表POP、油压低指示灯HL_9、水温高指示灯HL_{10}、超速指示灯HL_{11}、过欠压指示灯HL_{12}、电源指示灯HL_7、充电指示灯HL_8,急速/全速开关SA_4、启动按钮SB_5、启动/运行/停机开关SA_5。

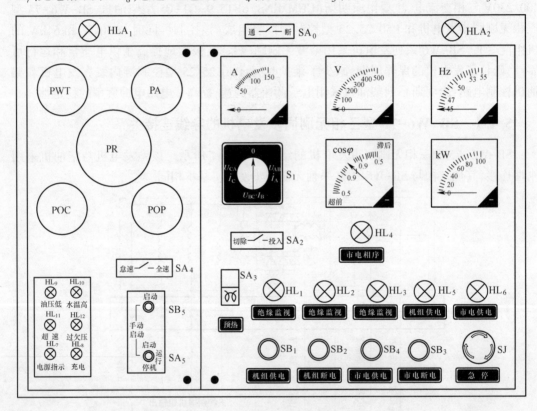

图5-2　P50.25.25型控制屏面板图

面板的右侧装有电流表A、电压表V、频率表Hz、功率因数表$\cos\varphi$、功率表kW,电压/电流测量换相开关S_1、保护切除/投入开关SA_2、预热开关SA_3(内含预热指示灯),市电相序指示灯HL_4、绝缘监测指示灯$HL_1 \sim HL_3$、机组供电指示灯HL_5、市电供电指示灯HL_6,机组供电按钮SB_1、机组断电按钮SB_2、市电供电按钮SB_4、市电断电按钮SB_3和急停按钮SJ。

控制屏的左面板如图5-3所示,左面板上装有1、2#励磁调节器DTW5的整定电压调节电位器RP_1,1、2#励磁调节器选择钮子开关SA_1(钮子开关又称乒乓开关),盆形报警喇叭HA,航空插座CZ及接地端子。

控制屏的后面板如图5-4所示,后面板左右两侧有:第一路输出开关QF_1和第二路输

200

出开关 QF$_2$ 的控制手柄孔。

控制屏的前、后面板分别经过 4 个铰链和 4 个螺钉固定在箱体上,用手拧松螺钉可将面板打开(要打开左面板时必须先打开右面板),打开面板后即可看到元件位置和接线标号。

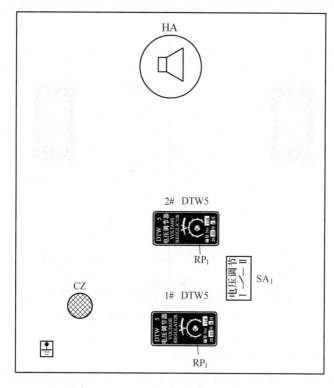

图 5-3　P50.25.25 型控制屏左面板图

打开控制屏前面板后可以看到,控制屏的左侧板上装有:1、2#励磁调节器 DTW5,1、2#励磁调节器选择钮子开关 SA$_1$、盆形喇叭 HA、航空插座 CZ、过欠压保护板 FV 和超速保护板 FR;中间隔板的上排从左到右依次装有 ESD5500E 型转速控制器 DT、发电机组输出交流接触器 KM$_1$、市电输出交流接触器 KM$_2$、预热控制器 YR、功率变换器 PWB;底板从左到右依次装有:继电器 KA$_1$~KA$_3$、熔断器 FU$_5$ 和熔断器 FU$_1$~FU$_4$。

打开控制屏的后面板可以看到:控制屏的中间隔板上方装有电流互感器 TA$_1$~TA$_3$ 和滤波电容器 C_1~C_4;中间装有输出空气开关 QF$_1$ 和 QF$_2$,在输出空气开关 QF$_1$ 和 QF$_2$ 之间装有励磁整流板 APO 和接线排 JX;下方装有中性线接线柱 JN$_1$ 和瓷管电阻 RP。

2) 控制屏面板上各元件的作用

(1) 前面板。

照明灯 HLA$_1$、HLA$_2$:提供正面板照明光源。

照明开关 SA$_0$:控制照明灯 HLA$_1$、HLA$_2$ 的接通和断开。

水温表 PWT:显示柴油机的水温。

充电电流表 PA:显示充电发电机给蓄电池充电的电流大小。

转速表 PR:显示柴油机运行的转速。

燃油油量表 POC:显示油箱的油量。

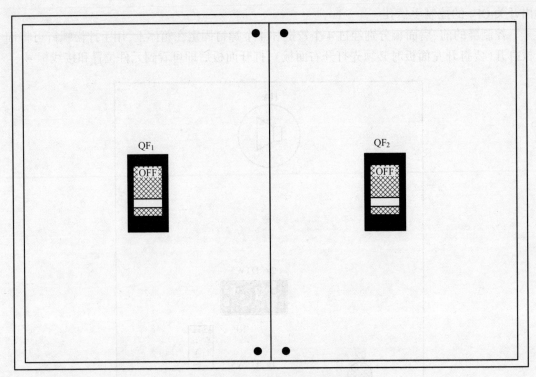

图 5-4　P50.25.25 型控制屏后面板图

机油压力表 POP：显示柴油机的机油压力。

油压低指示灯 HL_9：柴油机的机油压力低于报警值时该灯亮,进行油压低报警。

水温高指示灯 HL_{10}：柴油机的冷却液温度高于报警值时该灯亮,进行水温高报警。

超速指示灯 HL_{11}：柴油机的转速高于报警值时该灯亮,进行超速报警。

过欠压指示灯 HL_{12}：当发电机的电压高于或低于报警值时该灯亮,进行发电机过欠压报警。

电源指示灯 HL_7：蓄电池接地开关 JK 接通时,该灯亮,表示可对机组进行操作。

充电指示灯 HL_8：当充电发电机给蓄电池充电时,该灯熄灭；当充电发电机未给蓄电池充电时,该灯亮,进行充电失败报警。

怠速/全速开关 SA_4：机组启动或关机前需将该开关置于"怠速"位置,机组启动成功后,柴油机各仪表显示正常后,将该开关置于"全速"位置,柴油机进入全速运行。

启动按钮 SB_5：该按钮与"启动/运行/停机"开关 SA_5 同时接通时,启动机组,机组启动成功后松开。

启动/运行/停机开关 SA_5：机组在工作状态运行时,要将该开关置于"运行"挡。当该开关拨至"启动"挡时松手,自动回到"运行"挡,要停机时将其拨到"停机"挡。

电流表 A：显示发电机组输出的线电流。

电压表 V：显示发电机组运行时的线电压。

频率表 Hz：显示发电机组电源的频率。

功率因数表 $\cos\varphi$：显示发电机组所带负载的功率因数。

功率表 kW：显示发电机组输出的有功功率。

电压/电流测量换相开关 S_1：用以检查三相交流电任意两相之间的线电压和任意一相的线电流。

保护切除/投入开关 SA_2：该开关拨至"投入"时，油压低和过欠压保护电路接通直流工作电源，对电站进行保护；拨至"切除"时，油压低和过欠压保护电路不工作。

预热开关 SA_3（内含预热指示灯）：接通和断开柴油机的预热电路。

市电相序指示灯 HL_4：显示市电的相序是否正确，灯亮表示市电相序正确，可以给负载供电；反之表示市电相序不正确，需将市电输入的任意两根火线互换。

绝缘监测指示灯 $HL_1 \sim HL_3$：显示机组供电时三相电路的绝缘程度，当指示灯亮时表示绝缘良好。当指示灯暗或灭时表示该指示灯所在相绕组的绝缘损坏。

机组供电指示灯 HL_5：当发电机组输出交流接触器 KM_1 接通时，该指示灯亮，表示发电机组向负载母线供电。

市电供电指示灯 HL_6：当市电输出交流接触器 KM_2 接通时，该指示灯亮，表示市电向负载母线供电。

机组供电按钮 SB_1：按下该按钮，发电机组输出交流接触器 KM_1 接通。

机组断电按钮 SB_2：按下该按钮，发电机组输出交流接触器 KM_1 断开。

市电供电按钮 SB_4：按下该按钮，市电输出交流接触器 KM_2 接通。

市电断电按钮 SB_3：按下该按钮，市电输出交流接触器 KM_2 断开。

急停按钮 SJ：按下该按钮，发电机组紧急停机，该按钮按下后自锁，顺时针转动复位。

（2）左面板。

报警喇叭 HA：当机组运行中发生故障报警时，该喇叭进行声音报警。

1、2#励磁调节器选择钮子开关 SA_1：当工作中的励磁调节器发生故障时，可通过该开关选择另一个调节器工作。

1、2#励磁调节器整定电压调节电位器 RP_1：通过该电位器可整定发电机组的输出电压。

航空插座 CZ：柴油机各传感器、电源及控制电路通过该插座和插头与控制屏内电路连接。

（3）后面板。

输出开关 QF_1、QF_2：控制两路负载供电电路。

2. 控制屏电路

P50.25.25 型控制屏主要由输出电路、调压电路、仪表电路、过欠压保护电路、启动电路、转速控制电路等部分组成，其电路接线见附录13，电路原理见附录14。

1）发电机电路的工作情形

（1）输出电路。

① 发电机输出电路。机组发电时，三相绝缘指示灯 $HL_1 \sim HL_3$ 亮（见附录14 交流部分），按下机组供电按钮 SB_1，发电机的 U 相电通过熔断器 FU、机组断电按钮 SB_2 的常闭触点（61，90）、机组供电按钮 SB_1 的常开触点（90，91）、过欠压保护继电器 KA_1 的常闭触点（91，92）、市电输出接触器的常闭触点（92，93）加到机组输出交流接触器 KM_1 的线圈一端；KM_1 线圈的另一端接在发电机的 V 相上。机组输出交流接触器的线圈得电，其常开主、辅触点闭合；常闭触点断开。

主触点接通后,发电机组的三根火线 U、V、W 通过 KM$_1$ 主触点接到母线 R、S、T,中性线 N 接到中性线接线柱。接通任一输出开关 QF$_1$、QF$_2$,机组电源便可送往相应的负载。

KM$_1$ 的常开辅助触点 KM$_{1-1}$ 接通,对机组供电按钮 SB$_1$ 进行自保,所以松开 SB$_1$ 后 KM$_1$ 电磁铁线圈不会失电;KM$_1$ 的常闭辅助触点 KM$_{1-2}$ 断开,切断了市电输出接触器的电磁铁线圈供电电路,保证此时即使按下市电供电按钮 SB$_4$ 也不会使市电输出接触器工作;KM$_1$ 的另一个常开辅助触点 KM$_{1-3}$ 接通,将机组供电指示灯 HL$_5$ 接在 U 和 V 两相火线之间,HL$_5$ 亮表示现在由发电机组供电。

在发电机组供电时若按下机组断电按钮 SB$_2$,SB$_2$ 的常闭触点断开,KM$_1$ 的线圈失电,机组输出交流接触器 KM$_1$ 的常开触点断开、常闭触点闭合。常开主触点切断发电机组的输出电路,辅助常开触点断开机组供电指示灯 HL$_5$ 和 SB$_1$ 的自保电路;常闭辅助触点接通市电输出交流接触器的线圈 98 与 97,为市电供电做准备。

② 市电输出电路。当市电正常且相序正确时,按下市电供电按钮 SB$_4$,市电的 U$_2$ 相电通过熔断器 FU$_4$、市电断电按钮 SB$_3$ 的常闭触点(95、96)、市电供电按钮 SB$_4$ 的常开触点(96、97)、机组输出交流接触器 KM$_1$ 的常闭辅助触点 KM$_{1-2}$(97、98)加到市电输出交流接触器 KM$_2$ 的线圈一端;KM$_2$ 线圈的另一端接在市电的 V$_2$ 相上。市电输出交流接触器的电磁铁线圈得电,其主、辅常开触点闭合;常闭触点断开。

KM$_2$ 的主触点接通后,市电的三根火线 U$_2$、V$_2$、W$_2$ 通过 KM$_2$ 主触点接到母线 R、S、T,中性线 N 接到中性线接线柱。接通任一输出开关 QF$_1$、QF$_2$,市电电源便可送往相应的负载。

KM$_2$ 的常开辅助触点 KM$_{2-1}$ 接通,对市电供电按钮 SB$_4$ 进行自保,故松开 SB$_4$ 后 KM$_2$ 电磁铁线圈不会失电;KM$_2$ 的常闭辅助触点 KM$_{2-2}$ 断开,切断了机组输出交流接触器 KM$_1$ 的线圈供电电路(92、93),保证此时即使按下机组供电按钮 SB$_1$ 也不会使机组输出交流接触器工作;KM$_2$ 的另一个常开辅助触点 KM$_{2-3}$ 接通,将市电供电指示灯 HL$_6$ 接在 U$_2$ 和 V$_2$ 两根火线之间,HL$_6$ 亮表示现在由市电供电。

在市电供电时若按下市电断电按钮 SB$_3$,SB$_3$ 的常闭触点断开,KM$_2$ 的线圈失电,市电输出交流接触器 KM$_2$ 的常开触点断开、常闭触点闭合。常开主触点切断市电的输出电路,常开辅助触点断开市电供电指示灯 HL$_6$ 和 SB$_4$ 的自保电路;常闭辅助触点接通机组输出接触器的线圈 92 与 93,为机组供电做准备。

由上可见,发电机组和市电输出电路通过将各自的输出交流接触器的辅助常闭触点,接在对方的线圈供电回路来实现电气互锁。所以在连接接触器 KM$_1$ 和 KM$_2$ 时应该反复核对电路后再投入工作。

(2) 调压电路。该机组的起励建压由瓷管电路 RP 完成,电压由两个 DTW5 型励磁调节器通过选择钮子开关 SA$_1$ 控制调节,具体工作情形见第 4 章相关章节。

① 自动调压过程。负载增加时,发电机的输出电压 U_G 降低,测量变压器 T 次级绕组的电压降低,U_{C1} 降低,测量比较电路输出电压 U_{hg} 降低,BG$_1$ 的基极电流 I_{b1} 减小,集电极电流 I_{c1} 减小,U_{R10} 减小,使得 BG$_2$ 的基极电流 I_{b2} 减小,I_{c2} 减小,U_A 升高,U_{c5} 充电时提前到达单结晶体管 BT 的峰值电压,BT 提前导通,U_{R15} 提前出现,晶闸管 VC 提前导通,励磁电流增大,发电机输出电压回升至整定值。

负载减小时,发电机的输出电压 U_G 升高,测量变压器 T 次级绕组的电压升高,U_{C1} 升高,测量比较电路输出电压 U_{hg} 升高，BG_1 的基极电流 I_{b1} 增大，集电极电流 I_{c1} 增大，U_{R10} 升高，使得 BG_2 的基极电流 I_{b2} 增大，I_{c2} 增大，U_A 降低，U_{c5} 充电时滞后到达单结晶体管 BT 的峰值电压，BT 滞后导通，U_{R15} 滞后出现，晶闸管 VC 滞后导通，励磁电流减小，发电机输出电压下降至整定值。

② 整定电压的调整。发电机空载电压过高或过低时，可通过励磁调节器内的电位器 RP_1 来调整，使发电机空载输出电压整定在 340~460V 范围内。

③ 稳定度的调整。励磁调节器内的电位器 RP_2 为稳定度整定电位器，调节 RP_2 能抑制发电机电压振荡，并能得到最佳瞬态指标。调节 RP_2 时，应从振荡调到刚不振荡（看电压表），再略微调过头一些，以保证一定的裕量，如调过太多，虽然稳定了，但反应速度会变慢。RP_2 一旦整定好，以后不必再进行调整。

(3) 仪表电路。

① 电压、频率表电路。发电机的输出端分别通过熔断器 FU_1~FU_3 接入电压，电流测量换相开关 S_1 的 1、5、7 端子（见附录 14 交流部分），电压表 V 和频率表 Hz 并接后接在 S_1 的 2 和 8 端子之间。通过换相开关 S_1 可选择测量机组任点两相线之间的线电压和频率。

② 电流表电路。发电机组输出端的 U、W 相穿过电流互感器 TA_1~TA_3，TA_1~TA_3 的次级 64、66 端通过功率表阻抗器 I_A^* 与 I_A 和 I_C^* 与 I_C 接到电压/电流测量换相开关 S_1 的 9、13 端子，TA_2 的次级 65 端通过功率因数表 I_A^* 与 I_A 接到电压/电流测量换相开关 S_1 的 17 端子，电流表 A 一端接 S_1 的 12 端子，另一端接电流互感器的公共端子 00 后接 S_1 的 18 端。通过换相开关 S_1 可选择测量机组任一根火线上的输出电流。

换相开关 S_1 在将电流表 74 端接到某一电流互感器非公共端的同时，要保证另两个电流互感器的非公共端通过 S_1 接公共端 00。

(4) 过欠压保护电路。发电机组的过欠压保护电路采用第 4 章介绍的电路板，该电路将过欠压保护电路的 +24V 电源通过保护切除/投入开关 SA_2 的一层触点（102、80）接到 FV 板，这样拨动 SA_2 可方便地控制过欠压保护电路是否工作；另外，该电路中将过欠压保护电路板中的继电器 J_1 的另一组常开触点 J_{1-2}（10、11）用来控制面板上的过欠压指示灯 HL_{12}，当出现过欠压报警值时，控制 HL_{12} 灯亮，进行发电机过欠压灯光报警，同时常开触点 J_{1-1}（14、15）接通外电路继电器 KA_1 电源，KA_1 的常开触点（102、48）接通报警喇叭 HA，进行声音报警（具体工作情形见第 4 章），KA_1 的常闭触点（$1E_2$、$2E_2$）断开，发电机因励磁电路开路而停止发电；KA_1 的常闭触点（91、92）断开，切断发电机输出电路。报警后，将保护切除/投入开关 SA_2 拨到"切除"位置时，发电机组恢复发电。有的电路中，将 KA_1 的一组常开触点并联至（96、97）端，市电有电时，当 KA_1 得电后，就会自动接通市电输出电路中的 KM_2，从而切换为市电供电。

机组启动之前，应将保护切除/投入开关 SA_2 拨到"切除"位置；发电机组电压正常后再将保护切除/投入开关 SA_2 拨到"投入"位置，此时 FV 板投入工作，对发电机端电压进行监测保护。同时，油压低保护电路也接通。

2) 柴油机电路的工作情形

该控制屏内的柴油机电子调速电路由 ESD5500E 型转速控制器、转速传感器 SR、执行器 YA 和怠速/全速开关 SA_4 等组成。

(1) 启动电路。启动前将蓄电池接地开关 JK 接通，电源指示灯 HL_7 亮，将怠速/全速

开关 SA_4 拨向"急速"位置(其触点 53、54 接通,使转速控制器工作在急速状态),将启动/运行/停机开关 SA_5 拨向"启动"位置(101、102 接通,101、103 接通,蓄电池+24V 通过油压低保护继电器 KA_2 的常闭触点(102、50)、超速保护继电器 KA_3 的常闭触点(50、51)和急停按钮 SJ 的常闭触点(51、52)接到转速控制器 DT 的 F 端子,DT 的 E 端子接蓄电池负极,转速控制器 DT 得电),同时按下"启动"按钮 SB_5,这时蓄电池的正极通过熔断器 FU_5、SA_5(101、103)、SB_5(103、23)接到启动继电器 KB_1 的线圈上。KB_1 得电,KB_1 的常开触点(100、40)闭合,起动机 M 上的电磁开关 J 的线圈得电,J 的常开触点闭合,起动机 M 得电带动柴油机运转,转速传感器 SR 向 DT 的 C、D 端送入转速信号,DT 通过 A 和 B 端向执行器 YA 送出油量驱动信号,将柴油机的供油量控制在急速状态。

柴油机启动成功后,松开启动/运行/停机开关 SA_5 和"启动"按钮 SB_5,起动机 M 失电而与柴油机的飞轮分离。SA_5 回到自由状态(101、103 断开,101、102 维持接通)继续给 DT 供电。

急速运行一段时间后,将急速/全速开关 SA_4 拨至"全速"位置(其触点 53 与 54 断开,使转速控制器 DT 的 M 和 G 端子分离,转速控制器工作在全速状态),柴油机进入全速运行。

(2) 预热电路。柴油机预热电路由预热器 PTC、预热开关(带灯)SA_3、预热控制器 YR、预热继电器 KB_2 和气门开关组成,供柴油机在环境温度较低(-41~5℃)、启动困难时使用。

预热器 PTC 采用正温度系数的热敏陶瓷作为发热体,以储热、热交换方式工作,通电时储热,断电后放出热量。结构为同心分布多级串联散热片形式,因而具有热量集中、热效率高、功耗低、结构紧凑、自动恒温、发热体不氧化、寿命长等优点。它安装在柴油机的进气道中。预热控制器 YR 具有声光显示。

需要预热电路工作时,拉出节气阀门手柄(在柴油机顶部),将预热开关 SA_3 接通(按下绿色端),这时预热控制器 YR 通电(YR 的红色线接在+24V,黑色线接在蓄电池负极)开始工作,YR 的白色线和蓝色线之间送出 24V 直流电压,预热开关 SA_3 按钮内部的预热指示灯亮;YR 的绿色线通过内部电路与红色线接通,预热继电器 KB_2 得电工作,KB_2 的常开触点(100、41)接通,预热器 PTC 通电开始储热,预热控制器 YR 设定预热时间为 6min,预热时间结束时,预热指示灯闪烁,预热控制器 YR 内部的蜂鸣器响,这时可以启动柴油机。

柴油机启动成功后应及时将预热开关 SA_3 断开(按下黑色端),并推回节气阀门手柄。预热控制器 YR 设定的预热器断电保护时间为 12min。当预热时间结束后,操作者仍未关闭预热开关 SA_3 达到 12min 时,预热控制器 YR 自动切断预热器 PTC 的总电源,预热控制器内部指示灯停止闪烁转为常亮,以提醒操作者关闭预热开关 SA_3。

(3) 停机电路。

① 正常停机。

拨动急速/全速开关 SA_4 使之在"急速"位置,这时转速控制器的 M 和 G 端子接通,柴油机工作在急速状态。当急速运行一段时间后,将启动/运行/停机开关 SA_5 拨向"停机"位置,这时 SA_5 的接点 102 和与电源 101 端子断开,转速控制器 DT 失电,切断柴油机的供油,柴油机停止运行。

② 紧急停机。当机组发生突发异常情况需要立即停机时,可直接按下控制屏右下方的红色"急停"按钮 SJ。

按下 SJ 后其常闭触点(51、52)断开,转速控制器 DT 失去工作电源,从而切断了柴油机的供油,柴油机停止运行(停机后,应将急停按钮 SJ 顺时针转动一下使其复位,将怠速/全速开关 SA_4 拨向"怠速"位置,将启动/运行/停机开关 SA_5 拨向"停机"位置)。

(4) 保护电路。

① 机油压力低报警停机电路。电路由油压报警开关 BSOP(28、00)、继电器 KA_2 和保护切除/投入开关 SA_2(27、28)组成。

电路的核心元件是油压报警开关 BSOP(28、00),该开关与机油压力传感器一体,当机油压力正常时开关触点断开,当机油压力低于报警值时该开关接通。所以,停机状态时 28 与 00 之间是接通的。

发电机组正常工作时 SA_2 的(27、28)触点接通,若柴油机的机油压力低于停机报警值时,油压报警开关 BSOP(28、00)接通,继电器 KA_2 得电,其常闭触点(102、50)断开,切断柴油机转速控制器 DT 的供电电路,使柴油机停止供油而停机;同时继电器 KA_2 的常开触点(102、48)和(102、46)接通,分别接通报警喇叭 HA 和油压低报警灯 HL_9 进行声光报警。

若将保护切除/投入开关 SA_2 拨到"切除"位置,则油压报警电路被切断而不理会柴油机油压低故障。

② 超速报警停机电路。超速报警停机电路(见附录 14 直流部分)由超速保护板 FR(超速保护板的具体工作情形见第 4 章)、转速传感器 SR 和继电器 KA_3 等组成。

超速保护板的 1、2 端子分别接在 102 和 00 之间,为 24V 直流电源输入端;超速保护板的 3、4 端子接转速传感器两端,3 为转速传感器非接地端,4 为转速传感器的接地端(这里 4 端子的 00 线上标 300 的目的是强调该 00 线必须直接由转速传感器接地端引入);超速保护板的 5、6 端子为超速保护板内继电器的一组常开触点,5 接外部 24V 直流电源,6 接外接超速保护继电器 KA_3 的线圈一端,KA_3 线圈的另一端接 00,KA_3 的常开触点(102、47)串接在超速报警灯 HL_{11} 供电电路中,而常开触点(102、48)串接在报警喇叭 HA 的供电电路中;KA_3 的常闭触点(50、51)串接在转速控制器 DT 的供电电路中。

当发电机组的转速超速并达到报警阈值时,超速保护板 FR 内部继电器的常开触点(5、6)闭合,超速保护继电器 KA_3 线圈得电,KA_3 的常开触点闭合,分别接通报警喇叭 HA 和超速报警灯 HL_{11} 进行声光报警;同时 KA_3 的常闭触点(50、51)断开,切断了柴油机转速控制器的供电电路,柴油机因此而断油停机。

③ 水温高报警电路。水温高报警电路由水温高报警开关 BWT(与水温传感器 SWT 一体)和水温高报警指示灯 HL_{10} 组成。当水温高到报警阈值(98℃)时,与水温传感器 SWT 一体的水温高报警开关(35、00)接通,水温高报警指示灯 HL_{10} 接通电源而发光,进行报警。

④ 充电失败报警电路。充电报警指示灯 HL_8 一端通过熔断器 FU_5 接到 24V 蓄电池的正极,另一端接在充电发电机的充电指示灯接线端子(该端子与充电发电机内部的磁场线圈相接),充电发电机正常发电时该端子有 24V 直流电压输出(给充电发电机的磁场线圈励磁),所以 HL_8 两端没有电位差,充电指示灯 HL_8 不亮表示充电发电机给蓄电池正常充电;当充电发电机不发电或电压过低时,不能给蓄电池充电,这时 HL_8 两端有较大的电位差,有电流流过 HL_8,充电报警指示灯亮,表示蓄电池充电失败。

⑤ 照明电路。HLA_1 和 HLA_2 是前面板上端的直流照明灯,SA_0 是它们的控制开关。要使用照明灯,首先应接通蓄电池的接地开关 JK。

5.2　120GF-W6-2126.4f 型电站电路

120GF-W6-2126.4f 型电站的额定功率为 120kW,额定频率 50Hz,额定转速 1500r/min,输出 400/230V 三相交流电,主要由康明斯 6CTA8.3 型柴油机、SB-W6-120 型三相无刷同步发电机和 P52.28.26a 型控制屏配套组成。

5.2.1　SB-W6-120 型三相无刷同步发电机的导线连接关系

SB-W6-120 型三相无刷同步发电机的结构如第 4 章所述,其导线连接关系如图 5-5 所示。

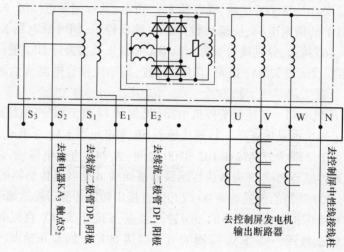

图 5-5　SB-W6-120 型发电机接线图

主发电机的三相交流绕组接成星形后,其三个始端分别接至接线柱 U、V、W,末端接至接线柱 N;U、V、W 导线分别穿过相应的电流互感器后,与控制屏内的发电机供电空气开关相接;N 接至控制屏内中线电抗器接线柱。发电机的三次谐波绕组引出三根线,分别接至接线柱 S_1、S_2 和 S_3(其中 S_3 为中心抽头);交流励磁机的励磁绕组引出两根线,分别接至接线柱 E_1、E_2。早期出厂的发电机接线柱 S_1 和 E_1 由金属片短接(后期在控制屏内用导线短接)。E_1、E_2、S_1、S_2 接至控制屏接线排 JX,其中 E_2、S_1 和 S_2 再分别与续流二极管 DP_1 的阳极、续流二极管 DP_1 的阴极和继电器 KA_3 触点 S_2 相连接。

主发电机励磁绕组和压敏电阻并接后接在旋转整流器的输出端,交流励磁机电枢绕组接成星形后与旋转整流器的对应输入端相连。

5.2.2　P52.28.26a 型控制屏

1. 控制屏的结构及面板上各元件的作用

1) 控制屏的结构

控制屏的面板如图 5-6 所示,面板上有:仪表、转换开关、故障预警指示灯 HL_7、故障报警指示灯 HL_8、绝缘监视指示灯 $HL_2 \sim HL_4$、柴油机急停按钮 SJ_1、备用/常用钮子开关 SA_3、柴油机转速微调电位器 RP_3 以及 30TP-2 型柴油发动机控制器(TP 表)。

控制屏的左面板上装有：1、2#励磁调节器 DTW5 的整定电压调节电位器 RP_1，1、2#励磁调节器选择钮子开关 SA5，盆形喇叭 HA，航空插座 CZ_3 和接地端子，如图 5-7 所示。

控制屏的右面板上装有：发电供电指示灯 HL_6，交流 220V 插座 XS_2，直流 24V 插座 XS_1，开有发电机输出开关手柄孔，如图 5-8 所示。

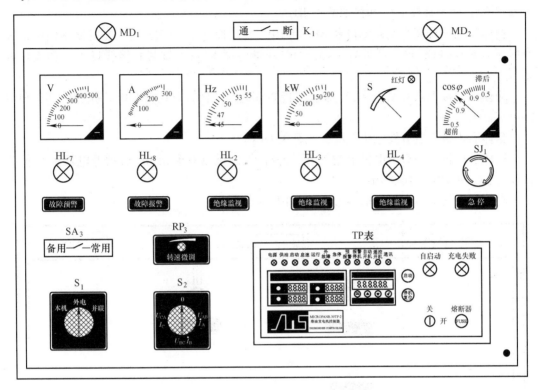

图 5-6　P52.28.26a 型控制屏面板图

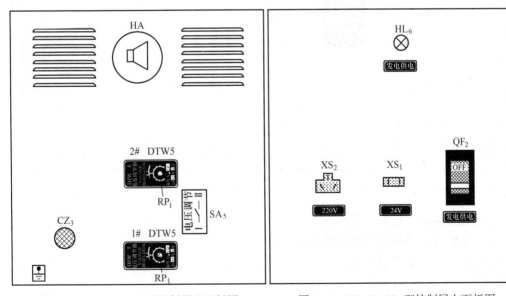

图 5-7　P52.28.26a 型控制屏左面板图　　图 5-8　P52.28.26a 型控制屏右面板图

控制屏的后面板上装有：市电供电指示灯 HL_5，市电相序指示灯 HL_1，开有市电输出开关手柄孔，如图 5-9 所示。控制屏前、右、后面板分别经铰链和两个螺钉固定在箱体上，用手拧松螺钉可将面板打开，打开面板后即可看到各元件位置和接线标号。

箱体内左侧板上装有：盆形喇叭 HA，1#、2#励磁调节器 DTW5，1#、2#励磁调节器选择钮子开关 SA_5、航空插座 CZ_3 和接地端子 JD。

箱体正面上排装有调差电位器 RP_1 和 RP_2、转速控制器、过欠压保护电路板 FV；中排装有熔断器 $FU_1 \sim FU_8$、继电器 $KA_1 \sim KA_6$ 和时间继电器 KT_1；下排装有接线排 JX_1 和瓷管电阻 R_f。

箱体前底板上装有接线排 JX、续流二极管和起励二极管单元板 LBB（励磁整流板）和中线电抗器 L。

箱体右内板上装有发电机供电空气开关 QF_2。

箱体后内板上装有市电供电空气开关 QF_1、控制继电器单元 JB（启动继电器板）、负载接线排 JX_2 和功率变换器 PB。

箱体后底板上装有滤波电容 $C_1 \sim C_4$ 和中性线接线柱。

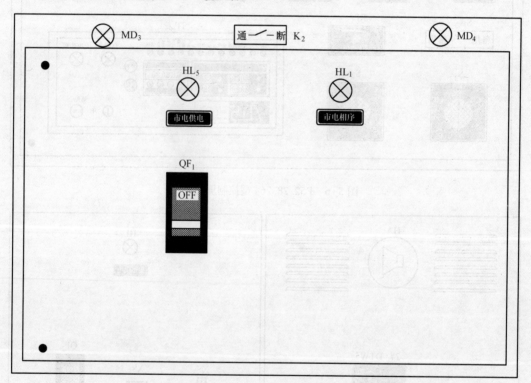

图 5-9　P52.28.26a 型控制屏后侧面板图

2）控制屏面板上各元件的作用

电压表 V：显示本机或外电的线电压。

电流表 A：显示本机输出电流。

频率表 Hz：显示本机或外电的频率。

功率表 kW：显示本机输出功率。

同步表 S：电站并联前，显示本机三相电与母线电压的相位是否同步，借以掌握并机时机。其右侧上部的指示灯用于显示本机三相电的相序是否正确。

功率因数表 $\cos\varphi$：显示本机所带负载的功率因数。

柴油机故障预警指示灯 HL_7：该指示灯亮表明柴油机出现故障但不需要停机。

综合故障报警指示灯 HL_8：该指示灯亮表明柴油机出现故障需立即停机或发电机出现故障需灭磁。

绝缘监视指示灯 $HL_2 \sim HL_4$：监视发电机三相交流绕组和输出电路的绝缘状况，灯亮表示此相绝缘正常。

柴油机急停按钮 SJ_1：按下该按钮柴油机紧急停机，按钮同时自锁，顺时针旋转该按钮的复位。

柴油机监控方式选择钮子开关 SA_3：选择"常用"时，由 TP 表监控；选择"备用"时，由备用控制仪表板(图 5-10)监控。

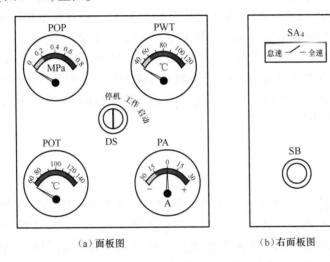

(a) 面板图　　　　　　　(b) 右面板图

图 5-10　120GF-W6-2126.4 型电站备用控制仪表板

转速微调电位器 RP_3：微调柴油机的转速，即改变发电机输出电压的频率。

测量状态转换开关 S_1：根据机组工作状态选择仪表测量电源和无功功率均衡电路工作状态。

三相电压电流检测转换开关 S_2：用以检查三相交流电任意两相之间的线电压和任意一相的线电流。

励磁调节器选择钮子开关 SA_5：本机组线路中采用双励磁调节器在线式备用。通过该开关选择，任选一个为主用，另一个为备用。

发电供电指示灯 HL_6：该指示灯亮表示本机组正在供电。

市电供电指示灯 HL_5：该指示灯亮表示市电正在供电。

市电相序指示灯 HL_1：指示市电接入相序是否正确，灯亮表示正确。

2. 控制屏电路

P52.28.26a 型控制屏主要由输出电路、调压电路、仪表电路、过欠压保护电路、启动电路、转速控制电路等部分组成，电路接线见附录 15，交流部分电路原理见附录 16，直流部分电路原理见附录17。

1）发电机电路的工作情形

（1）输出电路。

① 发电机输出电路。

发电机发电时,合上发电机供电空气开关 QF_2（见附录16),发电机的电能经空气开关 QF_2 送往负载母线 R_1、S_1、T_1。这时发电供电指示灯 HL_6 亮。在 QF_2 接通的同时,QF_2 的辅助触点(T_1、43)接通,将市电供电空气开关 QF_1 的脱扣线圈并接在发电机的1、3相之间,使市电供电空气开关 QF_1 处于无法合闸状态,从而防止市电供电空气开关 QF_1 合闸,造成事故。

② 市电输出电路。

有市电时,合上市电供电空气开关 QF_1（见图5-14）,市电便经市电供电空气开关 QF_1 送往负载母线 R_1、S_1、T_1,这时市电供电指示灯 HL_5 亮。在 QF_1 接通的同时,QF_1 的辅助触点(T_1、44)接通,将 QF_2 的脱扣线圈并接在市电的1、3相之间,使发电机供电空气开关 QF_2 处于无法合闸状态,防止发电机供电空气开关 QF_2 这时合闸,造成事故。

由上可见,市电供电空气开关 QF_1 和发电机供电空气开关 QF_2 通过脱扣线圈和辅助触点互锁,当其中一个开关合上时,另一个开关将处于脱扣状态。但通过这种方法互锁的开关并不完全可靠,为防止因互锁电路故障而造成事故,当 QF_1 和 QF_2 任一开关合闸之前一定要确认另一开关是否处于分断位置。

（2）调压电路。

励磁电路如下：

① 主励磁电路。

主励磁电路由提供励磁电源的三次谐波绕组 SQ,交流励磁机的励磁绕组 EQ,晶闸管 VC,1、2#励磁调节器转换钮子开关 SA_5,过欠压保护继电器 KA_3 的常闭触点（S_2、39）,续流二极管 DP_1,浪涌电流吸收电阻 R 和整流、起励二极管 DP_2 等组成（见附录16）。

三次谐波绕组 SQ 的 S_1 端为正时,电流流向为 $S_1 \to EQ \to DP_2 \to SA_5(1E_2、37) \to VC$（导通时）$\to SA_5(35、39) \to KA_3$ 的常闭触点（39、S_2）→三次谐波绕组 SQ 的 S_2 端；当三次谐波绕组 SQ 的 S_2 端为正时,VC 被加上反向阳极电压而阻断,EQ 中产生的自感电流经续流二极管 DP_1 构成回路,故励磁绕组 EQ 中流过的是连续不断的直流电流。

② 起励电路。由于发电机剩磁电压较低,励磁调节器电路内的晶体管无法导通,晶闸管无法获得触发脉冲,所以发电机不会自励建压。起励电路由起励继电器 KA_4、二极管 DP_2 组成。

在发电机起励过程中,由于发电机的输出电压较低,KA_4 不动作,其常闭触点（39、$1E_2$）将励磁电阻 R_f 短路,使得起励电流较大,发电机的电压建立过程大大缩短；当发电机的电压接近额定值时,继电器 KA_4 线圈得电,其常闭触点断开,起励过程结束。

自动调压的工作过程如下：

本控制屏采用了第4章介绍的 DTW_5 型励磁调节器,该调节器通过熔断器 $FU_1 \sim FU_3$ 接在发电机输出端,其工作过程见第4章相关内容。

（3）并联电路。

为保证不断电换机时的工作正常、可靠,控制屏内装有并联供电电路,它由同步表电路和无功功率均衡电路两部分组成。为减小并联供电时的中性线电流和抑制相电压中的三次谐波输出,在发电机的中性线输出回路中串联了一个中线电抗器 L。

① 同步表电路。

两部同步发电机并联向负载供电,必须具备输出电压大小相等、相位相同、频率相同、波形相同、三相电的相序相同这五个条件。

波形和相序这两个条件可事先人为使之满足,在并机时只要观察前三个条件即可。电压和频率这两个条件可以利用电压表和频率表来观察;为观察将要并联供电的两部发电机的电压相位是否相同,该控制屏装有同步表 S(图 5-11)。

图 5-11　同步表表头

同步表 S 的 A_0、B_0 连接在已供电机组的火线(母线)R_1、S_1 端,A、B、C 连接在并联供电机组的火线 U、V、W 端(见附录 16),当两台发电机的电压相同、频率相同、相位相同时,同步表的指针满偏。这时应迅速合上待供电机组供电开关 QF_2。

② 无功功率均衡电路。

无功功率均衡电路(见附录 16)由电流互感器 $LH_4(LH_5)$、电位器 $RP_1(RP_2)$ 和测量状态转换开关 S_1 的 13、14(15、16)层触点组成。发电机的 B 相输出电路穿过电流互感器 LH_4 (LH_5),$LH_4(LH_5)$ 次级绕组电压 U_{Ib} 由电位器 $RP_1(RP_2)$ 两端引出,并联供电时 S_1 的 13、14 (15、16)层触点断开,电流互感器次级电压分别与测量变压器 B 次级绕组 C 相电压串联后,加在三相桥式整流器 $D_{1\sim6}$ 的 1、3 和 3、2 端(参见第 4 章)。以 3、2 端为例,由电路连接状态可见,$D_{1\sim6}$ 的 3、2 端输入电压 $\dot{U}_{3,2} = \dot{U}_c + \dot{U}_{Ib}$。其相量图如图 5-12 所示,其中 $\dot{U}_c$ 与发电机的 C 相电压同相,而 $\dot{U}_{Ib}$ 与发电机 B 相输出电流的相位同相,其大小和相位由负载决定。

设发电机并联供电时,功率因数等于 1,即负载是纯电阻性。这时发电机输出电流与输出电压同相,电流互感器 $LH_4(LH_5)$ 次级电压 $\dot{U}_{Ib}$ 与 $\dot{U}_b$ 同相,$\dot{U}_{Ib}$ 与 $\dot{U}_c$ 相差 120°,整流器 $D_{1\sim6}$ 的 3、2 端获得的合成电压 $\dot{U}_{3,2} = \dot{U}_c + \dot{U}_{Ib}$。由于 $\dot{U}_{Ib}$ 的绝对值很小,而且与 $\dot{U}_c$ 的相位差为 120°,所以 $\dot{U}_{Ib}$ 对 $\dot{U}_{3,2}$ 的影响很小,$\dot{U}_{3,2} \approx \dot{U}_c$(见图 5-12(a)),对电压测量电路的输入电压基本没有影响。

假设发电机的负载是纯感性时,发电机输出电流滞后电压 90°。此时,电流互感器 LH_4 (LH_5)次级电压 $\dot{U}_{Ib}$ 滞后 $\dot{U}_b$ 90°,$\dot{U}_{Ib}$ 与 $\dot{U}_c$ 的相位差只有 30°,整流器 $D_{1\sim6}$ 的 3、2 端获得的合成电压 $\dot{U}_{3,2} = \dot{U}_c + \dot{U}_{Ib}$,这时的 $\dot{U}_{3,2}$ 明显大于 $\dot{U}_c$,见图 5-12(b),使电压测量电路的输入电压增大,使晶闸管滞后导通,发电机励磁电流减小,本发电机输出的感性电流随之减少。纯容性负载的分析方法同上,结果是整流器 $D_{1\sim6}$ 的 3、2 端获得的合成电压 $\dot{U}_{3,2}$ 明显减小。

无功功率均衡电路必须按电路图中的同名端连接正确,否则并联调差将引起混乱。检查该电路连接是否正确,可采用以下方式:当发电机单机在额定负载(功率因数等于 0.8 滞后)时,使 $RP_1(RP_2)$ 电阻值从 0 调到最大,发电机输出电压应能从 400V 下降到 380V 以下。如果发电机的电压反而从 400V 上升到 420V 以上,请对换电流互感器 $LH_4(LH_5)$ 次级绕组的两根导线。

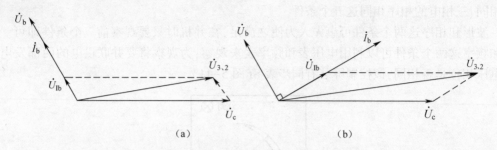

图 5-12 无功功率均衡电路

③ 机组并联供电时的操作。

机组并联前的准备:

检查两台机组的输出线与母线之间的连接是否牢靠、相序是否正确。

检查两台机组的中性线是否连接牢靠。

按单机发电运行方式,对参加并联运行各机组的柴油机分别调整控制屏面板上的转速微调电位器 RP_3,使机组在额定有功功率下运行平稳,频率一致。

按单机发电运行方式,对参加并联运行的各机组的发电机分别整定其无功调节器的调差电位器 RP_1、RP_2(在控制屏内,与励磁调节器一一对应),使机组在额定功率因数 0.8 滞后的额定负载下,电压下降值为额定电压的 3% 左右,但对 $\cos\varphi = 1.0$ 的负载,电压应该不下降,此项出厂时已调整好,用户一般不必调整。

为使两台机组能够进行并联供电,除了要满足前面所述条件外,还应满足以下特定条件:原动机调速特性必须相近和电压调节特性必须相近。

机组的并联和负载的转移方法如下:

以上各项准备工作及调试检查达到满意的结果后,发电机组即可投入正常的并联运行。

检查两台机组的发电机供电空气开关 QF_2 是否处于分断(OFF)状态,如处于合(ON)状态,用手将其扳到分断状态。

启动 A 机组,使转速及电压为额定值,合上该机组发电机供电空气开关 QF_2,同时带负载,待稳定后将测量状态转换开关 S_1 由"本机"位置,转向"并联"位置。

启动 B 机组,调节转速及电压(分别调节 B 机组的转速微调电位器和励磁调节器上的电位器可改变转速及电压),使 B 机组的频率、电压分别与 A 机组相等,注意此时 B 机组的发电机供电空气开关 QF_2 应处于分断(OFF)状态。

观察 B 机组的电压和频率是否与 A 机组相同,在 B 机组上操作时测量状态转换开关 S_1 转至"本机"位置时所观察的为 B 机组电参数,"外电"位置时所观察的为 A 机组电参数,当参数一致时,将 B 机组的测量状态转换开关 S_1 转至"并联"挡,同时观察同步表,当同步表的指针摆动较慢且满偏时,迅速将机组发电机供电空气开关 QF_2 接通,此时两台机组处于并联运行状态。

缓慢调节 B 机组的转速微调电位器 RP_3,向速度升高方向稍微调一些,将 A 机组的负载缓慢向 B 机组转移,同时观察电流表、功率表和功率因数表,注意负载的变化情况。如要两机组并联运行,则将 A 机组的负载转移 50% 到 B 机组;如果要换电,将 A 机组的负载转移 50%~60% 到 B 机组(若 B 机组没有并联上,则应迅速将 B 机组的发电机供电空气开关 QF_2 断开,按照以上步骤重新再进行并联)。

当 A 机组 50%~60% 的负载转移到 B 机组上时,缓慢调节 A 机组的转速微调电位器 RP_3,向转速降低方向调,将 A 机组的负载全部转移到 B 机组上,然后断开 A 机组的发电机供电空气开关 QF_2,此时负载转移完毕,并联换电结束,关闭 A 机组。

(4) 过欠压保护电路。

过欠压保护电路(见附录 16)由过欠压保护板 FV、外围继电器 KA_5 和执行继电器 KA_3 组成。

当发电机或市电输出电压给负载正常供电时,继电器 KA_5 的线圈得电,KA_5 的常闭触点(101、40)接通,过欠压保护板得到工作电压。

当发电机或市电的输出电压升高(过压)或降低(欠压)时,继电器 KA_3 获得 24V 工作电压,其常开触点(T_1、44)和(T_1、43)接通,QF_1、QF_2 脱扣线圈得电,QF_1、QF_2 断开,从而保护了负载;KA_3 的常闭触点(S_2、39)断开,使发电机灭磁,发电机停止发电,从而保护了发电机及其控制屏元件。KA_3 还有一组常开触点(101、83)同时接通,将电喇叭 HA 和综合报警指示灯 HL_8 回路接通,进行声、光报警(见附录 17)。

该电路保护后,即使停机,电路也无法自行复位,如要解除保护,必须将过欠压保护电路板上的保护切除/投入开关 KS 扳到右边"OFF"挡几秒钟,才能使电路复位。

(5) 仪表电路。

① 电压表电路。本机发电时,将测量状态转换开关 S_1 转至"本机"位置,转动电压、电流表换相开关 S_2,便可以检查本机任意两相之间的线电压。

如将 S_2 转至"U_{AB}"(→)位置时,电压表便经开关 S_2、S_1 并接在发电机 U、V 相之间,以检查 U、V 相之间的线电压。设 U 相为正时,电流便流经发电机第 U 相绕组→接点 U→熔断器 FU_1→S_1 的触点组(7、8)接通→S_2 的接点 21→S_2 的触点组(7、8)接通→电压表(频率表)的 25 接点→电压表(频率表)的 24 接点→S_2 的触点组(5、6)接通→S_1 的 22 接点→S_1 的触点组(9、10)接通→接点 12→熔断器 FU_2→发电机 V 相绕组。

若将 S_2 转至"U_{BC}"(↓)位置时,则检查 V、W 相之间的线电压。设 V 相为正时,电流便流经发电机 V 相绕组→接点 V→熔断器 FU_2→S_1 的触点组(9、10)接通→S_2 的接点 22→S_2 的触点组(5、6)接通→电压表(频率表)的 24 接点→电压表(频率表)的 25 接点→S_2 的触点组(3、4)接通→S_1 的 23 接点→S_1 的触点组(11、12)接通→接点 13→熔断器 FU_3→发电机 W 相绕组。

若将 S_2 转至"U_{CA}"(←)位置时,则检查 U、W 相之间的线电压(见附录 16 中 S_2 触点状态表)。

当测量状态转换开关 S_1 转至"外电"位置(见附录 16 中 S_1 触点状态表),转动 S_2 便可测量市电任意两相之间的线电压。

② 电流表电路。

三相电流的测量采用一个电流表,通过换相开关 S_2 选择测量发电机的三相输出电流。发电机各相输出电路穿过电流互感器 $LH_1 \sim LH_3$,互感器的次级公共端接地(接点 00)。

当 S_2 转至"I_A"(→)位置时,电流互感器 LH_1 的次级电流便经 S_2 流过电流表的表头。设 LH_1 的 30 接点为正时,电流流向为 LH_1 的 30→功率变换器 $I_A^* \to I_A \to S_2$ 的 29 接点→S_2 触点组(11、12)通→电流表 26 接点→电流表→00 接点→LH_1 的 00 接点。

当 S_2 转至"I_B"(↓)位置时,电流互感器 LH_2 的次级电流便经 S_2 流过电流表的表头。设 LH_2 的 31 接点为正时,电流流向为 LH_2 的 31→功率因数表 $I_A \to I_A^* \to S_2$ 的 27 接点→S_2 触点组(19、20)通→电流表 26 接点→电流表→00 接点→LH_2 的 00 接点。

当 S_2 转至"I_C"(←)位置时,电流互感器 LH_3 的次级电流便经 S_2 流过电流表的表头。设 LH_3 的 32 接点为正时,电流流向为 LH_3 的 32→功率变换器 $I_C^* \to I_C \to S_2$ 的 28 接点→S_2 触点组(15、16)通→电流表 26 接点→电流表→00 接点→LH_3 的 00 接点。

由 S_2 触点状态表可见,当测量某一相电流时,另两相电流互感器的次级绕组被 S_2 的触点短接到 00 接点。因为一是电流互感器的次级严禁开路,否则会产生很高的电动势,击穿电流互感器次级绕组损坏电路元件;二是保证功率表和功率因数表获得正常的测量电流。

③ 频率表电路。

频率表与电压表并联,通过 S_1 转换测量本机或外电的频率。

④ 功率表电路。

功率表由表头和功率变换器两个部分组成。功率变换器输入三相电压 U_A、U_B、U_C 和两个线电流 I_A、I_C,在连接输入的电流、电压信号时,要按图中的同名端要求连接,否则将不能正确测量本机输出的功率。

⑤ 功率因数表电路。

功率因数表的作用是测量本机所带负载的功率因数,并联供电时可通过该表观察本机输出的无功功率的大小。表头输入本机两个相电压 U_A、U_C 和一个线电流 I_B,U_A 接表头的 B 接点,U_C 接表头的 C 接点,电流互感器 LH_2 的 31 接点和表头 I_A 接点相接,表头另一接点 I_A^* 接 S_2 的 27 接点(电路的连接并没有按照表头上的标记连接,但连接的相位关系并没有改变)。

⑥ 同步表电路。

同步表电路的作用在并联供电电路中已作阐述,这里需要强调的是同步表的接线,必须按表头的要求一一对应。如接错非但不能正常指示,还可能在并机时引起误操作而造成事故。

(6)指示灯电路。

① 发电供电指示灯 HL_6,两端分别接在母线的 R_1、T_1 相上,合上 QF_2 后 HL_6 跨接在发电机的 U、W 相之间,HL_6 亮说明负载端电源由发电机提供。

② 市电供电指示灯 HL_5,两端分别接在母线的 R_1、T_1 相上,合上 QF_1 后 HL_5 跨接在市电的 U_1、W_1 相之间,HL_5 亮说明负载端电源由市电提供。

③ 三相绝缘监视指示灯 $HL_2 \sim HL_4$,分别接在发电机三相电的输出端和机壳之间,正常时 $HL_2 \sim HL_4$ 亮,当发电机的三相绕组绝缘损坏时损坏的那相绕组所对应的灯不亮(氖灯)。

④ 市电相序指示灯 HL_1,用来监视市电输入相序是否正确,正确时 HL_1 灯亮;反之灯灭,这时应将市电任意两根火线互换接入。

(7) 插座电路。

交流三眼单相插座 XS_2,接在母线的 T_1 相和中线 N 之间,无论市电还是发电机向负载供电时,XS_2 都有 220V 的交流电能输出。

2) 柴油机电路的工作情形

柴油机电路主要由 TP 表、转速控制器 DT、转速传感器 ZSG、电磁执行器 YA、水温传感器 SWG、油温传感器 YWG、油压传感器 YYG、转速微调电位器 RP_3、启动继电器板 JB、时间继电器 KT_1、备用/常用钮子开关 SA_3、急停按钮 SJ_1 等组成,电路原理(直流部分)如附录 17 所示。

(1) 启动电路的工作情形。

接通电源接地开关 K,按下 TP 表上的启动按钮(启动是一个点操作动作,无须长时间按住),TP 表的 2 端子输入低电平,触发 TP 表进入启动状态;端子 6(106)、7(107)输出低电平,使继电器 J_2、J_3 获得工作电压。J_3 的常开触点(101、90)接通,转速控制器 DT 得电;同时 J_2 的常开触点(101、76)接通,使启动继电器 RS_1 得电吸合,常开触点 RS_1(100、74)接通。起动机 M 上的电磁开关 J 的线圈得电,J 的常开触点闭合,起动机 M 得电带动柴油机运转。转速传感器 ZSG 从柴油机飞轮上读取转速信号,送至转速控制器 DT,DT 收到柴油机转速信号后开始工作,这时 DT 的 G 和 M 端子通过时间继电器 KT_1 的常闭触点(99、92)接通,M 端子输入低电平,DT 工作在怠速状态,DT 驱动电磁执行器 YA,将柴油机油门拉杆置于怠速供油位置。

当柴油机的转速超过 300r/min 时,TP 表结束启动过程,端子 6 的低电平消失,106 端变为高电平。J_2 失电,触点(101、76)断开,启动继电器 RS_1 失电断开,起动机失电,起动机与柴油机飞轮分离,柴油机启动成功,进入怠速运行。在启动过程中,TP 表进入延时监控阶段,TP 表根据所设定的延时监控时间进行延时变化,延时时间结束后,TP 表进入运行阶段。TP 表的端子 5 送出低电平,继电器 KA_6 得电,其常开触点(81、00)接通,触发时间继电器 KT_1 立即动作,其常闭触点(99、92)断开,DT 的 M 端子失去低电平。DT 进入全速工作状态,送出大电流驱动电磁执行器 YA,将柴油机油门拉杆置于全速位置,这时柴油机进入全速运行状态。当需要微调柴油机转速时,可调整控制屏面板上的转速微调电位器 RP_3,其调整范围约为 ±100r/min。

KT_1 的常开触点(107、00)接通,使 107 端子可靠地维持低电平,以保证 DT 的电源供电可靠。

当系统启动失败后,系统会自己控制循环进行 5 次启动,若 5 次启动不成功,系统报警,不再进行启动操作。

(2) 监控与保护电路的工作情形。

这部分电路由 TP 表,控制器 DT,转速传感器 ZSG,机油压力传感器 YYG_1,水温传感器 SWG_1,继电器 J_1、KT_1、KA_1、KA_2、KA_6,故障喇叭 HA,预报警灯 HL_7,报警灯 HL_8,充电失败指示灯,紧急停机按钮 SJ_1 等组成,电路原理见附录 17。

(1) 监控电路。

① 监测电路。

在启动完成到运行期间,TP 表将转速传感器 ZSG、机油压力传感器 YYG_1、水温传感器 SWG_1 以及蓄电池送来的信号,处理后在 TP 表上显示柴油机转速、水温、机油压力及蓄电池电压。当充电发电机工作时,充电失败指示灯的两端因无电位差而熄灭,表明充电发电机工作正常。

② 停机控制电路。

正常停机:按下 TP 表面板上的停机复位按钮,TP 表收到停机信号后按设定进入关机程序,端子 5 由低电平变为高电平,KA_6 的线圈失电。时间继电器 KT_1 因工作在"D"模式下,当 KA_6 触点(81、00)断开,经过延时后,KT_1 的触点(99、92)接通,柴油机工作在急速状态下,KT_1 的常开触点(107、00)断开。当 TP 表的怠速运行时间结束后,其端子 7 由低电平变成高电平,继电器 J_3 失电,J_3 的触点(101、90)断开,DT 失电,电磁执行器 YA 失电,在复位弹簧的作用下,关闭柴油机的油门,柴油机停机(由此可见,该电路中的时间继电器 KT_1 出现故障时,可用继电器 KA_6 的一个常闭触点接在 DT 的 G 和 M 端子之间即可)。

紧急停机:常用系统运行时,按下紧急停机按钮 SJ_1,电站经过 KT_1 设置的延时后才停机。该按钮较大,而且醒目,便于操作。另外,该按钮有自锁功能,按下后处于自锁状态,顺时针旋转时复位。

(2) 保护电路。

① 当系统得电进入启动操作后,TP 表对机组参数的检测与保护会根据事前设定延时进行,以避开柴油机启动过程的误检与误保护。

② 当水温高时,TP 表检测到水温传感器 SWG_1 的阻抗减小,TP 表使预报警端子 8 变为低电平,KA_1 得电,其触点(101、82)接通,故障预报警灯 HL_7 亮,但并不停机;当 TP 表检测到水温升高到设定的报警值时,TP 表使报警端子 17 变为低电平,使 KA_2 得电,其触点(101、83)接通,报警灯 HL_8 亮,电喇叭 HA 响,TP 同时进入停机程序,关闭柴油机。TP 表显示相应故障代码。

③ 当柴油机的机油压力低时,TP 表检测到机油压力传感器 YYG_1 的阻抗减小达到报警值后,TP 表使预报警、报警端子 8 和 17 变为低电平,KA_1、KA_2 得电,此时故障预报警灯 HL_7 及故障报警灯 HL_8 亮,电喇叭 HA 响,TP 表同时进入停机程序,关闭柴油机。TP 表显示相应故障代码。

④ 当蓄电池电压过高或过低时,TP 表通过端子 3 检测后也会发出预报警信号(使 TP 表 8 端子产生低电位),故障预报警灯 HL_7 亮,TP 表显示相应故障代码,但不停机。

⑤ 当柴油机转速过高时,TP 表检测到转速传感器输入到端子 10 的脉冲频率升高,TP 表使预报警、报警端子 8 和 17 变为低电平,接通预报警、报警电路,此时故障预警灯 HL_7 及故障报警灯 HL_8 亮,电喇叭 HA 响,TP 表同时进入停机程序,关闭柴油机。TP 表显示相应故障代码。

(3) 应急控制电路。

该电路作为机组的应急系统,主要由水温表 PWT、油压表 POP、油温表 POT、充电电流表 PA、电钥匙开关 DS、常用/备用钮子开关 SA_3、怠速/全速开关 SA_4 及预热按钮 SB 组成。

启动:将控制屏上 TP 表的电源开关断开并将"常用/备用"钮子开关 SA_3 扳至"备用"

位置(这时 DT 的 M 端子通过 SA$_3$ 与急速/全速开关 SA$_4$ 一端相连),将备用控制仪表板上的急速/全速开关 SA$_4$ 扳到"急速"位置(这时 DT 的 M 端子与 G 端子相连为低电平),电钥匙开关 DS 旋转到"工作"位置,接点①②接通,这时转速控制器 DT 通过急停按钮 SJ$_1$ 常闭触点(90、77)和电钥匙开关 DS(①②)得电。观察备用控制仪表板上的各仪表参数,如各仪表指示值正常则将电钥匙开关 DS 转到启动位置,接点①②③接通,RS$_1$ 得电,启动机工作,将转速传感器信号送入转速控制器 DT,DT 将柴油机油门拉在急速状态启动柴油机,柴油机启动后松开 DS,电钥匙开关 DS 自行复位至"工作"位置,此时柴油机进入急速运行状态。将急速/全速开关 SA$_4$ 扳至"全速"位置,SA$_4$ 将 DT 的 M 端子与 G 端子断开,柴油机工作在"全速"状态。

预热:如果天气太冷,机器需要预热,在将电钥匙开关 DS 转到启动位置的同时,按下预热按钮 SB,预热继电器 RS$_2$ 得电,其常开触点 RS$_2$ 接通,使控制乙醚流出的电磁阀 YR 打开,将乙醚喷入柴油机的汽缸,由于乙醚容易燃烧从而使得柴油机容易启动。按下预热按钮的时间不得超过 3s,否则会损坏电磁阀 YR 的线圈。

停机:先将急速/全速开关 SA$_4$ 扳至"急速"位置,然后将电钥匙开关 DS 转到"停机"位置,转速控制器 DT 失电,在电磁执行器复位弹簧的作用下,柴油机油门关闭停机。备用系统运行时,按下紧急停机按钮 SJ$_1$,电站立即停机。

(4)照明电路。

控制屏前面板上方装有照明灯 MD$_1$、MD$_2$,照明开关 K$_1$,后面板上方装有照明灯 MD$_3$、MD$_4$,照明开关 K$_2$。前、后面板照明灯的电源由 24V 蓄电池通过熔断器 FU$_8$ 提供。

5.3 120GF-H615-03C 型电站电路

120GF-H615-03C 型电站额定功率为 120kW,额定频率 50Hz,额定转速 1500r/min,根据发电机三相电枢绕组连接方式的不同,可输出 110V、400V 等多种三相交流电,主要由斯太尔(STEYR)WD615.64 型柴油机、LSG35S6 型三相无刷同步发电机和 PF161 型控制屏(或 P120KW02 型控制屏)配套组成。

5.3.1 LSG35S6 型三相无刷同步发电机的导线连接关系

LSG35S6 型三相无刷同步发电机的结构如第 4 章所述,导线连接如图 5-13 所示。

该发电机的三相交流绕组每相绕了两个绕组,发电机的 A 相两绕组为 T$_1$、T$_4$ 和 T$_7$、T$_{10}$,B 相两绕组为 T$_2$、T$_5$ 和 T$_8$、T$_{11}$,C 相两绕组为 T$_3$、T$_6$ 和 T$_9$、T$_{12}$(T$_1$、T$_2$、T$_3$、T$_7$、T$_8$、T$_9$ 同为始端,T$_4$、T$_5$、T$_6$、T$_{10}$、T$_{11}$、T$_{12}$ 同为末端)。三相绕组的 T$_1$、T$_2$、T$_3$ 端子接往发电机接线板上的 L$_1$、L$_2$、L$_3$ 端子;T$_4$ 和 T$_7$、T$_5$ 和 T$_8$、T$_6$ 和 T$_9$ 端子分别通过发电机接线板的端子相连接;T$_{10}$ 首先穿过电流互感器 LH$_4$,然后与 T$_{11}$、T$_{12}$ 端子接在一起,通过短路片与发电机中性线 N 端子相连。

发电机励磁绕组与压敏电阻并联后和旋转整流器的输出端相连。交流励磁机的三相绕组接成星形后与旋转整流器的输入端相连。

发电机接线端子板上的 L$_1$、L$_2$、L$_3$ 端子上三根粗线接往控制屏内的发电机输出开关;N 端子上的一根粗线接往控制屏的中性线接线板。

发电机接线端子板上 L_2、L_3、T_8 和 T_{11} 端子上各引出一根细线,其线编号分别为 380V、0V、X_1 和 X_2,分别接往发电机励磁调节器 R448 的对应端子。380V 和 0V 作为电压测量信号;X_1 和 X_2 作为励磁电源。

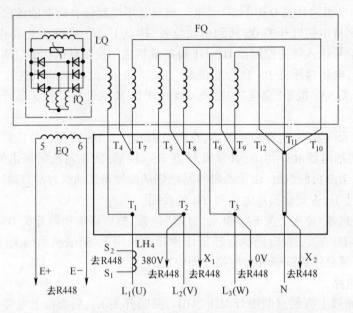

图 5-13　LSG35S6 型三相无刷同步发电机的接线图

电流互感器 LH_4 次级两根线接励磁调节器 R448 的 S_1 和 S_2 端子。交流励磁机的励磁绕组两个线端 5 和 6,直接接往发电机励磁调节器 R448 的 E+、E-端子。

5.3.2　PF161 型控制屏

120GF-H615-03C 型电站的柴油机和发电机安装在同一机架上,PF161 型控制屏独立放置。控制屏采用 3 根多芯电缆和 4 根连接线与发电机、柴油机的电气部分相连接。

1. 控制屏的结构及面板上各元件的作用

1) 控制屏的结构

控制屏的面板如图 5-14 所示。控制屏上部左面板上装有仪表、转换开关、电位器、按钮。市电合闸指示灯 HL_3 装在"市电合闸"按钮 SB_2 内,机组合闸指示灯 HL_1 装在"机组合闸"按钮 SB_4 内,音响解除指示灯 HL_{12} 装在"音响解除"按钮 SB_7 内,燃油补加指示灯 HL_{13} 装在"燃油补加"按钮 SB_6 内。控制屏上部右面板上装有各类指示灯、控制开关、柴油机状态参数显示板。控制屏面板下部有一个直流开关和四个交流输出开关的操作手柄孔。

打开控制屏的上、下面板,即可看到元件位置和接线标号。控制屏的正面上方依次装有发电机综合监控器(RT409 型监控器)、柴油机监控器(S2001 型监控仪)、控制继电器 K_5、K_6、K_8、K_{11},交流接触器 KM_1、K_7,控制继电器 K_1、K_2、K_3、K_4、K_9、K_{12}、K_{13}、单相桥式整流器 VD、温度控制器 KT、控制继电器 K_{10};中部依次装有母线 N 接线板、市电开关 QN、机组开关 QR、三相母线及电流互感器 $LH_1 \sim LH_3$、熔断器 $FU_1 \sim FU_{15}$、同步信号变换器 PY、输入插座 $X_0 \sim X_2$;下部依次装有直流电源控制开关 Q_7、交流输出开关 $Q_1 \sim Q_4$;底部装有接线排。控制屏内右侧装有同步检测自动合闸电路板 APY、空间加热器 EH_1、EH_3、电铃 HA、接线端子。

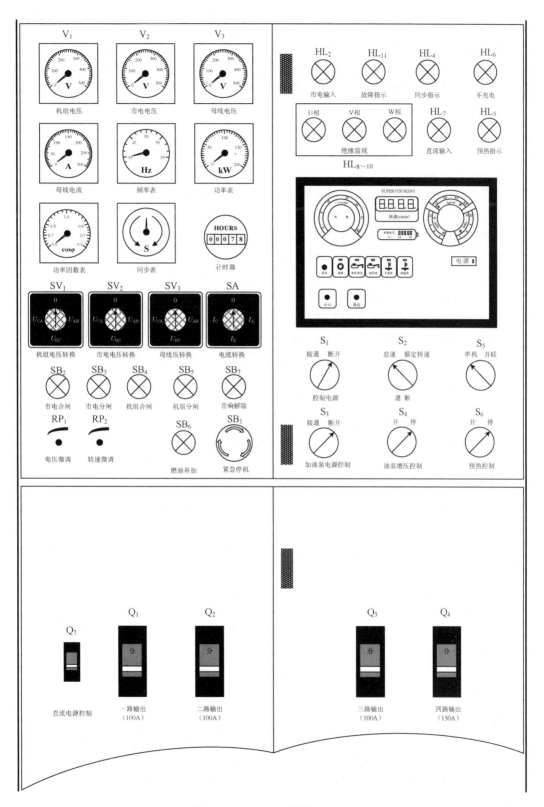

图 5-14 PF161 型控制屏面板图

控制屏的4扇门都有接地端子与相应电路连接。

2) 控制屏面板上各元件的作用

三个交流电压表 V_1、V_2、V_3,分别通过换相开关 SV_1、SV_2、SV_3 转换测量机组、市电和母线任意两火线之间的线电压。

电流表 A:通过换相开关 SA 显示母线的输出电流。

频率表 Hz:显示机组电源的频率。

功率表 kW:显示母线输出电能的有功功率。

功率因数表 $\cos\varphi$:显示负载的功率因数。

同步表 S:并联运行前指示机组电源与母线电源同步情况。

计时器 h:记录本机累计工作时间。

"市电合闸"按钮 SB_2:按下该按钮,市电开关 QN 合闸。

"市电分闸"按钮 SB_3:按下该按钮,市电开关 QN 分闸。

"机组合闸"按钮 SB_4:按下该按钮,机组开关 QR 合闸。

"机组分闸"按钮 SB_5:按下该按钮,机组开关 QR 分闸。

"音响解除"按钮 SB_7:按下该按钮,报警时不发出音响。

"电压微调"电位器 RP_1:用于调节机组输出电压。

"转速微调"电位器 RP_2:用于调节柴油机转速。

"燃油补加"按钮 SB_6:按下该按钮,燃油补加投入。

"紧急停机"按钮 SB_1:按下该按钮,柴油机立即停机。

"市电输入"指示灯 HL_2:显示市电开关 QN 前端是否有市电输入。

"故障指示"指示灯 HL_{11}:机组发生故障时该指示灯亮。

"同步指示"指示灯 HL_4:显示并联供电前机组与母线的同步状况,指示灯熄灭时,表示机组与母线同步。

"不充电"指示灯 HL_6:显示充电机给蓄电池充电的状况,当指示灯熄灭时充电正常;指示灯亮时,充电发电机未向蓄电池充电。

"绝缘监视"指示灯 $HL_{8\sim10}$:监视发电机及母线的绝缘状况,指示灯亮表示绝缘良好;某相指示灯熄灭或暗淡时,表示该相对机壳绝缘不良。

"直流输入"指示灯 HL_7:该灯亮表示 24V 直流电已输入控制屏。

"预热指示"指示灯 HL_5:该灯亮表示预热电路工作。

S2001 监控仪:显示柴油机的转速、油压、水温、油温及蓄电池的电压和报警参数。柴油机的"启动""停机"按钮都装在该面板上。

"控制电源"选择开关 S_1:用于控制发电机综合监控器和柴油机监控箱的 24V 直流电源的"接通/断开"。

"怠速/额定转速"选择开关 S_2:用于机组转速控制。

"单机/并联"选择开关 S_5:当单台机组运行时 S_5 转到"单机"位置,当要求两台机组并联运行时转到"并联"位置。

"加油泵电源控制"开关 S_3:当 S_3 转到"通"位置时接通加油泵电源,当转到"断"位置时断开加油泵电源。

"油泵增压控制"选择开关 S_4:当 S_4 转到"开"位置时油泵增压投入,当转到"停"位置时油泵增压停止。

"预热控制"选择开关 S_6：当环境温度低于-25℃时将 S_6 转到"通"位置,控制屏内预热电路开始工作;不需要预热电路工作时将 S_6 转到"断"位置。

"直流电源控制"开关 Q_7：该开关接通直流 24V 电源送入控制屏。

"一路~三路输出"开关 Q_1~Q_3：三个容量为 100A 的空气自动断路器式输出开关。

"四路输出"开关 Q_4：一个容量为 150A 的电动切换空气自动断路器式输出开关。

2. 控制屏电路

PF161 型控制屏交流部分电路原理见附录 18,直流部分电路原理见附录 19。

1) 发电机电路的工作情形

(1) 输出电路。

① 发电机输出电路。发电机输出电路由电动切换空气自动断路器 QR、机组合闸按钮 SB_4 的常开触点(267、212)、市电合闸按钮 SB_2 的常闭触点(212、213)、机组分闸按钮 SB_5 的常闭触点(213、210)、市电输出电动切换空气自动断路器 QN 的辅助常闭触点 QNF_2、交流接触器 K_{11} 的常闭触点(22、214)、直流继电器 K_{12} 的常闭触点(214、269)、直流继电器 K_4 的常开触点(22、214)、"单机/并联"选择开关 S_5 的触点(3、4)、发电机综合监控器 RT409 的常闭触点(269、215)、直流继电器 K_4 的工作线圈及其续流二极管 D_4、单相桥式整流器 VD、直流继电器 K_7、交流继电器 K_6、K_8 和同步检测自动合闸单元 APY 的常闭触点 K 组成。

机组合闸控制电路如下：

当发电机工作正常时,发电机相电经熔断器 FU_{15} 和单相桥式整流器 VD 向直流继电器 K_7 供电(见图5-20), K_7 得电其常开触点(218、226)接通。发电机输出开关 QR 的失压线圈通过熔断器 FU_{15} 接在发电机相上而得电,发电机输出开关 QR 处于正常工作状态。按下机组合闸按钮 SB_4,此时若市电开关未合闸(QN 的辅助常闭触点 QNF_2(21、22)接通),且另一台机组开关和市电开关都未合闸,则第二台机组的市电继电器 K_5 的常闭触点闭合,第二台机组的机组继电器 K_6 的常开触点断开, K_{12} 不工作,其常闭触点(214、269)接通;同时因母线上无电(K_{11} 的常闭触点(3、214)接通,同步检测自动合闸单元 APY 不工作常闭触点 K 闭合)时,来自直流部分控制开关 Q_7 的 24V 直流电压经熔断器 FU_{11} →另一台机组继电器 K_5 的常闭触点(201、267)→机组合闸按钮 SB_4 →接点 212→市电合闸按钮 SB_2 常闭触点→接点 213→机组分闸按钮 SB_5 常闭触点→接点 210→市电开关 QN 的辅助常闭触点 QNF_2 (21、22)→交流接触器 K_{11} 的常闭触点(22、214)→直流继电器 K_{12} 的常闭触点(214、269)→RT409 型监控器的常闭触点(269、215)加在机组合闸继电器 K_4 的工作绕组两端,继电器 K_4 工作,其常开触点闭合而常闭触点断开。机组开关 QR 的电动合闸电路接线端 A_2 和 A_1 经熔断器 FU_{15} → K_7 触点(218、226)→同步检测自动合闸单元 APY 触点 K(226、262)→ K_6 常闭触点(262、282)→ K_4 触点(282、286)并接在发电机输出端 U、N 之间,QR 电动合闸电路工作,机组空气开关合闸,将发电机电源送往母线,经分路输出开关 Q_1~Q_4 送往负载。

松开机组合闸按钮 SB_4 后 K_4 触点(267、212)将自保,母线得电后 K_{11} 的常闭触点(22、214)断开,但 K_4 的触点(22、214)将自保,以维持 K_4 线圈的工作电压; K_4 的另一常闭触点(226、222)断开分闸电路电源。

机组开关 QR 接通后其常闭触点 QRF_2 (283、224)断开,切断市电开关 QN 的电动合闸电路,以保证机组开关 QR 和市电开关 QN 不会同时合闸。其常开辅助触点 QRF_1 (11、14)

接通,继电器 K_8、K_6 得电而工作,K_8 的常闭触点(81、82)断开,切断电动合闸电路辅助电源。K_6 常闭触点(262、282)断开,切断电动合闸电路主电源,K_6 的常开触点(158、159)闭合,向另一机组送出本机机组合闸信号,使其不能再合闸,实现两台机组间的互锁。K_6 的常开触点(267、211)闭合,接通机组合闸指示灯 HL_1 电路,机组合闸指示灯点亮。

机组分闸控制电路如下:

按下机组分闸按钮 SB_5,机组合闸继电器 K_4 工作线圈回路被切断,K_4 的常闭触点(222、226)接通,将机组开关 QR 的电动分闸电路接线端 A_4 和 A_1 经熔断器 FU_{15}→K_7 触点(218、226)→K_4 常闭触点(226、222)并接在发电机输出端 U、N 之间,QR 电动分闸电路工作,切断发电机与母线之间的连接。

② 市电输出电路。

市电输出电路由电动切换空气自动断路器 QN(见附录 18)、市电合闸按钮 SB_2 的常开触点(267、206)、机组合闸按钮 SB_4 的常闭触点(206、207)、市电分闸按钮 SB_3 的常闭触点(207、204)、交流接触器 K_{11} 的常闭触点(204、265)、市电合闸继电器 K_3 的常开触点(204、265)、直流继电器 K_{12} 的常闭触点(265、266)、市电合闸继电器 K_3 的工作线圈及其续流二极管 D_3、机组开关常闭辅助触点 QRF_2(224、283)、市电开关常开辅助触点 QNF_1(216、217)和交流继电器 K_5 组成。

市电合闸控制电路如下:

当市电正常时,市电输出开关 QN 的失压线圈通过熔断器 FU_{14} 接在市电 L_1 和 N 之间而得电,市电输出开关 QN 处于正常工作状态。按下市电合闸按钮 SB_2,此时若机组开关未合闸(QR 的常闭辅助触点 QRF_2(21、22)接通),且另一台机组开关和市电开关都未合闸(2号机 K_6 的常开触点断开,K_{12} 的常闭触点(265、266)接通,2号机 K_5 的常闭触点(201、267)接通),同时母线上无电(K_{11} 的常闭触点(204、265)接通)时,来自直流部分控制开关 Q_7 的24V 直流电压经熔断器 FU_{11}→另一台机组继电器 K_5 的常闭触点(201、267)→市电合闸按钮 SB_2→接点 206→机组合闸按钮 SB_4 常闭触点→接点 207→市电分闸按钮 SB_3 常闭触点→接点 204→交流接触器 K_{11} 的常闭触点(204、265)→直流继电器 K_{12} 的常闭触点(265、266)加在市电合闸继电器 K_3 的工作绕组两端,继电器 K_3 工作,其常开触点闭合、常闭触点断开。市电开关 QN 的电动合闸电路接线端 A_2 和 A_1 经熔断器 FU_{14}→K_5 的常闭触点(216、224)→机组开关常闭辅助触点 QRF_2(224、283)→市电合闸继电器 K_3 触点(283、287)并接在市电端子 L_1、N 之间,QN 电动合闸电路工作,市电空气开关合闸,将市电电源送往母线,经分路输出开关 Q_1~Q_4 送往负载。

松开市电合闸按钮 SB_2 后,K_3 触点(267、206)将自保,母线得电后 K_{11} 的常闭触点(204、265)断开,但 K_3 的触点(204、265)自保,以维持市电合闸继电器 K_3 线圈的工作电压;K_3 的常闭触点(216、225)断开,切断市电分闸电路的电源。

市电开关 QN 接通后,其常闭触点 QNF_2(210、22)断开,切断机组开关 QR 电动合闸控制继电器 K_4 的电路,以保证市电开关 QN 和机组开关 QR 不会同时合闸。其常开辅助触点 QNF_1(11、14)接通,继电器 K_5 得电工作,K_5 的常闭触点(81、82)断开,切断市电合闸电路辅助电源。K_5 常闭触点(216、224)断开,切断电动合闸电路主电源,K_5 的常闭触点(160、161)断开,向另一机组控制屏送出本机组控制屏市电合闸信号,使其不能再合闸,实现两台机组之间的互锁。K_5 的另一常开触点(267、205)闭合接通市电合闸指示灯 HL_3 电路,市电合闸指示灯点亮。

市电分闸控制电路如下：

按下市电分闸按钮 SB_3，市电合闸继电器 K_3 工作线圈回路被切断，K_3 的常闭触点（216、225）接通，将市电开关 QN 的电动分闸电路接线端 A_4 和 A_1 经熔断器 $FU_{14}\to K_3$ 常闭触点（216、225）并接在市电端子 L_1、N 之间，QN 电动分闸电路工作，切断市电与母线之间的连接。

如上面所述，如机组为单机工作，应将控制屏内接线排上的 2 号机市电合闸的端子 267、201 用短路线连接，否则机组开关和市电开关无法合闸。

(2) 调压电路。

① R448 型励磁调节器。

该控制屏采用的 R448 型励磁调节器，其工作情形在第 4 章中已做过详细叙述，这里不再重复。在电路中的连接关系见附录 18。

② 自动调压的工作过程。

负载增加时，发电机的输出电压降低，测量电压 0~380V 端子之间的电压降低，通过 R448 型励磁调节器的调节使得 E+、E-端子输出的励磁电压升高，励磁机的励磁电流增大，发电机输出电压回升至整定值；反之，调整过程相反。调整 RP_1 可在额定值附近整定发电机的输出电压。

(3) 辅助电路。

① 并联供电电路。

在机组进行并联运行前，必须先拆除控制屏下端接线排上 50 与 51 端子间的短接线，并按图纸正确连接与另一机组之间的互锁线，以防止重合闸；将"单机/并联"选择开关 S_5 拨向"并联"位置。

同步电路：

同步表及同步指示灯电路。同步表由阻抗器 PY 和表头组成，阻抗上 A_0 端通过继电器 K_8 的常闭和 K_{11} 的常开触点、熔断器 FU_9 接在母线 $1L_1$ 上，B_0 端通过熔断器 FU_8 接在母线 $1L_2$ 上；阻抗器的 A、B、C 端通过继电器 K_8 的常闭和 K_{11} 的常开触点、熔断器 FU_4~FU_6 分别接在发电机输出端 U、V、W 上；阻抗器输出端①②接往表头的仪表输入端①②，阻抗器输出端③④接往表头中间的指示灯输入端③④。当首台机组合闸供电后，母线上有电，继电器 K_{11} 的常开触点闭合，同步表开始工作（这时本机未合闸，继电器 K_8 未工作，常闭触点闭合）。表头的指示灯会作亮、暗交替变化，表针会左右来回摆动。

当待并发电机的频率高于母线频率，且表针摆动频率由"慢"到"快"时指示灯亮，或表针摆动频率由"快"到"慢"时指示灯暗，表针过中点时，为待并发电机与母线同步的瞬间；若待并发电机的频率低于母线频率，表针摆动频率由"慢"到"快"时指示灯暗，或表针摆动频率由"快"到"慢"时指示灯亮，表针过中点时，为待并发电机与母线同步的瞬间。表针摆动频率为待并机组频率与母线频率的差频。

因同步表中间的指示灯较小，不便观察，且上述判断同步状态的方法较烦琐。该控制屏中还装有"同步指示"灯 HL_4，HL_4 跨接在母线 $1L_1$ 和发电机 U 之间，当发电机与母线同步时 $1L_1$、U 之间没有电位差 HL_4 熄灭，在 HL_4 亮灭交替频率较低，且 HL_4 熄灭时是合闸时机。

自动并联合闸电路。自动并联合闸电路由同步检测自动合闸单元 APY(见图 5-20)和机组合闸控制电路组成。当待并机组的电压、频率调整好后,若同步表的指针缓慢摆至中点,且"同步指示"灯 HL_4 熄灭时,按下"机组合闸"按钮 SB_4,此时机组合闸继电器 K_4 工作(虽然此时母线有电 K_{11} 工作,其常闭触点(22、214)断开,且另一机组合闸 $2K_6$ 接通,继电器 K_{12} 工作,其常闭触点(214、269)断开,但此时"单机/并联"选择开关 S_5 的(3、4)触点接通使 K_{11}、K_{12} 触点短接),K_4 触点(282、286)接通,但这时机组开关 QR 的电动合闸电路并不一定立即工作,何时工作取决于同步检测单元 APY 中的继电器 K 何时失电。

同步检测单元由变压器 T_1、二极管 D_6、电容 C_2、电阻 R_2、电位器 RP 组成;由 R_3、R_4、C_3、BG_1、BG_2、继电器 K 和续流二极管 D_1 组成驱动执行单元;由变压器 T_2、单相桥式整流器 $D_2 \sim D_5$ 和电容 C_1 组成电源供给电路提供驱动执行电路的工作电源。

并联供电时,同步检测单元 APY 的①端经继电器 K_7 触点(226、218)、熔断器 FU_{15} 接发电机的第一相 U,③端经熔断器 FU_9 接母线第一相 $1L_1$。当发电机与母线未同步时,变压器 T_1 初级绕组有电位差,次级有交流电输出,经 D_6、C_2 整流滤波后驱动三极管 BG_1、BG_2 导通,继电器 K 线圈中有工作电流通过,其常闭触点 K 断开,机组开关 QR 的电动合闸电路无电源不工作;当发电机与母线同步时,变压器 T_1 初级绕组没有电位差,次级绕组无电源输出,三极管 BG_1、BG_2 截止,继电器 K 不工作,其常闭触点 K 闭合,机组开关 QR 的电动合闸电路得电而合闸。

有功功率和无功功率的调整如下:

两台机组并联后,调整"转速微调"电位器 RP_2,使两台并联运行的机组有功功率平衡(功率表显示数值相同);调整"电压微调"电位器 RP_1,使两台并联运行的机组无功功率平衡(其两机组的功率因数表和电流表显示数值相同)。在并联运行中应经常检查两台机组的有功功率和无功功率是否平衡,若不平衡应按上述方法及时调整。

当要解除并联供电时,调节要停止机组的"转速微调"电位器 RP_2,慢慢向转速降低方向旋转,同时观察功率表,使该机组的负载逐渐向另一台机组转移,当负载全部转移完毕(转移 2/3)后,按下该机组的分闸按钮 SB_5。

② 发电机的保护电路。

发电机的保护电路由 RT409 监控器,继电器 K_1 及二极管 D_1、D_6、D_7、电铃 HA、故障报警指示灯 HL_{11}、音响解除按钮 SB_7 和音响解除指示灯 HL_{12}(装在 SB_7 按钮内)组成。

为保证发电机在正常参数下运行,控制屏中安装了 RT409 型监控器。该监控器整机采用全集成化模块结构,用户可根据需要增减功能,监控器具有过电流、短路、过电压、欠电压、逆功率和缺相及相序等保护功能。该监控器在第 4 章中已详细叙述。

发电机过欠压保护电路如下:

当发电机过欠压时,RT409 型监控器内的过欠压电路工作,从故障信号输出接口 C、D 送出过欠压故障信号(低电平),使继电器 K_1 得电工作,其常闭触点 K_1(007、009)断开,切断发电机的励磁电源,发电机因灭磁而停止发电;同时监控器内过欠压电路触发内部继电器 J 工作,其常闭触点(269、215)断开,使得机组合闸电路的继电器 K_4 失电,机组分闸,断开负载;其常开触点(000、055)接通,使电铃 HA 和故障报警指示灯 HL_{11} 得电,进行声光报警,按下音响解除按钮 SB_7,电铃 HA 电路被切断,音响解除指示灯 HL_{12} 电路被接通。

发电机过流、短路、逆功率、相序保护电路,如下:

当发电机出现过流(输出电流≥250A)、短路(输出电流≥540A)、逆功率(倒灌电流≥32A,相当于22kW左右的逆功率)、缺相或相序不正确时,发电机综合监控器RT409内过流、短路、逆功率、相序保护电路工作,触发内部继电器J工作,其常闭触点(269、215)断开,使得机组合闸电路的继电器K_4失电,机组分闸断开负载;其常开触点(000、055)接通,使电铃HA和故障报警指示灯HL_{11}得电,进行声光报警。

③仪表电路。

电压表电路,如下:

控制屏内有三个电压表电路(见附录18),电压表V_1与换相开关SV_1配合,通过熔断器$FU_4 \sim FU_6$跨接在发电机U、V、W端,用来测量机组的线电压;电压表V_2与换相开关SV_2配合,通过熔断器$FU_1 \sim FU_3$跨接在市电L_1、L_2、L_3端,用来测量市电的线电压;电压表V_3与换相开关SV_3配合,通过熔断器$FU_7 \sim FU_9$跨接在母线$1L_1$、$1L_2$、$1L_3$端,用来测量母线的线电压。因三个电压表电路完全相同,以下以机组电压表电路为例,说明电路的工作情形。

当"机组电压换相开关"SV_1手柄转向U_{AB}位置时,其第一层触点3、4和第二层触点5、6分别接通。发电的输出端U通过熔断器FU_4、"机组电压换相开关"SV_1触点3、4接到电压表V_1端子105;发电机的输出端V通过熔断器FU_5、"机组电压换相开关"SV_1触点5、6接到电压表V_1端子104,这时电压表测量发电机U、V之间的线电压。

当"机组电压换相开关"SV_1手柄转向U_{BC}位置时,其第二层触点5、6和7、8接通。发电机的输出端V通过熔断器FU_5、"机组电压换相开关"SV_1触点5、6接到电压表V_1端子104;发电机的输出端W通过熔断器FU_6、"机组电压换相开关"SV_1触点7、8接到电压表V_1端子105,这时电压表测量发电机V、W之间的线电压。

当"机组电压换相开关"SV_1手柄转向U_{CA}位置时,其第一层触点1、2和第二层触点7、8接通。发电机的输出端W通过熔断器FU_6、"机组电压换相开关"SV_1触点7、8接到电压表V_1端子105;发电机的输出端U通过熔断器FU_4、"机组电压换相开关"SV_1触点1、2接到电压表V_1端子104,这时电压表测量发电机W、U之间的线电压。

电流表电路,如下:

电流表通过"电流换相开关"SA(见附录18),串接在被测相的电流互感器次级。未被测量的相电流互感器次级通过SA触点构成回路。

当"电流换相开关"SA(SA分三层,1、2、3、4为第一层;5、6、7、8为第二层;9、10、11、12为第三层)手柄转向I_A位置时,"电流换相开关"SA的第一层触点3、4,第二层触点5、6,第三层触点9、10接通。电流互感器LH_1的次级绕组I_1端为正时,电流的流向LH_1的$I_1 \to$RT409型监控仪的1端子→监控器电流互感器A相绕组→106端子→kW表I_A^*端子→kW表I_A端子→SA接点109→SA触点3、4→电流表112端子→电流表IN端子→LH_1的IN端子,电流表显示A相电流的数值。SA的第二层触点5、6和第三层触点9、10接通分别维持LH_2、LH_3次级回路的通路。

当"电流换相开关"SA手柄转向I_B位置时,"电流换相开关"SA的第一层触点1、2,第二层触点7、8,第三层触点9、10接通。电流互感器LH_2的次级绕组I_2端为正时,电流的流向LH_2的$I_2 \to$RT409型监控仪的3端子→监控器电流互感器B相绕组→107端子→$\cos\varphi$表I_A^*端子→$\cos\varphi$表I_A端子→SA接点110→SA触点7、8→电流表112端子→电流表IN端子→LH_2的IN端子,电流表显示B相电流的数值。SA的第一层触点1、2和第三层触点9、10

分别维持 LH_1、LH_3 次级回路的通路。

当"电流换相开关"SA 手柄转向 I_C 位置时,"电流换相开关"SA 的第一层触点 1、2,第二层触点 5、6,第三层触点 11、12 接通。电流互感器 LH_3 的次级绕组 I_3 端为正时,电流的流向 LH_3 的 I_3→RT409 型监控仪的 5 端子→监控器电流互感器 C 相绕组→108 端子→kW 表 I_C^* 端子→kW 表 I_C 端子→SA 接点 111→SA 触点 11、12→电流表 112 端子→电流表 IN 端子→LH_3 的 IN 端子,电流表显示 C 相电流的数值。SA 的第一层触点 1、2 和第二层触点 5、6 分别维持 LH_1、LH_2 次级回路的通路。

频率表电路,如下:

频率表的一端通过熔断器 FU_4 接在发电机输出端 U,另一端接在中性线上,它显示机组输出电源的频率。

功率表电路,如下:

功率表的 U、V、W 端子分别通过熔断器 FU_9、FU_8、FU_7 接往母线 $1L_1$、$1L_2$、$1L_3$;其 I_A^*、I_A 和 I_C^*、I_C 端子分别串接在电流互感器 LH_1、LH_3 的次级绕组回路。功率表显示的是母线负载的有功功率。

功率因数表电路,如下:

功率因数表的 B、C 端子分别通过熔断器 FU_9、FU_7 接往母线 $1L_1$、$1L_3$;其 I_A^*、I_A 端子串接在电流互感器 LH_2 的次级绕组回路。功率因数表显示母线负载的功率因数。

④ 预热电路。

预热电路分交流预热和直流预热电路,当母线上无电时,交、直流预热电路可同时工作。若母线有电,K_{11} 继电器工作、K_{13} 线圈与 000 端断开,直流预热电路停止工作。

交流预热电路由"预热控制"开关 S_6、直流继电器 K_9 的常闭触点和空间加热器 EH_3 组成。当机组环境温度低于 -25℃ 时,继电器 K_9 的常闭触点接通,此时将"预热控制"开关 S_6 转到"开"位置,空间加热器 EH_3 开始加热,当环境温度上升到 -10℃ 后继电器 K_9 的常闭触点断开,空间加热器 EH_3 停止加热。机组停止工作时,将 S_6 转到"停"位置。

⑤ 燃油手动补加电路。

燃油手动补加电路由交流接触器 KM_1、"加油泵电源控制"开关 S_3、"燃油补加"按钮 SB_6、熔断器 FU_{10} 和加油泵工作指示灯 HL_{13}(装在 SB_6 内)组成。

当机组需要补加燃油时,将"加油泵电源控制"开关 S_3 接通,按下"燃油补加"按钮 SB_6,交流接触器 KM_1 的工作线圈接在母线 $1L_1$ 和 N 之间,KM_1 工作,加油泵工作指示灯 HL_{13} 点亮,KM_1 的主触点接通,将母线三相交流电送至燃油泵,燃油泵工作,开始加油;其辅助触点 KM_1(151,152)接通,对 SB_6 进行自保,所以松开 SB_6 电路仍保持工作状态。将"加油泵电源控制"开关 S_3 断开,该电路停止工作。

2) 柴油机电路的工作情形

柴油机电路主要由 SUPERVISOR2001 型柴油机监控仪、C1000A 型转速控制器、电磁执行器和转速传感器等组成。器件的工作原理在第 4 章中已作介绍,电路连接见附录 19。

(1) 启动电路的工作情形。

接通"直流电源控制"开关 Q_7(见附录 19),将"控制电源"开关 S_1 置于"接通"位置,接通蓄电池接地开关 K。监控仪主板和电子调速器得电,将"急速/额定转速"开关 S_2 置于

"怠速"位置(断开)。按下柴油机参数显示板上的"启动"按钮,蓄电池 001 端→Q_7→FU_{12}→S_1→AX_2→BX_4→"启动"按钮→BX_3→启动继电器 J_{10} 线圈→蓄电池 000 端。启动继电器 J_{10} 工作,其常开触点 J_{10} 闭合,蓄电池电源由 AX_2 通过 J_{10} 触点和 AX_{14} 给启动机吸合继电器 J 供电,J 的常开触点,起动机 M 得电运转,带动柴油机启动,转速传感器 ZSG_2 从柴油机飞轮上读取转速信号,送至转速控制器 C1000A,C1000A 收到柴油机转速信号而开始工作,这时 C1000A 的 3 和 4 端子通过 AX_{21} 和 AX_{22} 驱动电磁执行器 ZX,将柴油机油门拉杆置于怠速位置。

当柴油机启动成功后,松开"启动"按钮,启动继电器 J_{10} 线圈失电,其触点 J_{10} 断开,启动机断电后与柴油机分离;待怠速运转稳定后,将"怠速/额定转速"开关 S_2 拨向"额定转速"位置(接通),C1000A 的端子 7 获得高电位,端子 3 和 4 输出额定转速的驱动信号,电磁执行器 ZX 将柴油机油门拉杆置于额定转速位置。

(2) 监控与保护电路的工作情形。

监控与保护电路包括 S2001 型监控仪,转速传感器 ZSG_1,机油压力传感器 YYG,油温传感器 YWG,水温传感器 SWG,继电器 J_9、J_{12}、K_2、K_{10},电铃 HA,报警灯 HL_{11},充电失败指示灯 HL_6,"音响解除"按钮 SB_7,紧急停机按钮 SB_1,紧急停机控制器 TJ 等。

① 监控电路。

监测电路,如下:

柴油机运行期间,S2001 型监控仪将转速传感器 ZSG_1、机油压力传感器 YYG、油温传感器 YWG、水温传感器 SWG 以及蓄电池送来的信号处理后通过 RS485 通信接口(BX_7、BX_8)送往柴油机参数显示板,显示柴油机转速、油温、水温、机油压力及蓄电池电压。

当充电发电机工作时,充电失败指示灯 HL_6 的两端因无电位差而熄灭,表明充电发电机工作正常。

停机控制电路,如下:

正常停机:按下柴油机参数显示板上的"停止"按钮,S2001 型监控仪的 CX_1 端子向停机控制继电器 K_{10} 送出 24V 直流电压,K_{10} 的常开触点(044、045)接通,紧急停机控制器 TJ 得电而动作,将柴油机供油齿杆迅速拉向停机位置,柴油机停机;与此同时,S2001 型监控仪内部停机继电器 J_9 得电工作,其常闭触点 J_9 断开,C1000A 失电,使得电磁执行器 ZX 失去驱动电流,在复位弹簧的作用力下也使柴油机的油门关闭,柴油机停机。

紧急停机:按下紧急停机按钮 SB_1(该按钮有自锁功能,按下时自锁,顺时针旋转一下复位),继电器 K_{10} 得电,其常开触点(044、045)接通,紧急停机控制器 TJ 得电而动作,将柴油机供油齿杆迅速拉向停机位置,柴油机停机;另按下 SB_1 时,S2001 型监控仪内部停机继电器 J_9 同时得电工作,进入正常关机程序。可见,正常停机和紧急停机电路相同,都是接通两个停机电路。所不同的是正常"停机"按钮较小,不便在紧急停机时使用。

② 保护电路。

当系统得电进入启动操作后,S2001 型监控仪对参数的检测与保护会根据事前设定延时进行,以避开柴油机启动过程的误检与误保护。

当柴油机出现油压低、油压极低、水温高和油温高故障报警时,S2001 监控仪除了通过 RS485 通信接口(BX_7、BX_8)向柴油机参数显示板传送报警信号外,其内部报警接点 ALARM 同时还送出+24V 的信号,驱动继电器 J_{12} 工作,J_{12} 的常开触点闭合使外部继电器 K_2 得电工作,K_2 的常开触点(055、000)接通,故障指示灯 HL_{11} 和电铃 HA 得电,进行声光报警。报警时要消除电铃声可按下 SB_7,这时电铃 HA 停止工作,SB_7 的常开触点(028、058)接通,"音响解除"指示灯 HL_{12} 亮。

当柴油机出现超速故障时,S2001 型监控仪除了进行上述声光报警外,其内部 STOP 端子同时还送出+24V 的信号,驱动继电器 J_9 工作,其常闭触点 J_9 断开,C1000A 失电,使得电磁执行器 ZX 失去驱动电流,在复位弹簧的作用下柴油机的油门关闭,柴油机停机。

③ 辅助电路。

预热电路,如下:

直流预热电路由熔断器 FU_{13}、"预热控制"开关 S_6、直流继电器 K_9、K_{13}、温度控制器 KT(交流电路的继电器 K_{11} 的一组常闭触点)、预热指示灯 HL_5 和空间加热器 EH_1 组成。

当机组环境温度低于−25℃时温度控制器 KT 的触点断开,继电器 K_9 失电,K_9 的常闭触点接通,此时将"预热控制"开关 S_6 转到"开"位置,"预热指示"灯 HL_5 亮,若此时机组母线上无电,则 K_{11} 的常闭触点接通,K_{13} 得电,K_{13} 的常开触点(002、004)接通,空间加热器 EH_1 开始加热,当环境温度上升到−10℃后,温度控制器 KT 接通,继电器 K_9 线圈得电,其常闭触点断开,K_{13} 失电,其触点断开,空间加热器 EH_1 停止加热。机组停止工作时,将 S_6 转到"停"位置。

油泵增压电路,如下:

油泵增压电路的作用是增加柴油机燃油供给回路的油压,以防止燃油箱位置太低而引起供油不畅。电路由"油泵增压控制"开关 S_4 和增压泵 ZY 组成。柴油机启动前,接通"直流电源控制"开关 Q_7,将"油泵增压控制"开关 S_4 拨向"开"位置,增压泵 ZY 开始工作;停机后将 S_4 拨到"停"位置。

计时器电路,如下:

计时器 H 接在"电源控制"开关 S_1 输出端,合上 S_1,计时器 H 开始计时;断开 S_1,计时器 H 停止计时。计时器 H 累计机组工作时间,为了使计时器 H 精确显示机组累计工作时间,在机组停机后应及时关闭。

直流输出电路,如下:

控制屏内下端接线排的 42、43 端子为 24V 直流电源输出端(42 为+、43 为−),该输出电源引自熔断器 FU_{12} 的 012 端。

5.4 200GC-A 型自动化电站电路

自动化电站是在实现基本型电站的功能外,还能实现自动启动/停机、自动运行监视、自动预警保护、自动并机切换等功能的电站。电站技术含量高、人工成本低是其显著特点,广泛应用于对电能质量要求高、可靠性要求严苛、人力难以保障的场合。

5.4.1 自动化电站的基本构成及功用

网电(市电)与多台柴油发电机组并网构成的自动化电站系统,由网电系统、柴油发电机组、机组控制柜、并联控制柜、ATS 切换柜和低压配电柜等设备组成,如图 5-15 所示。

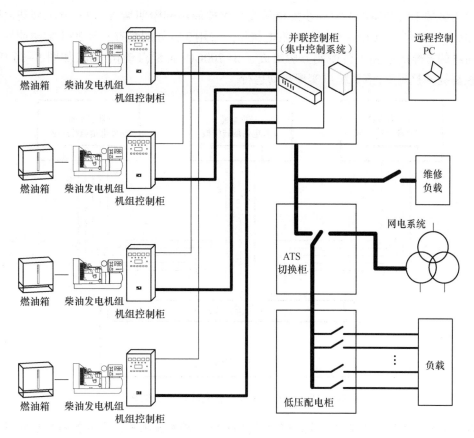

图 5-15 自动化电站系统简图

（1）柴油发电机组。当电网停电或电网供电质量下降,不能正常供电时,柴油发电机组自启动（或处于热备份状态无需启动）后通过 ATS 切换柜自动向负载供电。柴油发电机组并机台数根据负载功率大小自动增减、自动分配功率。

（2）机组控制柜。机组控制柜通常采用机组控制器对发电机组进行控制、测量和保护。并适时向并联控制柜传递数据信息,接受并联控制柜的指令信息。实现并联运行发电机组的开机/停机、合闸/分闸、有功功率和无功功率自动分配等功能。

（3）并联控制柜。并联控制柜亦称集中控制柜（集中控制系统）,通过总线和底层各子系统组网,完成机组之间、柴油发电机组与机组控制柜之间、市电电网与机组控制柜之间的信息传递、信息集成和控制管理。同时提供通信接口,与远程计算机完成数据传输、数据交换、实现电站系统的远程信息化管理和控制。

（4）ATS 切换柜。根据并联控制柜的指令,自动对市电和发电机组供电电源进行切换。市电正常时通常由市电给负载供电,当市电的电压、频率不符合供电要求时,并联控制柜会自动发出指令启动发电机组和并联运行,待发电机组电源正常后,ATS 切换柜开关自动切换到发电机组向负载供电,反之亦然。

（5）低压配电柜。连接至各负载,实现对各分路输出电路的控制和检测,同时完成与机组控制柜信息交换及指令传递。

对于容量较小的自动化电站,通常将以上功能集中在 1 或 2 个控制柜(屏)中实现。

由斯坦福 UCDI274K13 型同步发电机及机组控制柜和康明斯 NTA855-G1 型柴油机组成了 200kW 康明斯 200GC-A 型柴油发电机组。采用 3 台分别装有 1 台 200kW 康明斯柴油发电机组的方舱电站和 1 台控制方舱组成了 3×200GC-A 型自动化电站,如图 5-16 所示。在主控制舱的控制下,该系统可实现自动运行。

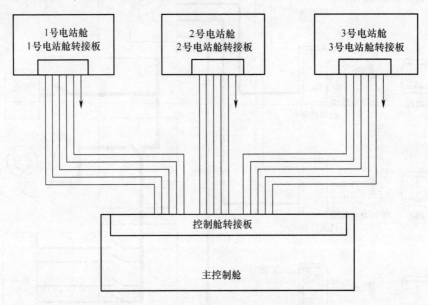

图 5-16　200GC-A 型方舱电站系统结构图

控制方舱内装有主控制柜、并机控制柜、ATS 切换柜和配电柜。主控制柜实现对三台机组的启动、停机、分合闸;并联运行控制;并机控制柜用来控制三台发电机组的并联运行;ATS 切换柜及配电柜用于转换市电和发电机组向负载供电,保证相互之间互锁,以免造成事故,而且对发电机组的电能进行控制、调节、分配及保护。

3×200GC-A 型自动化电站可由控制方舱集中控制,实现机组的启动、停机、合闸、分闸及报警保护;也可由 3 台方舱电站中任意 1 台方舱电站单独对外供电,任意 2 台或 3 台电站并联运行对外供电;具有市电、机组供电转换功能,为设备提供 400/230V、50Hz 的三相工频交流电能。

3 台机组及市电组成不间断自动化供电系统。在市电正常时,由市电向负载供电。当市电异常或断电后,由柴油发电机组向负载供电。当单台发电机组的负荷大于 80%额定功率时,由两台发电机组并联向负载供电,以确保负载安全用电。当并联运行的发电机组的负荷小于 20%单机负荷时,投入并联运行的发电机组解除并联运行。

5.4.2　斯坦福 UCDI274K13 型同步发电机

1. 斯坦福 UCDI274K13 型同步发电机的导线连接关系

UCDI274K13 型同步发电机的导线连接关系如图 5-17 所示。

该发电机为无刷交流励磁机励磁,交流励磁机的励磁绕组由永磁交流发电机三相绕组产生的三相交流电经 MX321 型励磁调节器的 P_2、P_3、P_4 输入,经过励磁调节器的控制从 X、XX 端子向主发电机的交流励磁机提供励磁电流。

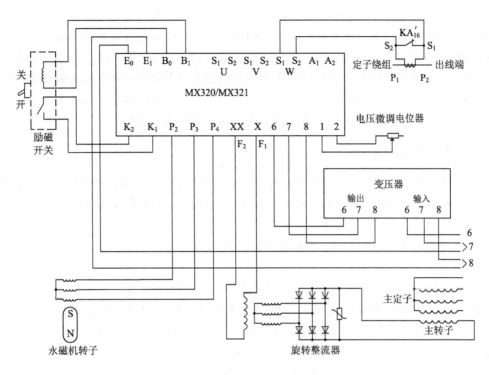

图 5-17 UCDI274K13 型发电机的接线图

2. 励磁控制电路的工作原理

斯坦福 UCDI274K13 型发电机接线箱线路包括励磁调节电路及保护电路。

励磁控制电路的基本任务是维持发电机输出电压恒定,在发电机并联运行时能均衡无功分配,同时保证发电机及用电设备的安全(有关 MX321 型励磁调节器内容请参阅第 4 章相关内容)。

1) 发电机的电压调节过程

MX321 型励磁调节器的发电机输出电压测量端子 6、7、8 经变压器接在发电机的输出端。当同步发电机的输出电压下降时,经变压器送往励磁调节器 6、7、8 端子的电压下降。经励磁调节器内部电路调整后使得输出端子 XX、X 间的输出励磁电压升高,交流励磁机的励磁电流增大,交流励磁机的输出电压升高,经旋转整流器整流后供给同步发电机的励磁电压升高,同步发电机的励磁电流增大,磁场增强,同步发电机的输出电压上升。

反之,当同步发电机的输出电压升高时,经励磁调节器内部电路调整后使得输出端子 XX、X 间的输出励磁电压降低,同步发电机的输出电压下降。

2) 无功功率均衡的调节过程

同步发电机并联运行时继电器 KA_{16} 得电工作,其常闭触点(S_1、S_2)断开,电流互感器次级信号送入 MX321 的无功功率均衡电路(见图 5-17 和图 5-24),若同步发电机输出电压和电流的夹角 φ(即功率因数角)增大时,则发电机输出的无功分量增大,若该分量电流是感性的,经励磁调节器内部电路的调整使得输出端子 XX、X 间的输出励磁电压下降,交流励磁机的励磁电流减小,交流励磁机经旋转整流器向同步发电机输出的励磁电流减小,由电机理论可知,并联运行的同步发电机输出感性无功功率过大的原因是本机励磁电流过大,现通过励磁调节器的调节减小了本机的励磁电流,所以本机担负的感性无功功率减小;若该分量电流是容性的,经励磁调节器内部电路的调整使得输出端子XX、X间的输出励磁电压升高,交流励磁机的励磁电流增大,交流励磁机经旋转整流器向同步发电机输出的励磁电流增大,由电机理论可知,并联运行的同步发电机输出容性无功功率过大的原因是本机励磁电流过小,现通过励磁调节器的调节增加了本机的励磁电流,所以本机担负的容性无功功率减小。

通过上述调整,均衡了并联运行的同步发电机之间的无功功率。

5.4.3 机旁控制屏

斯坦福UCDI274K13型发电机安装有一机旁控制屏,控制屏具有机组电压、电流、频率等参数显示以及柴油机控制功能。机旁控制屏仅在故障检修或低温启动时使用,正常情况下由主控制柜实现对机组的控制。

1. 机旁控制屏的结构及面板上各元件的作用

1) 机旁控制屏的结构

机旁控制屏面板如图5-18所示,控制屏面板上安装有电压表、频率表、电流表、电压测量换相开关、电流测量换相开关、燃油水套加热器控制开关、油压表、小时计、水温表、低油压报警指示灯、高水温报警指示灯、超速报警指示灯、充电失败报警指示灯、急速/运行开关、蓄电池电动接地开关、启动按钮、低温启动按钮(预热)、钥匙开关和急停按钮。

2) 机旁控制屏面板上各元件的作用

电压表V:指示发电机输出的线电压。

频率表Hz:指示发电机输出电压的频率。

电流表A:指示负载电流。

三相电压检测转换开关1SA:转换检测发电机的输出线电压。

三相电流检测转换开关2SA:转换检测发电机的三相输出电流。

水套加热器控制开关1S、2S:接通或断开水泵、加热器主机。

机油压力表P:指示柴油机的机油压力。

计时器H:该计时器的一端接在118(充电发电机磁场线圈非接地端),另一端接在蓄电池的负极。当充电发电机不工作(这时发电机组未运行)时,计时器两端无电位差而不工作;只有当发电机组运行时,计时器才能获得工作电压,开始计时。故该计时器显示机组累计工作时数比较准确。

水温表T:指示柴油机的水温。

低油压报警指示灯1D:柴油机机油压低时灯亮进行故障报警。

高水温报警指示灯2D:柴油机水温高时灯亮进行故障报警。

超速报警指示灯4D:柴油机超速时灯亮进行故障报警。

充电失败报警指示灯3D:充电发电机对蓄电池充电失败时灯亮进行故障报警。

急速/运行切换开关3SB:对柴油机的急速、全速运行进行转换。

蓄电池电动接地开关5SB:电动控制蓄电池接地。

启动按钮1SB:启动柴油机。

低温启动按钮4SB:低温启动时对汽缸内喷射乙醚,有利于低温环境下启动柴油机。

电源钥匙开关KK:接通送往机组控制屏的蓄电池电源。

急停按钮 2SB：按下该按钮柴油机紧急停机，按钮同时自锁，排除故障后顺时针旋转该按钮使之复位。

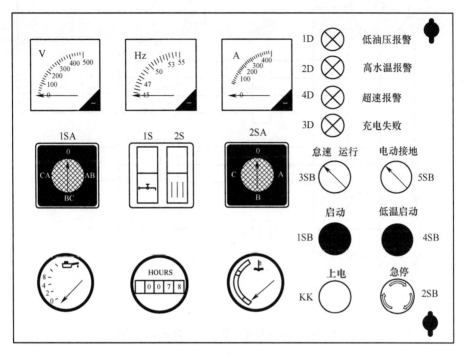

图 5-18　机旁控制屏面板图

2. 发电机控制电路的工作情形

发电机控制电路如图 5-19 所示。

1）输出电路

发电机的三相电通过电缆接到机组控制屏内自动空气开关 QF 的主触点，当电动切换自动空气开关 QF 的主触点接通时，发电机的三相电便送往发电机组母线。当 QF 的主触点断开时，该机组便与机组母线断开。

2）仪表电路

（1）电压表电路。机组三相电通过熔断器 F_1、F_2、F_3 接到电压表换相开关 1SA 的 5、1、11 端子，电压表接到电压表换相开关 1SA 的 2、8 端子，通过 1SA 的转换，可选择测量本机的三相线电压。

（2）电流表电路。电流互感器的初级串接在发电机组的输出电路中，次级公共端接地（PE），电流互感器次级的非接地端子接到电流转换开关 2SA 的 5、1、7 端子。电流表接到电流表换相开关 2SA 的 10、2 端子，通过 2SA 的转换，可选择测量发电机的三个相电流。2SA 的端子 2 通过机组控制屏的接地端子 8 接地。2SA 触点接通断开的原则是：当将某相电流互感器次级非接地端与电流表的 10 端子接通时，必须将另外两个电流互感器的次级非接地端子通过 2SA 的触点与接地端相连接，以确保电流互感器次级回路被短路。

（3）频率表电路。频率表与电压表并联，测量本机频率。

3. 柴油机控制电路的工作情形

柴油机控制电路如图 5-20 所示。

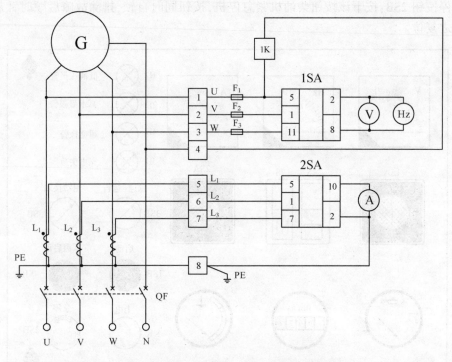

图 5-19 机旁控制屏中发电机控制电路原理图

1) GAC5550 型转速控制器

GAC5550 型转速控制器与 ESD5500E 型转速控制器各端子的名称及作用、几个调整元件的作用、工作原理以及性能调整基本相同(见第 4 章相关内容)。需要注意的是在本系统中端子 N 接的是来自同步控制器的同步跟踪信号和负荷分配器的控制信号,其 N 端信号电压的高低可调整转速控制执行器驱动端子所输出的电流以达到调节机组频率的目的(并联后调节机组有功负载大小)。

GAC5550 型转速控制器与 ESD5500E 型转速控制器的另一个不同点在于 GAC5550 型转速控制器(简称:转速控制器)可通过 1、2 端子送出超速报警信号,其内部电路在超速时自动切断执行器电源,使柴油机停机。

2) 启动电路

(1) 启动控制电路。先将机组控制屏面板上蓄电池电动接地开关 5SB 旋至闭合状态,再将钥匙开关 KK 从"OFF"旋至"ON"位置,蓄电池正极通过熔断器、钥匙开关 KK、急停按钮 2SB 的常闭触点、蓄电池电动接地开关 5SB(300、39)触点加到电动接地继电器 J_1 一端,J_1 的另一端接在蓄电池的负极,继电器 J_1 得电,其常开触点接通,将蓄电池负极接地。观察面板上油压表 P、水温表 T 和计时器 H 仪表的背光灯亮,表示控制屏已上电。控制屏内部的转速控制器也上电,处于工作状态。

将面板上"怠速/运行"切换开关 3SB 旋至"怠速"位置,转速控制器的 G 和 M 端子接通,按下绿色启动按钮 1SB,其常开触点(303、305)接通(这时发电机没有发电,继电器 1K 的常闭触点 300 和 303 是接通的)使启动继电器 2K 的线圈得电,2K 的常开触点(300、111)接通,起动机内部继电器得电,内部继电器接通起动机电源,起动机运转,带动柴油机启动。

转速传感器向转速控制器的 C 和 D 端子送入柴油机的转速信号,转速控制器工作在怠速状态,驱动电磁执行器 ACT,将柴油机油门拉杆置于怠速位置,柴油机进入怠速运行状态。

启动成功后松开启动按钮 1SB,其常开触点(303、305)断开,启动继电器 2K 的线圈失电,其常开触点(300、111)断开,起动机与柴油机飞轮分离。然后再将"怠速/运行"切换开关 3SB 旋至"运行"位置,转速控制器的 G 和 M 端子断开,机组转速将上升至额定转速运行。之后发电机输出电压升高,继电器 1K 的线圈得电(图 5-20),其常开触点(300、113)接通,通过机组控制屏的 13 端子送出启动成功信号(直流 24V)。

机组控制屏启动时,也可将"怠速/运行"切换开关直接置于"运行"位置,全速启动。

(2)预热电路。冬季气温太低时,为了便于启动,在按下启动按钮 1SB 的同时可按下按钮 4SB,将乙醚电磁阀电路接通,向气缸中喷入乙醚便于启动。该按钮按下时间应不超过 3s。对于冷引擎状态下的柴油机,可以打开燃油水套加热器的两个按钮开关(燃油水套加热器控制装置安装在机组的循环冷却水回路上),接通机组控制屏上控制开关,通电工作,对冷却循环液进行加热,加热至一定温度,以利于机组在冬季低温环境下顺利启动。对机组进行加热,具体加热时间视环境温度而定,一般为 10~20min。

当采用控制方舱主控制系统对机组进行控制时,应将"怠速/运行"切换开关 3SB 置于"运行"位置,全速启动。

为延长蓄电池及起动机的使用寿命,一次启动的时间控制在 5~10s 为宜。一次启动不成功,可停顿相应的启动时间再进入第二次启动程序。

(3)停机控制电路。

停机时,先将"怠速/运行"切换开关 3SB 拨至"怠速",转速控制器的 G 和 M 端子通过 3SB 的触点接通,M 端子输入低电平,转速控制器工作在怠速状态,转速控制器驱动电磁执行器 ACT,将柴油机油门拉杆置于怠速位置。稍后将钥匙开关 KK 拨至"停机"位,其触点断开,切断转速控制器的电源,柴油机停机。

如需紧急停机,按下急停按钮 2SB,其触点(300、200)断开,切断转速控制器的电源,柴油机紧急停机并自锁。如需解除自锁,顺时针旋转按钮即可复位。

(4)监控与保护电路。

监控与保护电路由转速控制器 GAC5550、转速传感器、机油压力传感器、水温传感器、继电器、油压报警灯 1D、水温报警灯 2D、充电失败指示灯 3D、超速报警灯 4D、紧急停机按钮 2SB 等组成。

接通电源后,控制屏面板上的柴油机机油压力表 P 和水温表 T 分别显示柴油机机油压力和水温。柴油机启动成功后,计时器 H 显示机组运行累计时间。

柴油发电机组正常运行后,继电器 1K 的线圈得电,其常开触点(300、1D)接通,油压报警指示电路进入工作状态;其常开触点(300、2D)接通,水温报警指示电路进入工作状态。

当柴油机的机油压力低到报警值时,油压传感器内的开关触点接通,使其 115 端变低电平,油压报警灯 1D 亮。同时继电器 3K 的线圈得电,其常开触点(300、1D)接通,保证报警电路可靠连接。其常闭触点(300、301)断开,切断转速控制器的电源,柴油机进入停机程序,关闭柴油机。

当水温高时,温度传感器内的开关触点接通,使其 117 端变低电平,水温报警灯 2D 亮,同时继电器 4K 的线圈得电,其常开触点(300、2D)接通,保证报警电路可靠连接。其常闭触

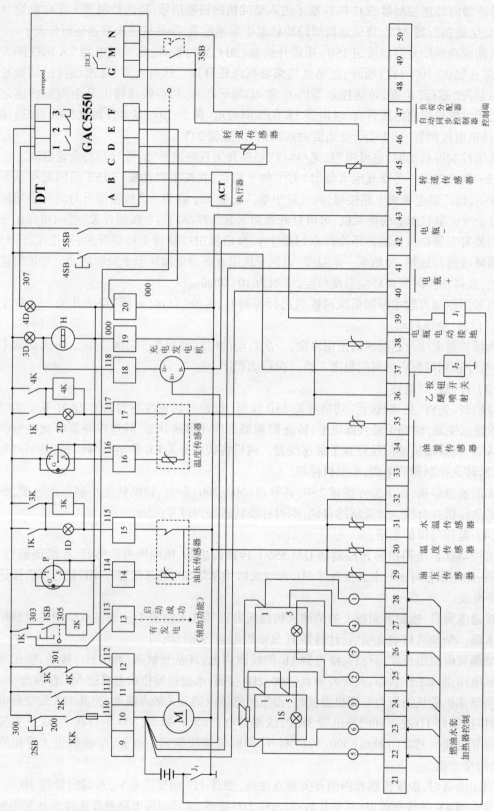

图 5-20 机旁控制屏中柴油机控制电路原理图

点(301、112)断开,切断转速控制器 GAC5550 的电源,柴油机进入停机程序,关闭柴油机。

当充电机工作时,充电失败指示灯 3D 的两端因无电位差而熄灭,表明充电机工作正常。若充电发电机不转或励磁电压没有时(故障时),该指示灯将出现闪亮或长亮。此时应及时检查充电发电机工作是否正常,防止蓄电池亏电。

当柴油机转速过高时转速控制器检测到超速信号,其常开触点(300、307)接通,超速报警灯 4D 亮,转速控制器内部进入停机程序,关闭柴油机。

5.4.4 主控制柜、并机控制柜和 ATS 切换配电柜

控制方舱内装有主控制柜、并机控制柜和 ATS 切换配电柜。其面板如图 5-21~图 5-23 所示。电路原理见附录 20~附录 22。

1. 面板上各元件的作用

1) 主控制柜

主控制柜面板上部装有 1 号机组的各种控制器、开关和指示灯,中部和下部分别为 2 号机组和 3 号机组各元件。下面仅介绍面板上 1 号机组各元件的作用,2 号机组和 3 号机组各元件与之相同。

机组运行方式选择开关 SB_{11},有"手动""自动""后备"三挡,通过该开关进行选择。置"自动"位时,当市电断电后优先按程序自启动;置"后备"位时,作为后备机组等待优先机组发出满负荷命令(信号)才进行启动,启动成功后并网,或当优先机组发生故障停机时自启动向电网供电;置"手动"位时,可以随时人工启动机组向电网供电。

直流工作电源开关:控制蓄电池直流电源是否送往主控制柜。

紧急停机按钮 SJ:机组出现紧急事故时按下该按钮,开关分闸,机组会马上停机且不能启动。当故障排除后顺时针旋转该按钮对机组进行复位(紧急停机按钮只有在紧急停机时用,不要随意按下,特别是带载运行中按下很容易发生意外)。

柴油机控制器 MP-30J:提供柴油机的润滑油压、冷却水温、转速、电池电压等运行参数,也可以提供低油压、高水温、超速、低速及油压、水温、转速传感器开路或短路等保护。

分合闸旋钮 SB_{12}:有"遥控""分闸""软分闸""合闸"四挡。

故障报警指示:机组出现故障时灯亮进行报警。

发电机监控器 MP-40J:提供发电机的线电压、线电流、输出有功功率、功率因数、频率等电力参数值,提供逆功率、欠压、过流、输出短路等保护,提供报警信号。

绝缘监视 HD_{11} ~ HD_{13}:发电机三相绝缘监视,灯亮表示绝缘良好,灯灭或暗表示绝缘损坏。

2) 并机控制柜

控制柜从上排到下排的三排,分别装有三台发电机组的电压、频率、电流、输出功率表,以及三台发电机组的电源指示灯、开关分闸指示灯和开关合闸指示灯。第四排装有输出母线的电压、频率、电流、输出功率表,以及发电机供电指示灯和市电供电指示灯。

3) ATS 切换配电柜

ATS 切换配电柜从上到下分别装有市电正常指示灯 HD_4、故障报警指示灯 FG_{14}、市电逆相/缺相报警指示灯 HD_3、ATS 手动模式控制 SB_4(有"机组"和"市电"两挡)、发电机监控器 MP-40J(显示市电供电时负载母线的线电压、线电流、输出有功功率、功率因数、频率等

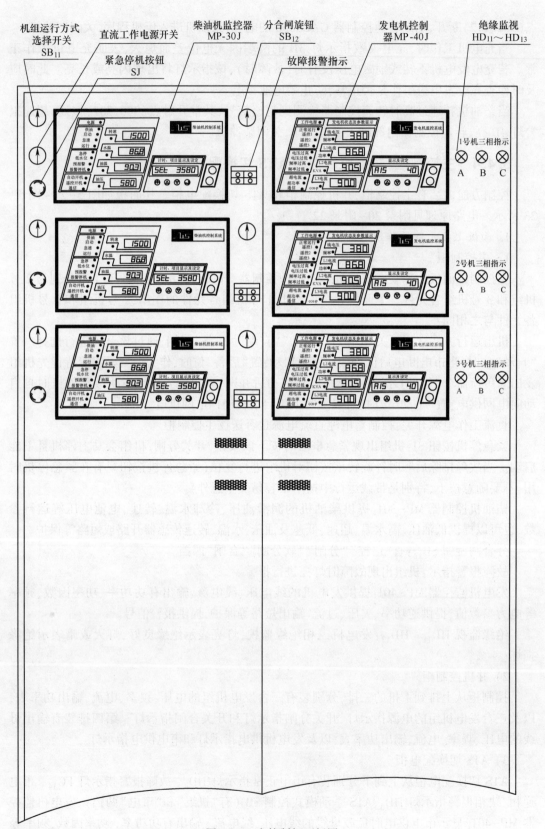

图 5-21 主控制柜面板图

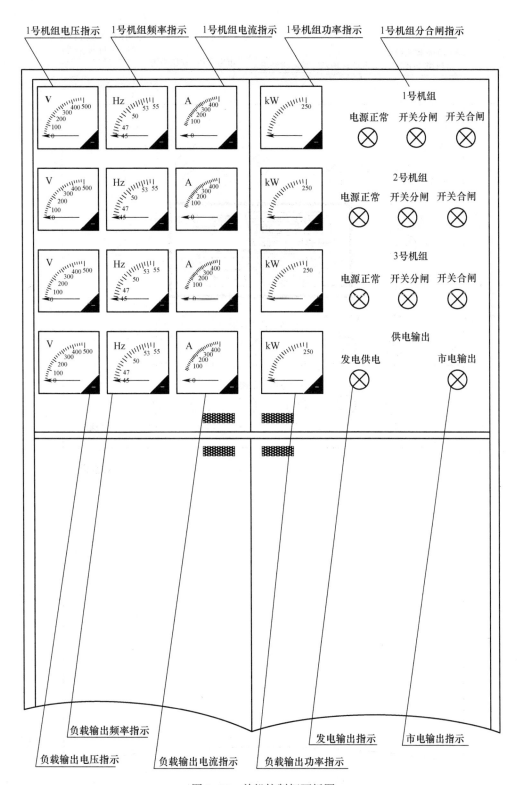

图 5-22 并机控制柜面板图

241

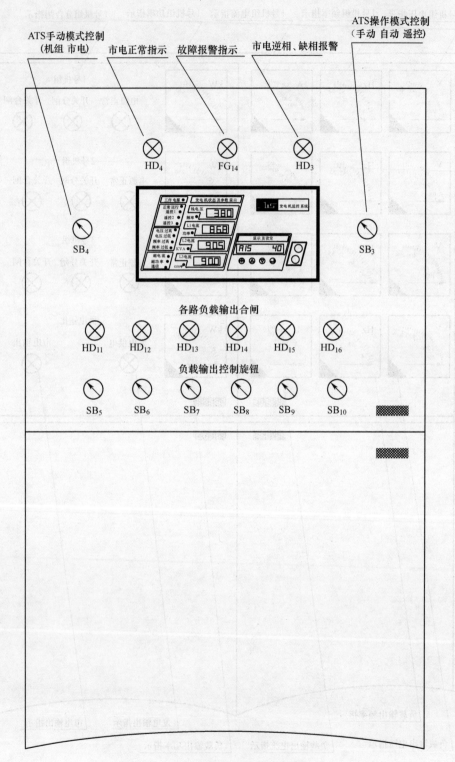

图 5-23 ATS 切换配电柜面板图

电力参数值,提供逆功率、欠压、过流、输出短路等保护,提供报警信号)、ATS操作模式控制开关SB_3(有"手动""自动"和"遥控"三挡)、1~6路负载输出合闸指示灯HD_{11}~$HD16$、负载输出控制开关SB_5~SB_{10}(控制1~6路负载输出电路的接通和断开)。

2. 输出电路

1) 发电机电能输出电路

发电机电能输出电路由输出主回路和输出控制电路两部分组成。

(1) 输出主回路。

发电机的三相电通过机组电缆A_{11}、B_{11}、C_{11}、N_{11}接到并机控制柜内的电动切换自动空气开关ZK_{13}的主触点(见附录20),当电动切换自动空气开关ZK_{13}的主触点接通时,发电机的三相电送往发电机组母线A_6、B_6、C_6、N_6。当ZK_{13}的主触点断开时,发电机的三相电与机组母线断开。

(2) 输出控制电路。

① 手动合闸控制。

机组正常运行后柴油机监控器MP-30(简称:MP30型监控器)的20端送出24V运行信号(参见第4章相关内容),继电器KA_{19}的线圈得电(见附录20),其常开触点(187、189)、(地、194)闭合,发电机监控器MP-40J(简称:MP40型监控器)的15端得到柴油机运行输入信号,从25端送出运行输出信号,继电器KA_{12}的线圈得电,其常开触点(174、117)接通。

当本机控制开关ZK_{11}、ZK_{12}合闸(见附录20),控制面板上对应的"遥控/分闸/软分闸/合闸"转换开关(SB_{12})置于"合闸"位置时,SB_{12}的触点(188、187)、(A_{12}、174)接通,由MP30型监控器的26端子送出的直流24V电源通过急停按钮的常闭触点(138、139)、ZK_{13}的辅助常闭触点ZK(1、2)、SB_{12}闭合的触点(188、187)、闭合的KA_{19}的常开触点(187、189)加到本机合闸继电器KA_{14}的线圈上,继电器KA_{14}工作,其常开触点(117、140)和(114、171)接通。本机相电压通过A_{12}、闭合的SB_{12}的触点(A_{12}、174)、闭合的KA_{12}的常开触点(174、117)、闭合的KA_{14}的常开触点(117、140)、闭合的ZK_{12}的触点(140、123)、闭合的KA_{11}的常闭触点(123、119)、闭合的KA_{10}的常闭触点(119、171)、继电器KA_{14}的常开触点(171、114)加到继电器KA_{13}的线圈上,KA_{13}的线圈得电,其常开触点(A_{12}、163)接通,电动切换自动空气开关ZK_{13}的合闸端子A_2得到合闸信号,使电动空气开关ZK_{13}合闸,发电机向母线A_6、B_6、C_6、N_6供电,以三相四线制形式输出。

机组合闸后,ZK_{13}的辅助常开触点(1与4)接通,机组合闸指示灯HD_{15}得电而点亮。同时ZK_{13}的辅助常闭触点(1与2)断开,机组分闸指示灯HD_{14}失电而熄灭。

机组合闸后,机组母线上有电,KA_{10}和KA_{11}的线圈得电,其常闭触点(123、119)和(119、171)断开,但此时由于机组已经合闸,继电器KA_{15}的线圈得电,其常开触点(117、114)接通,保证KA_{13}的线圈可靠得电,其触点(170、164)断开,目的是不向2043型负荷分配器25端子送出卸载命令;KA_{15}的线圈得电,其常开触点(195、地)接通,向MP40型监控器的12端送入机组合闸信号,同时,KA_{15}触点(177、164)接通,准备接通卸载电路。

② 手动分闸控制电路。将控制面板上对应的"遥控/分闸/软分闸/合闸"转换开关(SB_{12})置于"分闸"位置,其触点(A_{12}、197)接通,将电动切换自动空气开关ZK_{13}的分闸端子A_4接通。送电使电动空气开关分闸,切断发电机向母线A_6、B_6、C_6、N_6的供电。

机组分闸后,ZK_{13}的辅助常闭触点(1与2)接通,机组分闸指示灯HD_{14}得电而点亮。同

时 ZK_{13} 的辅助常开触点（1与4）断开，机组分闸指示灯 HD_{15} 失电而熄灭；KA_{15} 的线圈失电，其常开触点（195、地）断开，向 MP40 型监控器的12端送入的机组合闸信号消失。

③ 软分闸控制电路。当并联运行机组在运行中要退出其中一台时，应将要退出机组控制面板上的"遥控/分闸/软分闸/合闸"转换开关 SB_{12} 置于"软分闸"位置，SB_{12} 闭合的触点（188、187）和（A_{12}、174）断开，继电器 KA_{14} 的线圈失电，其常闭触点（114、171）断开，继电器 KA_{13} 的线圈失电（参见图5-31），KA_{13} 的常闭触点（170、164）闭合，2043型负荷分配器的25端得到+24V 负荷转移命令，将要退出运行机组的负荷以递减方式缓慢转移到其他机组（防止给正在运行机组电流冲击），负荷转移完成后，2043型负荷分配器的26端通过197送出分闸信号给发电机开关 ZK_{13} 的分闸控制端，ZK_{13} 断开切断发电机与发电机组母线 A_6、B_6、C_6、N_6 的联系。

④ 遥控控制电路。机组正常运行后将控制面板上对应的"遥控/分闸/软分闸/合闸"转换开关（SB_{12}）置于"遥控"位置时，触点（165、187）、（168、164）、（162、174）接通。

当计算机通过通信接口（013、012）向 MP40 型监控器的1和2端子发出合闸指令时，MP40 型监控器的遥控合闸输出端17通过176输出高电平，KA_{19}' 的线圈得电，其常开触点（188、165）、（A_{12}、162）闭合，SB_{12} 闭合的触点（165、187）和（162、174）接通，ZK_{13} 合闸（接通过程与手动合闸控制相同）。

合闸后 ZK_{13} 的辅助常开触点（1、4）接通，24V 直流电源通过该触点加到继电器 KA_{15} 的线圈上，其常开触点（164、177）接通。

当计算机通过通信接口（013、012）发出分闸指令时，MP40 型监控器的遥控合闸输出端17通过176输出低电平，KA_{19} 的线圈失电，其常闭触点（139、180）接通，24V 直流电源通过闭合的 SB_{12} 的触点（168、164）和闭合的 KA_{15} 的触点（164、177）将卸载命令送入2043负荷分配器的25端使本机分闸（分闸过程与软分闸控制相同）。

2）市电电能输出电路

市电正常时，继电器 J_7 工作，其常开触点（081、00）接通，给 MP40 型监控器的15端子送入正常运行信号，MP40 监控器从25端子送出运行信号，继电器 KA_{07} 工作，KA_{07} 的常开触点（074、031）接通；ATS 合闸信号029通过 SB_3 触点（029、074）、KA_{07}（074、031）、J_6 常闭触点（031、036）送入"市电合闸"端子，ATS 切换开关接通市电供电。市电电源直接接至 ATS 切换开关 HK 市电侧市电母线 A_1、B_1、C_1、N_1（见附录21）。

3）ATS 切换控制电路

（1）自动切换电路。ATS 操作模式选择开关 SB_3 置"自动"位（见附录21），ATS 切换开关（ATS 切换开关 HK 的结构参见第3章相关内容）的合闸信号029通过 SB_3 触点（029、074）接通。

需要市电供电时 ZK_2 合闸，市电正常时 MP40 型监控器的25端通过098送出高电平，继电器 KA_{07} 的线圈得电，其常开触点（074、031）接通，通过 J_6 的常闭触点（031、203），将 HK 的合闸控制信号端子202与 HK 的市电合闸控制端203接通，HK 接通市市电母线 A_1、B_1、C_1、N_1 与负荷输出母线 A_3、B_3、C_3、N_3，负载由市电电网供电。

当市电不正常时，发电机电源输入到母线 A_6、B_6、C_6、N_6，接通 ZK_3、J_1、J_2 得电，J_1 的常开触点（074、030）接通，J_4、KA_{07} 的常闭触点（034、035）因市电不正常接通030与035，将 HK 的合闸控制信号端子202通过 SB_3 的（029、074）与 HK 的发电机合闸控制端205接通，ATS

切换开关将发电机母线 A_6、B_6、C_6、N_6 与负载母线 A_3、B_3、C_3、N_3 相接。

当市电恢复后,ATS 切换开关仍将停止在机组侧供电(因 025 与 C_4、026 与 C_4 和 N_1 的连接被 J_1 的触点断开,ATS 切换开关的市电电源被切断),以防止市电恢复时 ATS 开关转换产生瞬时断电现象。如需转换为市电供电,则将合闸供电的机组分闸(或将 ZK_3 断开),使继电器 J_1、J_2 失电,J_1 的常闭触点(025、C_4)和(026、N_1)接通,电源将自动转换至市电侧,实现市电供电,此时可将机组冷却停机。市电正常时,市电供电优先。从电路上可见,市电正常时 J_4 的常闭触点(030、034)是断开的,切断了发电机合闸回路,只有市电不正常或者将 ZK_2 断开时才能使发电机合闸。

(2) 手动切换电路。ATS 操作模式选择开关 SB_3 置"手动"位,手动模式选择开关 SB_4 置"市电"位时,SB_3 的触点(029、075)和 SB_4 的触点(075、031)接通,ATS 切换开关的合闸信号 029 送到市电合闸控制端子 203,ATS 接通市电与负荷输出母线 A_3、B_3、C_3、N_3 向负载供电(同市电自动切换电路)。

ATS 操作模式选择开关 SB_3 置"手动"位,手动模式选择 SB_4 置"发电"位时,SB_3 的触点(029、075)和 SB_4 的触点(075、030)接通,通过 J_4 的常闭触点(030、034)和 KA_{07} 的常闭触点(034、035)送出机组合闸信号到 HK 的 205 端,接通机组母线 A_6、B_6、C_6、N_1 与负荷输出母线 A_3、B_3、C_3、N_3。

(3) 遥控切换电路。ATS 操作模式选择开关 SB_3 置"遥控"位,其触点(077、030)和(076、031)接通。合闸信号通过继电器 J_3 和 J_5 的触点(029、077)和(029、076)来控制发电机与市电的切换。

当计算机通过通信接口(012、013)发出市电供电遥控指令时,MP40 型监控器的 23 端子输出高电平,继电器 J_5 的线圈得电,其常开触点(029、076)接通合闸信号线通过 031 和 J_6 的常闭触点与市电合闸端 203 接通,ATS 切换到市电供电。

当计算机通过通信接口(012、013)发出机组供电遥控指令时,MP40 型监控器的 23 端子输出低电平而 20 端子输出高电平,继电器 J_5 失电,其常开触点(029、076)断开;继电器 J_3 的线圈得电,其常开触点(029、077)接通,合闸信号线通过 030 和 J_4 的常闭触点(031、024)、KA_{07} 的常闭触点(034、035)与发电机合闸端 202 接通(因为这时没有市电才作这样选择),ATS 切换到发电机供电。

4) 负载输出电路

(1) 手动控制。工作前先将 ZK_4 合闸(见附录 22),1#负载输出开关 SB_5 置"合闸"位时,SB_5 的触点(A_{03}、037)接通,继电器 KA_{01} 的线圈得电,其常开触点(010、A_{03})接通,ZK_{01} 的合闸端子 C_{11} 得到合闸信号,ZK_{01} 合闸,接通 1#负载的输出电路,即接通负荷输出母线 A_3、B_3、C_3、N_3 与 1#负载输出 A_2、B_2、C_2、N_2。2#、3#、4#、5#和 6#负载的输出电路与 1#负载输出电路相同。

1#负载输出开关 SB_5 置"分闸"位时,SB_5 的触点(A_{03}、037)断开,继电器 KA_{01} 的线圈失电,其常开触点(010、A_{03})断开,常闭触点(011、A_{03})接通,ZK_{01} 的分闸/储能端子 A_1 得到信号,ZK_{01} 分闸断开 1#负载的输出电路,即断开负荷输出母线 A_3、B_3、C_3、N_3 与 1#负载输出 A_2、B_2、C_2、N_2。2#、3#、4#、5#和 6#负载的输出电路与 1#负载输出电路相同。

(2) 遥控控制。将 ZK_4 合闸,1#负载输出旋钮 SB_5 置"遥控"位,计算机通过 MP40 型监控器的 1 和 2 通信接口进行遥控(见附录 20)控制,当 MP40 型监控器的 1 和 2 端收到计算机发来的第一路(800A)合闸指令时,其20端通过149输出高电平,继电器KA_{17}的线圈得电,其常开触点(037、038)接通,接通1#负载的输出电路(接通过程同手动控制电路)。

当MP40型监控器的1和2端收到计算机发来的第一路(800A)分闸指令时,20端通过149输出低电平,继电器KA_{17}的线圈失电,其常开触点(037、038)断开,断开1#负载的输出电路(断开过程同手动控制电路)。

当MP40型监控器的1和2端收到计算机发来的第二路(63A)合(分)闸指令时,23端通过128输出高(低)电平,继电器KA_{18}的线圈得(失)电,其常开触点(039、040)接通(断开),接通(断开)2#负载的输出电路。

第二台机组遥控输出继电器为KA_{27}和KA_{28},分别控制3#和4#负载输出;第三台机组遥控输出继电器为KA_{37}和KA_{38},分别控制5#和6#负载输出。

3. 电能测量和监控报警电路

1) MP40型监控器

MP40型监控器能显示发电机的线电压、线电流、输出有功功率、功率因数、频率等电力参数值;能提供逆功率、欠压、过流、输出短路等保护;能提供欠电压、过电压、欠频率、超频率、超功率、超电流预报警或报警;能提供频率、电压、超功率、超电流报警延时(见附录20)。

若频率、电压、电流、功率任意一项达到报警设定值及有外置故障输入时,MP40型监控器从18端通过167输出综合报警输出信号,+24V报警信号通过二极管、电阻R_5、三台机组的急停按钮$JT_{11}\sim JT_{13}$的常闭触点,使蜂鸣器BZ鸣响报警。

市电监测单元VR用来监视市电是否正常。市电正常时VR的常开触点(7、9)接通,继电器J_4得电工作,其常闭触点(030、034)断开ATS切换开关的"发电机合闸"端子。这时VR的常闭触点(7、8)断开,J_6失电,常闭触点(031、036)接通,市电正常时KA_{07}的常闭触点(074、031)接通,ATS切换开关接通市电供电。KA_{07}触点(097、024)接通,市电供电指示灯HD_4亮;市电不正常时VR的常闭触点(7、8)接通,市电缺相、逆相报警灯HD_3亮,继电器J_6得电工作,其常闭触点(031、036)断开市电合闸端子。

2) 仪表电路

(1) 电压表电路。

机组电压表U_{11}的A_{16}、B_{16}、C_{16}通过熔断器FU_{12}、FU_{13}、FU_{14}与机组A_{11}、B_{11}、C_{11}相连,测量显示本机电压(见附录20)。

输出母线电压表V的A_{01}、B_{01}、C_{01}通过熔断器FU_5、FU_6、FU_7与负荷输出母线A_3、B_3、C_3相连,测量显示输出母线电压(见附录21)。

(2) 电流表电路。

机组电流表A_{11}的146、147、148端通过2043型负荷分配器的156、157、158端与MP40型监控器的40、42、44端相连接,再通过MP40型监控器的39、41、43端与机组电流互感器HG_{11}、HG_{12}、HG_{13}连接,测量显示机组输出电流(见附录20)。

输出母线A相电流输入端通过090、MP40型监控器的071、输出母线功率表kW的050与互感器HG_4的S_1端相连,B相电流输入端通过091、MP40型监控器的049与互感器HG_5的S_1端相连,C相电流输入端通过092、MP40型监控器的072、输出母线功率表kW的048与互感器HG_6的S_1端相连,测量显示负载的三相电流(见附录21)。

(3) 频率表电路。

机组频率表 HZ_{11} 的 B_{16}、C_{16} 通过熔断器 FU_{13}、FU_{14} 与机组 B_{11}、C_{11} 相连,测量显示本机的频率(见附录20)。

输出母线频率表 HZ 的 A_{01}、B_{01} 通过熔断器 FU_5、FU_6 与负载输出母线 A_3、B_3 相连,测量显示负载输出母线频率(见附录21)。

(4) 功率表电路。

机组功率表 kW_{11} 通过 112 与 2043 型负荷分配器的 22 端相连,测量显示本机输出功率(见附录20)。

输出母线功率表 kW 的三相电压输入端 A_{01}、B_{01}、C_{01} 通过熔断器 FU_5、FU_6、FU_7 与输出母线 A_3、B_3、C_3 相连,A 相电流输入端通过 050 与互感器 HG_4 的 S_1 端相连,A 相电流输出端通过 071、MP40 型监控器的 090、三相电流表的 A 相输入端与地相连,C 相电流输入端通过 048 与互感器 HG_6 的 S_1 端相连,C 相电流输出端通过 072、MP40 型监控器的 092、三相电流表的 C 相输入端与地相连,测量显示输出功率(见附录21)。

3) 机组三相电绝缘监视电路

绝缘监测电路由机组的 A、B、C 三相绝缘指示灯 HD_{11}、HD_{12} 和 HD_{13} 组成(见附录20),三个指示灯均接成星形。一端接机壳,另外三个端通过开关 ZK_{11} 分别接在发电机输出线上,当发电机的某相绕组或输出线路对地绝缘不好时,相应的指示灯就会熄灭或暗淡,从而很方便地发现故障。

4) 机组接地保护电路

当发电机组工作时,MP30 型控制器通过供油输出端子 26、急停按钮的常闭触点(138、139)给接地保护器提供正常工作直流电压;JD_{11} 内部继电器的常开触点(1、2)的 2 端子通过 170 接蓄电池正极,继电器 KA'_{10} 的线圈一端接触点 1,另一端接蓄电池负极(搭铁)。发电机的输出接到 JD_{11} 的对应端子 A、B、C、N。

当发电机的输出端出现接地故障时,接地保护器 JD_{11} 的常开触点(1、2)接通,接地故障灯 FG_{12} 亮指示故障。继电器 KA'_{10} 的线圈得电,其常闭触点(A_{13}、A_{14})断开,ZK_{13} 的失压线圈失电,ZK_{13} 处于分闸状态。

4. 并联运行控制电路

并联运行控制电路由 SY-SC-2023 自动同步控制器(简称:2023 型同步控制器)和 SY-SC-2043 自动负荷分配器(简称:2043 型负荷分配器)等器件组成(详细叙述见第 4 章)。

2023 型同步控制器能够调整发电机与主电网获得同等的交流频率及相位关系,并具有一定的同期检测功能。当待并机组与母线的电压同步时,给发电机组输出一个同步合闸信号,正常同步的时间少于 3s。

2043 型负荷分配器实现负荷转移功能和负荷自动分配功能。

1) 并联运行的 3 种运行模式

(1) 手动操作模式。手动并机运行时,可同时启动两台或三台机组,并列投入供电。

分别将两台或三台机组操作模式开关 SB_{11} 置于"手动"位(见附录20、附录21),当系统自检完毕,可分别直接按 MP30 型监控器面板上"启动"按钮启动两台或三台柴油机;系统即投入启动程序,显示屏出现当前运行状态显示。

机组正常运行后将其中一台机组如 2 号机组对应的"遥控/分闸/软分闸/合闸"SB_{12} 转

换开关置于"合闸"位置,送电使电动空气开关吸合,2号机组作为已合闸机组向母线供电(如前所述),将待合闸机组如1号机组对应的"遥控/分闸/软分闸/合闸"转换开关置于"合闸"位置,1号机组已运行,所以KA_{12}、KA_{19}得电(见附录20),常开触点(187、189)和(174、117)闭合(如前所述)。KA_{14}的线圈得电,1号机组2023型同步控制器"投入"端子9得电工作,其10输出端的继电器KA_{14}常开触点闭合,接通1号机组2023型同步控制器到柴油机转速控制器的连接。因2号机组合闸,机组母线有电,KA_{10}的常闭触点(171、119)和KA_{11}(119、123)的常闭触点断开,KA_{13}的线圈无法得电,ZK_{13}得不到合闸信号,此时1号机组处于待合闸位置,2023型同步控制器将自动追踪已合闸机组的电压相位、频率,待相位及频率基本一致后输出同步合闸命令,1号机组2023型同步控制器的合闸输出继电器(5、6)接通123到171两点的连接,又KA_{14}的常开触点(114、171)闭合,则KA_{13}的线圈得电,其常开触点(163、A_{12})接通,1号机组合闸与已合闸机组并机对外供电。

当发电机带载运行时,不要随意分闸,以免发生停电意外或对供电机组造成冲击。当并联运行机组在运行时要退出其中一台时,应将要退出机组控制面板上的"遥控/分闸/软分闸/合闸"转换开关置于"软分闸"位置,这时继电器KA_{13}失电,其常闭触点(164、170)接通,向负荷分配器端子25送入卸载命令,需退出运行机组的负荷会自动以递减方式缓慢地转移到其他机组(此目的是防止给正在运行机组一定电流冲击,单机运行时不能实现此功能,若要将带载的单机分闸,必须将控制面板的"遥控/分闸/软分闸/合闸"转换开关置于"分闸"位置,进行强行分闸,否则无法分闸),然后机组自动分闸。

(2) 全自动操作模式。全自动操作运行时,将机组操作模式选择旋钮"手动/自动/后备"转换开关SB_{11}均置于"自动",其触点(190、135)接通,机组"遥控/分闸/软分闸/合闸"转换开关置于"合闸"位置,控制器进入待机状态(见附录20)。

当市电断电后继电器J_4的线圈失电,其常闭触点(190、地)接通,MP30型监控器的16端从135得到低电平即自启动信号(见附录20),处于自动状态的机组均会按控制逻辑自动启动柴油机,并自动同步合闸送电。系统采用机组优先原则,当市电恢复后,因J_1的常闭触点(C_4、025)和(N_1、026)仍断开(见附录21),ATS切换开关仍将停止在机组侧供电,以防止市电恢复时ATS开关转换产生瞬时断电现象。如需转换为市电供电,应将合闸供电的机组分闸,这时电源将自动转换至市电侧,实现市电供电,此时可将机组冷却停机。

(3) 后备操作模式。将任一台或两台机组操作模式选择旋钮"手动/自动/后备"转换开关SB_{11}置于"自动"位,其余置于"后备"位,并将所有机组的"遥控/分闸/软分闸/合闸"转换开关SB_{12}置于"合闸"位置。此时置于"自动"的机组会优先按程序自动启动机组,正常运行后自动合闸送电,置于"后备"状态的机组仍守候,当优先启动运行的机组发生故障报警时,报警继电器KA_{16}的常开触点(地、060)闭合,操作模式选择开关SB_{11}的触点(060、135)闭合,后备机组从135得到低电平自启动信号,启动运行,正常后自动合闸供电,替代故障的机组。

后备操作模式也采用机组优先原则,与全自动模式时相同。

2) 调差电路

当1号机组合闸输出后,继电器KA'_{15}的线圈得电(见附录20),其常开触点(139、$2S_3$)和(139、$3S_3$)闭合(见图5-24,注:附录20中未画出该部分)。

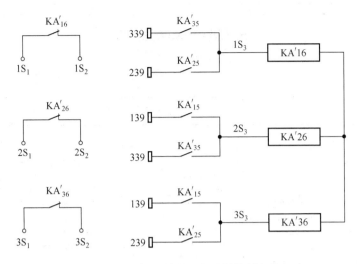

图 5-24 单机/并联运行选择控制电路

继电器 KA'_{26} 和 KA'_{36} 的线圈得电,其常闭触点($2S_1$、$2S_2$)和($3S_1$、$3S_2$)断开,使 2 号机组和 3 号机组的调差电路投入运行。当 2 号机组或 3 号机组合闸后,继电器 KA'_{25} 的常闭触点(239、$1S_3$)和(239、$3S_3$)或继电器 KA'_{35} 的常闭触点(339、$1S_3$)和(339、$3S_3$)闭合,KA'_{16} 继电器的线圈得电,其常闭触点($1S_1$、$1S_2$)断开,1 号机组的调差电路投入运行,KA'_{16}、KA'_{26}、KA'_{36} 触点电路的连接见附录 20。

3)报警电路

如果有逆功率电流输入,负荷分配器的 13 端通过 141 输出信号到 MP40 型监控器的 13 端(见附录 20),MP40 型监控器收到 13 端的报警信号后,从 18 端子送出报警信号 167,使蜂鸣器发出报警声音,同时负荷分配器上的逆功率故障指示灯亮指示逆功率故障。

5. 柴油机控制电路

主控柜上安装有 MP30 型监控器,其电路连接如图 5-25 所示。

控制系统采用全自动化控制设计,可选择手动程序控制、自动程序控制、遥控等控制模式。

1)启动电路

(1)手动控制模式。将机组运行方式选择开关 SB_{11} 拨至"手动"位,其触点(190、135)和(060、035)断开(见附录 20),MP30 型监控器的 16 端不可能得到低电平自启动。只有按下 MP30 型监控器面板上的启动按钮,MP30 型监控器的 25 端输出高电平到启动继电器,接通起动机,起动机运转,带动柴油机启动,起动完成后,25 端输出低电平,起动机与柴油机飞轮分离,柴油机启动成功。

(2)自动控制模式。将机组运行方式选择开关 SB_{11} 拨至"自动"位,其触点(190、135)接通。当市电断电后继电器 J_4 的线圈失电,其常闭触点(地、190)接通,又 SB_{11} 的触点(190、135)接通,MP30 型监控器的 16 端从 135 得到低电平即自启动信号,输出启动信号到柴油机启动柴油机。

(3)后备控制模式。将机组运行方式选择开关 SB_{11} 拨至"后备"位,其触点(060、135)接通,使机组作为后备机组,等待优先机组发生故障时自启动向电网供电(或发出满负荷信

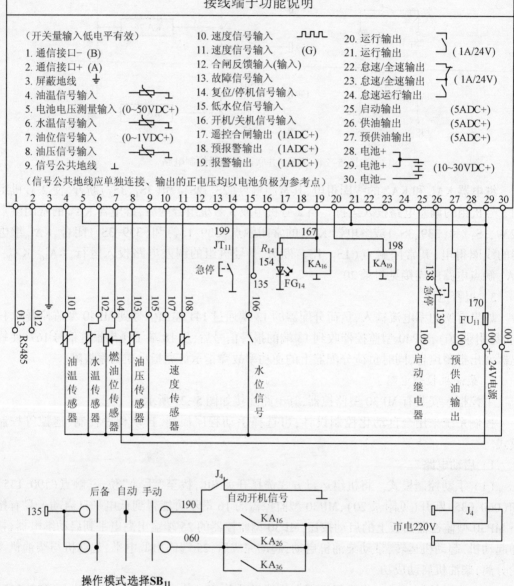

图 5-25 MP30 型柴油机控制器电路

号才进行启动,启动成功后并网供电但本自动电站未启用该功能)。

2) 停机电路

正常停机:按下 MP30 型监控器面板上的停机/复位按钮,控制柴油机停机。

紧急停机：按下主控制柜面板上的"紧急停机"按钮，其常开触点(199、地)接通，MP30型监控器控制柴油机紧急停机，同时其常闭触点(138、139)断开，2023型同步控制器、2043型负荷分配器失去直流电源，柴油机停机；其常闭触点(030、061)断开，蜂鸣器不鸣响。

3) 监控与保护电路

柴油机出现故障时，MP30型监控器的19端通过167输出高电平信号，综合报警指示灯FG_{14}亮，蜂鸣器BZ鸣响(见附录20)。

继电器KA_{16}的线圈得电，其常闭触点(A_{15}、A_{14})断开，电动开关ZK_{13}因失压线圈失电而分闸，切断发电机到机组输出母线的连接。

同时KA_{16}的常闭触点(060、地)接通，向后备机组发出启动信号。

思 考 题

1. 叙述 P50.25.25 型控制屏超速保护电路的工作过程。
2. 叙述 P52.28.26a 型控制屏常用控制系统启动电路的工作过程。
3. 叙述 P52.28.26a 型控制屏的起励建压过程。
4. 简述 P52.28.26a 型控制屏电路中常用控制系统的启动过程。
5. 简述 P52.28.26a 型控制屏中调速控制电路的工作过程。
6. 叙述 P52.28.26a 型控制屏过欠压保护电路的工作过程。
7. P52.28.26a 型控制屏中发电机输出电路和市电输出电路是怎样实现互锁的？
8. 叙述 LSG35S6 型三相无刷同步发电机绕组始末端的判断方法。
9. 叙述 PF161 型控制屏自动合闸控制电路的工作过程。
10. 自动化电站由哪些部分组成？各部分的功用是什么？
11. GAC5550 型转速控制器与 ESD5500E 型转速控制器有什么不同？
12. 3×200GC-A 型自动化电站的 ATS 开关如何进行切换？
13. 简述 3×200GC-A 型自动化电站手动启动电路的工作过程。
14. 简述 3×200GC-A 型自动化电站油压低保护电路的工作过程。
15. 简述 3×200GC-A 型自动化电站的断路器 ZK_{13} 手动合闸电路的工作过程。
16. 简述 3×200GC-A 型自动化电站的断路器 ZK_{01} 遥控合闸电路的工作过程。

第6章 电站电气故障的检修

在叙述电站电气系统故障的检修时,我们设定的前提是电站的机械(动力)部分是正常的,只讨论电气部分的故障检修。

故障检修的基本步骤应遵循以下步骤。

(1) 弄清故障现象:

① 向使用人员了解故障发生前后的情况,以及采取了哪些措施;

② 查看柴油机、发电机或机组控制器等的故障显示代码,初步确定故障范围;

③ 查阅随机履历本,了解过去的使用、维护和修理情况;

④ 启动机组(在允许的情况下),用看、听、嗅、摸和仪表测量等方法,尽可能地弄清故障现象。

(2) 将故障现象和相关部分的工作原理连贯起来思索,分析故障产生的原因,确定故障存在的范围。

(3) 在故障可能存在的范围内,由表及里,由易到难,逐步检查和孤立故障。

(4) 排除故障并试机,直到机组工作正常。

(5) 将故障检修过程及小结摘要登记在机器故障登记簿上。

6.1 发电机电路故障的检修

电站发电机电路常见故障通常分为五类:电压不能建立或突然消失、电压表指示的电压过低、电压表指示的电压过高、电压表指示的电压不稳、没有电能输出。下面以120GF-W6-2126.4f型电站为例进行分析。

6.1.1 电压不能建立或突然消失

1. 电压不能建立

电站运转正常,发电机的电压不能建立。由原理电路(附录16)可知,发电机建压电路包括起励继电器 KA_4 常闭触点(39、$1E_2$)、保护继电器 KA_3 的常闭触点(S_2、39)、整流二极管 DP_2、续流二极管 DP_1 和励磁机及三次谐波绕组 SQ。

由原理电路可知,这时可采取瞬间短接 S_2、$1E_2$ 的方法来区分故障部位(因为短接 S_2、$1E_2$ 时,发电机的励磁与外电路无关了)。

1) 短接 S_2、$1E_2$ 时发电机能建立较高的电压

若短接 S_2、$1E_2$ 时发电机能建立较高的电压,说明故障范围是起励继电器 KA_4 的常闭触点(39、$1E_2$)或 KA_3 的常闭触点(S_2、39)及连接导线开路。

2) 短接 S_2、$1E_2$，发电机仍不能建压

说明故障在发电机内部及 DP_1、DP_2，一般有以下几种原因：

（1）谐波绕组 SQ、励磁绕组 EQ、LQ 开路或短路。谐波绕组 SQ、交流励磁机励磁绕组 EQ、发电机励磁绕组 LQ 开路或短路，发电机均不能建压发电。绕组短路有两种情况：一是内部短路，分全部短路和局部短路；二是绕组对地短路，除局部短路有可能发电外，其余均不能建压发电。绕组内阻很小，需用精度较高的直流电桥来测量。另外绕组的绝缘电阻需大于 $0.5MΩ$，特别是对停用较久的发电机组，使用前应用兆欧表进行绝缘电阻的测量，此时应断开自动励磁调节器与电机各绕组的连接，以免击穿电子元件，若绝缘电阻不够，需进行干燥处理。

（2）三相电枢绕组开路或短路。该绕组故障部位、检查方法与原因（1）基本相同。

（3）整流二极管 DP_2 开路。拆下整流、续流二极管电路板接往电机接线柱 $1E_2$ 的导线，直接用数字万用表的二极管挡检测 DP_2。

（4）续流二极管 DP_1 短路。续流二极管短路，即交流励磁机的励磁绕组 EQ 被短路，无励磁电流，发电机便不能发电。拆下整流、续流二极管电路板接往电机接线柱 E_2 上的接线，用数字万用表的二极管挡检测 DP_1。

（5）转子上的旋转整流器开（短）路或保护元件短路。位于转子上的旋转整流器损坏，无法向励磁绕组 LQ 提供励磁电流，发电机便不发电。旋转整流器的检查可根据二极管的单向导电特性，用万用表的二极管挡进行检查，检查时应排除与之并联的电路影响。更换旋转整流器时要分清是阴极组还是阳极组。

（6）剩磁消失或减弱。发电机经过搬运震动、长时间停用、导线接错，都可能会引起剩磁消失或减弱。排除该故障应先检查发电机的导线 E_1、E_2 连接是否正确，因 E_1、E_2 接反后，初始剩磁励磁电流反而削弱磁场，从而导致发电机不能起励建压。在确定导线连接正确后，再给发电机充磁。方法是：将蓄电池的正极接 E_1、负极接 E_2，进行短时碰触即可（正、负极接错将烧坏续流二极管 DP_1）。

2. 电压突然消失

这时要分清在何种情况下电压突然消失。

（1）加负载时电压突然消失。发电机空载时正常，合上输出开关 QF_2 给负载供电时电压突然消失。通常有以下原因：

① 负载太大。超过本机供电能力，引起发电机的输出电压下降，达到欠压保护值，欠压保护电路动作（如果输出开关 QF_2 故障跳闸，跳闸后电压表仍有指示），这时应减小负载或采用并联供电。

② 负载在正常范围。负载在正常范围内，发电机加负载后电压消失是由于过欠压保护电路的工作点调整不当引起误动作。应重新整定过欠压保护值和延迟时间。

③ 整流二极管 DP_2 突然开路。

（2）空载时（指输出开关 QF_2 未闭合）电压突然消失。主励磁电路的元件突然损坏，如整流二极管 DP_2 突然开路，续流二极管 DP_1 突然短路，KA_3 的常闭触点（S_2、39）接触不良，排除方法与电压不能建立相同。

（3）转换开关 S_1、S_2、电压表 V 突然损坏。对于该类故障可通过测量发电机输出来缩小故障范围。

6.1.2 电压表指示的电压过低

电站运转正常,控制屏面板上的电压表指示的电压过低。这时应利用控制屏面板上的三相电压测量转换开关 S_2,判断是因为 S_2 上缺相或某层接触不好引起电压表显示电压低(这时有一组电压正常),还是发电机发出的电压过低。再利用 1#、2#励磁调节器转换开关 SA_5(见附录16)来判断故障发生在哪个部位。

1. 拨动 SA_5 时故障仍然存在

拨动 SA_5 时,是在切换 1#、2#励磁调节器轮流在线工作,1#、2#励磁调节器同时故障的概率是很小的。如果拨动 SA_5 时故障仍然存在,说明故障的范围在 1#、2#励磁调节器工作时都要用到的公共励磁电路中。

发电机电压过低的根本原因是发电机的励磁电流不足,导致发电机励磁电流不足的原因主要有三个方面:一是与励磁绕组串联的电路电阻值过大;二是与励磁绕组并联的电路电阻太小;三是励磁机提供的励磁电源不够。

这时仍然可用瞬间短接 S_2、$1E_2$ 的方法来区分故障部位。

1) 短接 S_2、$1E_2$ 时发电机能建立较高的电压

常见故障为 1#、2#励磁调节器的转换开关 SA_5 的触点因氧化而接触不良、保护继电器 KA_3 的常闭触点(S_2,39)接触不好、$1E_2$、KA_3 到 SA_5 的 39 和 $1E_2$ 这两根导线接触不良。

这时可分段检查其电阻值,找出故障点。

2) 短接 S_2、$1E_2$ 时发电机的电压仍过低

说明故障在发电机内部及 DP_1、DP_2,一般有以下几种原因。

(1) 整流二极管 DP_2 失效使得正向电阻太大。拆下整流、续流二极管电路板接往 JX 接线排 $1E_2$ 的导线,直接用数字万用表的二极管挡检测 DP_2。

(2) 续流二极管 DP_1 反向电阻太小。续流二极管反向电阻太小,即交流励磁机的励磁绕组 EQ 被分掉的励磁电流太多,励磁电流不足,导致发电机电压过低,这时拆下整流、续流二极管电路板接往电机接线柱 E_2 上的接线,用数字万用表的二极管挡检测 DP_1。

(3) 转子上的三相桥式整流器部分开(短)路或保护元件电阻值减小。位于转子上的三相桥式整流器部分损坏,向励磁绕组 LQ 提供励磁电流减小,发电机励磁不足,三相桥式整流器的检查可根据二极管的单向导电特性,用万用表的二极管挡进行检查,检查时应排除与之并联电路的影响。

(4) 谐波绕组 SQ、励磁绕组 EQ、LQ 部分短路。谐波绕组 SQ、交流励磁机励磁绕组 EQ、发电机励磁绕组 LQ 部分短路,都会引起发电机的电压过低(但这种故障较为少见,一般不要优先考虑)。绕组内阻很小,需用精度较高的直流电桥来测量。

(5) 三相电枢绕组部分短路。这时发电机会发热严重,没有加负载前机组运行就很吃力。该绕组故障部位、检查方法与谐波绕组 SQ、励磁绕组 EQ、LQ 部分短路时基本相同(这种故障很少见)。

2. 拨动 SA_5 时故障消失

当切入备份励磁调节器时发电机输出电压正常,说明常用的那台励磁调节器发生了故障。

发电机的输出电压低,是因为励磁绕组中的励磁电流不足。励磁电流不足是因为可控

硅不导通或导通时间短。引起可控硅不导通或导通时间短的原因是励磁调节器内部元件损坏。这时可参照励磁调节器的检修方法,对故障励磁调节器进行检修。

6.1.3 电压表指示的电压过高

电站运转正常,控制屏面板上的电压表指示的电压过高,仍可利用 1#、2#励磁调节器转换开关 SA_5 来判断故障发生在哪个部位。

1. 拨动 SA_5 时故障仍然存在

无论哪台励磁调节器工作故障都存在,说明故障与励磁调节器无关。故障部位在两台励磁调节器都用到的公共电路,是公共电路引起了发电机的励磁电流过大。引起该故障的原因有两方面。

1) 公共励磁电路内的励磁电阻太小

引起公共励磁电路电阻太小的故障从电路图中可见,无非是 KA_4 的常闭触点没有断开、R_f 电阻值太小。

2) 电压测量电路的输入电压缺相

发电机的三相交流电通过熔断器 FU_1、FU_2、FU_3 接入励磁调节器,如果熔断器某相断了(或者连接到励磁调节器的三相电路有一相开路),则励磁调节器的电压测量电路的检测结果是发电机的电压低,通过调节使发电机的励磁电流增大,从而导致发电机的输出电压过高。这时可通过转动电压表换相开关来检查熔断器是否断了(或者用万用表测量 DTW5 的①②③端子之间的电压)来判断故障部位。

2. 拨动 SA_5 时故障消失

当切入备份励磁调节器工作时发电机输出电压正常,说明常用的那台励磁调节器发生了故障。这时可参照励磁调节器的检修方法,对故障励磁调节器进行检修。

6.1.4 电压表指示的电压不稳

电压表指示的电压是否稳定,不仅与发电机和配电设备的工作状况有关,而且与柴油机转速的稳定程度有关。当发生电压表指示的电压不稳故障时,首先要考虑柴油机转速是否稳定。以下叙述都是假定柴油机的转速是稳定的,仅讨论发电机及配电设备方面的原因。

电压表指示的电压不稳,从控制屏原理电路可知有两方面原因:一是电压表电路接触不好,电站运行中的震动导致接触不好的地方时好时坏,从而使电压表指示的电压不稳;二是发电机励磁电流时大时小,引起发电机的输出电压时高时低。

在检修中可首先用万用表测量发电机的输出端电压,看是否稳定。

1. 发电机的输出电压稳定

用万用表测量发电机的输出电压稳定,说明故障是由电压表电路引起。这时可测量附录 16 中的测量状态转换开关 S_1 的 11、12、13 接点和 21、22、23 接点的电压是否稳定,判断熔断器 FU_1、FU_2、FU_3 及 S_1 的触点和接线是否接触不良;测量电压、电流表换相开关 S_2 的 21、22、23 接点及 24、25 接点电压是否稳定来判断 S_2 的触点和接线是否接触不良,电压表是否损坏。

2. 发电机的输出电压不稳

用万用表测量发电机的输出电压发现也不稳定,说明电压表电路是正常的,故障原因是发电机励磁电流时大时小。为了进一步孤立故障范围,仍可利用1#、2#励磁调节器转换开关 SA_5 来判断故障发生在哪个部位。

1) 拨动 SA_5 时故障仍然存在

无论哪台励磁调节器工作故障都存在,说明故障与励磁调节器无关。故障部位在两台励磁调节器都用到的公共电路,是公共电路接触不良引起发电机的励磁电流波动而导致发电机的输出电压不稳。

这时应分别检查公共励磁电路各导线连接是否可靠并紧固各接线点;检查励磁调节器的电压测量信号引入线11、12、13到熔断器 FU_1、FU_2、FU_3 连接是否可靠。

2) 拨动 SA_5 时故障消失

当切入备份励磁调节器工作时发电机输出电压正常,说明常用的励磁调节器发生了故障。

这时应首先对励磁调节器进行稳定性调整,如果调整稳定电位器 RP_2 无效,可参照励磁调节器的检修方法,对故障励磁调节器进行检修。

6.1.5 没有电能输出或三相电不平衡

当发电机的输出电压正常,机组供电开关和输出开关都接通时,仍无电能输出,这时应首先观察控制屏面板上的电流表并转动测量电压、电流表换相开关 S_2,了解是否三相都无输出,还是有个别一相和二相无输出。

1. 三相无电能输出

如果机组一开始三相就无电能输出,首先用万用表检查机组输出开关和负载开关处是否有三相电。如果输出开关处都有电,可能是输出电缆接触不好或断路;如输出开关处无电,则应分段检查控制屏内部的输出电路。

如果在供电时突然三相都无电能输出,通常是自动空气开关自动跳闸断路所致。跳闸的原因主要是负载太大或短路、电缆连接不当、空气开关失调或过欠压保护电路失调。

1) 负载过大或短路

自动空气开关自动跳闸,应检查是否短路或负载过大。若有短路,应认真查明并排除;如果负载太大,应减小负载,然后再次供电。

2) 电缆连接不当

有时控制屏上除了有机组输出开关外,还设有分路负载开关。如果负载并未超过机组的容量,但负载电流却超过了分路输出开关的额定电流,这时将负载并接在两个或多个分路开关的输出端或直接接在机组开关的输出端。

3) 自动空气开关失调

如果负载电流并未超过自动空气开关的整定值,而自动空气开关就跳闸了,应检查开关内部的热脱扣器装置是否失效,如失效应更换自动空气开关。

4) 过欠压保护电路失调

过欠压保护电路设置不当,加负载时,导致触点动作保护,断开输出电路。

2. 一相或二相无电能输出

有一相或二相无电能输出,首先应检查输出开关处的三相电压。如果U、V相和V、W相之间的电压过低,而U、W相之间的电压正常,说明第V相接触不好或断路,再分段检查故障的具体部位。如果输出开关的输出端电压是正常的,则故障在供电电缆和负载端。

3. 三相电不平衡

三相电不平衡分两种情况:一是机组控制屏电压表处显示三相电不平衡;二是负载处显示三相电不平衡。

1) 控制屏电压表显示三相电不平衡

机组正常运行时,转动控制屏上的测量电压、电流换相开关 S_2,电压表显示三相电不平衡,产生该故障的原因是电压表电路少一相电。该故障大多是熔断器 FU_1、FU_2、FU_3 某相断路或导线开路。

2) 负载处显示三相电不平衡

机组正常运行时,机组电压表显示三相电正常。送到负载处的控制屏显示三相电也正常,但只要负载一接通,三相电就不平衡,负载无法工作。该故障的原因是发电机的中性线未与负载接通(因负载不可能完全平衡,所以没有中性线时,负载每相电压按负载的阻抗大小分配)。

6.2 柴油机电路故障的检修

在讨论柴油机电路部分的故障分析时,假设柴油机的机械部分是正常的,认为柴油机引擎控制器、转速控制器设置正常,故障仅仅由电路引发。

6.2.1 机组不能启动

机组不能启动分三种情况:常用系统不能启动、备用系统不能启动和两种系统都不能启动。

1. 常用、备用系统都不能启动

故障发生在常用、备用系统启动时都用到的公共电路(见附录17)。

1) 按下启动按钮起动机不动

检查蓄电池接地开关 K 是否接通,启动继电器 RS_1 的线圈接线是否开路,RS_1 的触点是否损坏。检查起动机 M-J 接线是否开路,电刷接触是否良好。

2) 按下启动按钮时起动机运转但柴油机不能启动

常用、备用系统都存在此故障,发生故障的部位在常、备用系统都用到的电子调速器电路。原因是柴油机在启动时油门未打开。发生故障的部位:控制器失电(首先应检查"急停"按钮 SJ_1 是否自锁),电磁执行器 YA 开、短路,转速传感器 ZSG 开、短路,油门拉杆卡死,以致油门无法打开。

启动前用手拉动一下油门拉杆,看是否灵活,有无卡死。启动时测量 DT 的 D、C 端子(95、110)之间的转速传感器信号,应大于等于 1.5VAC。如该信号电压太低,则是转速传感器 ZSG 安装不当或失效;如该信号为 0,则是转速传感器 ZSG 开路或短路;如该信号正常,则应测量 DT 的 A、B 端子(93、94)之间的电压是否正常。该电压为 0,则应检查 DT 电源输入端子 F 的导线是否开路,YA 是否短路;该电压正常或偏高,则电磁执行器 YA 开路(DT 的起始供油调整不当也会引起柴油机无法启动)。

2. 常用系统不能启动

备用系统能启动,常用系统不能启动。故障范围在常用电路,与公共电路无关。这时首先观察是否有故障代码显示,按显示原因排除。

1) 按下启动按钮起动机不动

这是因为启动继电器 RS1 的线圈中没有电流通过。首先应检查 TP 表面板上的熔断器、电源开关是否完好、急停按钮是否按下(急停按下时,会显示 ESTOP),然后检查 TP 表的端子 1、3 对机壳之间应有 24V 电压(高电平)。按下控制屏面板上启动按钮的同时,测量 TP 表的端子 6 对机壳的电压。如端子 6 电压为 0(低电平),则 TP 表工作正常。故障范围是从 JB 单元的继电器 J_2 及 D_2、R_2,JB 单元 T_6 上 76#导线到插件 CT 之间开路。重点检查 T_5、T_6 的插头是否松动,导线是否开路。如继电器 J_2 及其外围元件损坏,可将 T_5 插件上的 106#导线插到 JB 板上的 T_3、T_6 插件上的 76#导线插到 T_4,用 JB 板上的备份继电器 J_1。

如 6 端子上的电压始终为 24V,则故障原因是 TP 表 21 芯接插件接触不良;若接触良好,则可能 TP 表损坏。

2) 按下启动按钮时起动机运转但柴油机不能启动

备用系统正常,常用系统出现该故障,故障的根本原因是 DT 未获得工作电压。这时可测量 TP 表端子 7 的电压来判断故障所在。

(1) 启动前,TP 表端子 7 的电压为 0V,应检查 JB 的继电器 J_3 线圈是否开路,分压电阻 R_3 是否开路,端子 7 到 JB 单元 T_7 的 107 导线是否开路。

(2) 启动后,TP 表端子 7 的电压由 24V 变为 0V,应检查继电器 J_3 的线圈是否短路、触点是否断路,续流二极管 D_3 是否短路,以及该触点(101、90)上的导线接触是否良好,有无开路。

(3) 启动时,TP 表端子 7 的电压仍是 24V,则说明 TP 表内部可能有故障。当 TP 表的启动切断转速等参数设置不当时,也会导致无法启动。

3. 备用系统不能启动

因系统比较简单在此不再阐述。

6.2.2 启动后起动机不能及时与飞轮脱开

起动机不能与飞轮脱开,是因为起动机的电源没有及时断开。在启动过程中,发生该故障时应立即关断电源,如面板上的急停按钮或电源开关无法关断,应立即踢开蓄电池接地开关,以免损坏起动机。启动后,如果出现异常情况,可采用断供油、堵进气等方式停机,严禁断开接地开关。

(1) 备用系统发生此故障的通常原因如下:

启动继电器 RS_1 或起动机 M-J 的吸合继电器 J 的触点烧蚀无法断开。

(2) 常用系统发生该故障的通常原因如下:

① TP 表故障使得端子 6 始终是低电平,启动电路无法断开(在确认后更换 TP 表)。

② TP 表没有收到转速传感器 ZSG 的信号或信号太弱(起动机短时与飞轮打得响,但最终可分开)致使 TP 表不能及时发出终止启动程序的指令。这时应检查转速传感器 ZSG 安装是否正确、传感器线圈是否开路(线圈电阻 1kΩ 或 600Ω 左右)、连接导线是否接触不良或脱落。

6.2.3 机组转速过低

通常是转速控制器 DT 的端子 M、G 之间的继电器触点或开关无法断开;M 端子导线搭铁,或转速调整电位器 RP_3 接触不良,严重时将导致游车(对斯太尔柴油机发电机组来说"急速/全速"控制是通过一个钮子开关控制的,全速时要求钮子开关接通,该开关常在工作3年左右就会出现接触不良而导致柴油机转速异常)。

6.2.4 机组突然停机

因备用系统发生机组突然停机的概率较小,且故障原因简单,所以在此只讨论常用系统。常用系统在柴油机发生故障时会做保护性的停机,这时 TP 表面板上有相应的故障代码显示。

(1) TP 表上显示"P00-11"(超速预报警)。转速显示窗口红灯亮,柴油机停机。从电路角度来看,引起柴油机转速过高的原因是 DT 驱动电磁执行器 YA 的控制电流过大。导致该电流过大主要的原因:一是转速传感器 ZSG 导线接触不良或失效,使 DT 误认为柴油机转速低而导致误控;二是 DT 自身故障或损坏;三是 TP 表的超速值设置不当。

(2) TP 表上显示"ALA-22"(油压过低报警)。油压显示窗口红灯亮,柴油机停机。电路引起油压显示低的原因是,机油压力传感器 YYG_1 损坏或传感器短路(机油压力传感器的特性是压力越小其呈现的阻抗越小)。另外,TP 表的油压低保护值设置不当也会导致该现象。

(3) TP 表上显示"ALA-32"(水温高报警)。水温显示窗口红灯亮,柴油机突然停机。故障是水温传感器 SWG_1 损坏或传感器短路(水温传感器的特性是水温越高其呈现的阻抗越小)。

(4) TP 表上没有故障显示,柴油机突然停机。可能的故障原因是由转速控制器、电磁执行器或转速传感器损坏等引起,应检查上述元件是否损坏及线路是否开路。

6.2.5 机组不能停机

机组不能停机,是指按下停机按钮后机组不能停止运行。这时可测量 TP 端子 7 的电压来判断故障所在。

(1) TP 表端子 7 的电压为 24V(高电平)。此故障是继电器 J_3 的触点因烧蚀无法断开所致。

(2) TP 表端子 7 的电压为 0V(低电平)。此故障原因是 TP 表没有进入关机程序,通常是由于停机按钮触点接触不良所致。另外,时间继电器 KT_1 的触点(107、00)损坏后不能断开,或者 KT_1 设置不当(时间或单位)也会引起不能停机的故障。

6.2.6 TP 表可能显示的其他故障

(1) 蓄电池电压过低(P01-50),应检查蓄电池及充电机电路。
(2) 蓄电池电压过高(P00-51),应检查充电机。
(3) 充电失败指示灯亮,应检查充电机及相关线路。
(4) 油压传感器开路,油压显示 9999。

（5）水温传感器开路，水温显示9999；水温传感器短路，水温显示9998。

思 考 题

1. 叙述 P52.28.26a 型控制屏的电压突然消失的原因。
2. 叙述 P52.28.26a 型控制屏的电压表指示的电压过低的原因。
3. 叙述按下 P52.28.26a 型控制屏 TP 表的启动按钮时，机组无法启动（起动机不转）的原因。
4. 叙述 120GF-W6-2126.4f 型电站突然停机的原因。

第7章　电站电气安全

电能已成为人类不可缺少的能源,在日常工作和生活中我们几乎每天都要接触到电。如果我们认识和掌握了"电"的性能和它的规律,那么,便可以利用"电能"为我们服务。如果使用不合理,设备安装不当,维修不及时或违反电气操作规程等,则不仅会造成停电、损坏设备、引起火灾,甚至造成人身伤亡等严重事故。因此搞好安全用电,应该引起极大重视。

7.1　安全用电措施

7.1.1　电气安全的有关概念

1. 电流对人体的作用

电流通过人体时,人体内部组织将产生复杂的反应。

人体触电可分为两种情况:一种是雷击和高压触电,较大的安培数量级的电流通过人体所产生的热效应、化学效应和机械效应,将使人的机体遭受严重的电灼伤、组织炭化坏死及其他难以恢复的永久性伤害;另一种是低压触电,在几十至几百毫安电流作用下,使人的肌体产生病理生理反应,轻的有针刺痛感,或出现痉挛、血压升高、心律不齐以致昏迷等暂时性的功能失常,重的可引起呼吸停止、心脏骤停、心室纤维性颤动等危及生命的伤害。

图7-1是国际电工委员会(IEC)提出的人体触电时间和通过人体电流(50Hz)对人身机体反应的曲线。由图7-1可以看出,人体触电反应分四个区域,其中1、2、3区可视为"安全区"。在3区和4区间的一条曲线,称为"安全曲线"。4区是致命区,但3区也并非绝对安全的。

2. 安全电流和安全电压

1) 安全电流

安全电流,就是人体触电后的最大摆脱电流。安全电流值,各国规定并不完全一致。我国一般采用30mA(50Hz)为安全电流值,但其触电时间按不超过1s计,因此,这个安全电流值也称为30mA·s。由图7-1所示安全曲线可看出,如果通过人体电流不超过30mA·s时,对人身机体不会有损伤,不致引起心室纤维颤动和器质性损伤。如果通过人体电流达到50mA·s,对人就有致命的危险,而达到100mA·s时,一般要致人死命。

安全电流主要与下列因素有关。

(1) 触电时间。由图7-1的安全曲线可以看出,触电时间在0.2s(200ms)以下和0.2s以上,电流对人体的危害程度是大有差别的。触电时间超过0.2s时,致颤电流值将急剧降低。

(2) 电流性质。试验表明,直流、交流和高频电流通过人体时对人体的危害程度是不一样的,通过50~60Hz的工频电流对人体的危害最为严重。

(3) 电流路径。电流对人体的伤害程度,主要取决于心脏受损的程度。试验表明,不同路径的电流对心脏有不同的损害程度,而以电流从手到脚特别是从一手到另一手最为危险。

(4) 体重和健康状况。健康人的心脏和衰弱病人的心脏对电流损害的抵抗能力是大不一样的。人的心理状态、情绪好坏以及人的体重等,也使电流对人的危害程度有所差别。

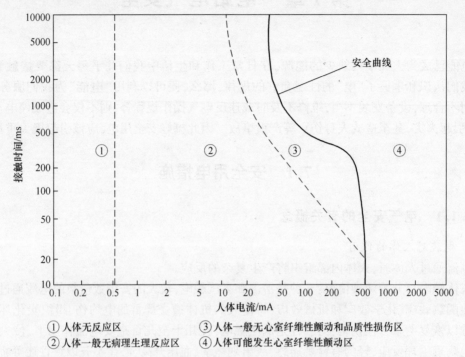

① 人体无反应区　　　　　　③ 人体一般无心室纤维性颤动和品质性损伤区
② 人体一般无病理生理反应区　④ 人体可能发生心室纤维性颤动区

图 7-1　IEC 提出的人体触电时间和通过人体电流(50Hz)对人身机体反应的曲线

2) 安全电压

安全电压,就是不致使人直接致死或致残的电压。

我国国家标准《安全电压》(GB 3805—2008)规定的安全电压等级如表 7-1 所列。由表 7-1 可知,安全电压值与使用的环境条件有关。

表 7-1　安全电压(据《安全电压》(GB/T 3805—2008))

安全电压有效值/V		选 用 举 例
额定值	空载上限值	
42	50	在有触电危险的场所使用的手持电动工具等
36	43	在矿井、多导电粉尘等场所使用的行灯等
24	29	
12	15	可供某些具有人体可能偶然触及的带电体设备选用
6	8	

在一般正常环境条件下,其中的交流 50V 电压,通常称为可允许持续接触的"安全特低电压"。这一电压是从人身安全的角度来考虑的。由于人体电阻平均为 1700~2000Ω,而安全电流为 30mA,按人体电阻 1700Ω 计算,安全电压为:

$$U_{saf} = 30\text{mA} \times 1700\Omega = 51\text{V}$$

行业规定,安全电压为不高于36V。

3) 直接触电防护和间接触电防护

(1) 直接触电防护(直接接触防护,基本防护)。这是指对人或动物直接接触危险的带电部分的防护,例如对带电导体加隔离栅栏,或加保护罩等的防护措施。

(2) 间接触电保护(间接接触防护,附加防护)。这是指对人或动物与外露可导电部分及故障时可变成带电的外部可导电部分危险的接触的防护,例如将电气设备的金属外壳(属外露可导电部分)及不是电气装置一部分的金属构架(属外部可导电部分)等予以接地,并装设接地故障保护等防护措施。

7.1.2 安全用电的一般措施

1. 加强电气安全教育

电能够造福于人,但如果使用不当,或稍有疏失,就可能造成严重的人身触电(或称"电击")事故,甚至致人死命,或者引发火灾或爆炸,而带来巨大损失。因此必须加强电气安全教育,人人树立"安全第一"的思想,力争消灭电气安全事故。

2. 严格执行安全工作规程

国家颁布的和现场制定的安全工作规程,是确保工作安全的基本依据。只有严格执行安全工作规程,才能确保工作安全。例如在变配电所工作,就必须严格执行DL408 1991《电业安全工作规程(发电厂和变电所电气部分)》的有关规定:

1) 电气工作人员必须具备的条件

(1) 经医师鉴定,无妨碍工作的病症(体格检查约两年一次)。

(2) 具备必要的电气知识,且按其职务和工作性质,熟悉《电业安全工作规程》的有关部分,并经考试合格。

(3) 学会紧急救护法,特别要学会触电急救。

2) 人身与带电体的安全距离

进行地电位带电作业时,人身与带电体间的安全距离不得小于表7-2规定的距离(DL409-91)。

表7-2 人身与带电体的安全距离

电压等级/kV	10	35	66	110	220	330
安全距离/m	0.4	0.6	0.7	1.0	1.8(1.6)[①]	2.6

① 因受设备限制达不到1.8m时,经主管生产领导(总工程师)批准,并采取必要措施后,可采用括号内(1.6m)的数值。

3) 在高压设备上工作的要求

在高压设备上工作,必须遵守下列各项规定:

(1) 至少应有两人在一起工作。

(2) 采取保证工作人员安全的组织措施和技术措施。

保证安全的组织措施有工作票制度、工作许可证制度、工作监护制度及工作间断、转移和终结制度。

保证安全的技术措施有停电、验电、装设接地线、悬挂标示牌和装设遮栏等。

3. 严格遵循设计、安装规范

国家制定的设计、安装规范,是确保设计、安装质量的基本依据。例如进行企业(营房、修理所等)供电设计,就必须遵循国家标准 GB 50052—2009《供配电系统设计规范》、GB 50053—2013《10kV 及以下变电所设计规范》、GB 50054—2001《低压配电设计规范》等一系列设计规范;而进行供电工程的安装,则必须遵循国家标准 GB 50147—2010《电气装置安装工程·高压电器施工及验收规范》、GB 50148—2010《电气装置安装工程·电力变压器、油浸电抗器、互感器施工及验收规范》、GB 50168—2006《电气装置安装工程·电缆线路施工及验收规范》、GB 50173—2014《电气装置安装工程·35kV 及以下架空电力线路施工及验收规范》等一系列施工及验收规范。

4. 加强供用电设备的运行维护和检修试验工作

加强供用电设备的运行维护和检修试验工作,对于供用电系统的安全运行,也具有很重要的作用。这方面也应遵循有关的规程、标准。例如电气设备的交接试验,应遵循 GB 50150—2006《电气装置安装工程·电气设备交接试验标准》的规定。

5. 采用安全电压和符合安全要求的相应电器

对于容易触电及有触电危险的场所,应按表 7-1 的规定采用相应的安全电压,并应按 GB/T 12501—1990(2004 复审)《电工电子设备防触电保护分类》的要求,对设备采取安全措施,如表 7-3 所列。

对于在有爆炸和火灾危险的环境中使用的电气设备和导线、电缆,应采用符合安全要求的相应设备和导线、电缆,具体要求参看 GB 50058—2014《爆炸和火灾危险环境电力装置设计规范》。

表 7-3 设备按防触电保护分类的主要特征及基本绝缘失效
所需安全措施(据 GB/T 12501—1990)

项 目	设备按防触电保护的分类			
	0类	Ⅰ类	Ⅱ类	Ⅲ类
设备主要特征	没有保护接地	有保护接地	有附加绝缘,不需要保护接地	设计成由安全特低电压供电
安全措施	使用环境要与地绝缘	接地线与固定布线中的 PE 线连接	采取双重绝缘或加强绝缘	采用安全特低电压供电

6. 按规定采用电气安全用具

电气安全用具分基本的和辅助的两大类。

1) 基本安全用具

这类安全用具的绝缘足以承受电气设备的工作电压,操作人员必须使用它,才允许操作带电设备,例如操作高压隔离开关的绝缘钩棒(图 7-2)和用来装拆低压熔断器熔管的绝缘操作手柄(图 7-3)等。

2) 辅助安全用具

辅助安全类用具的绝缘不足以完全承受电气设备工作电压的作用,但是操作人员使用它,可使人身安全有进一步的保障,例如绝缘手套、绝缘靴、绝缘地毯、绝缘垫台、高压试电笔(图7-4(a))、低压试电笔(见图7-4(b))、临时接地线以及表7-4所列各种标示牌等。

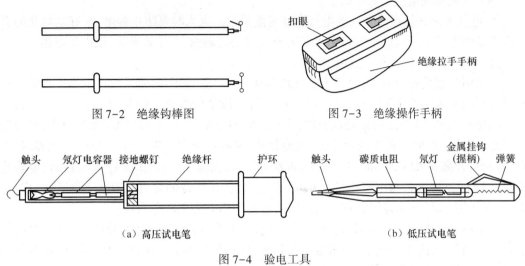

图7-2 绝缘钩棒图　　　　　图7-3 绝缘操作手柄

(a) 高压试电笔　　　　　(b) 低压试电笔

图7-4 验电工具

表7-4 标示牌内容及悬挂处所(DL408—1991)

序号	标示内容	标示牌悬挂处所
1	禁止合闸,有人工作!	一经合闸即可送电到施工设备的断路器和隔离开关操作把手上
2	禁止合闸,线路有人工作!	线路断路器和隔离开关操作把手上
3	在此工作!	室外和室内工作地点或施工设备上
4	止步,高压危险!	施工地点邻近带电设备的遮栏上;室外工作地点的围栏上禁止通行的过道上;高压试验地点;室外构架上;工作地点临近带电设备的横梁上
5	从此上下!	工作人员上下的铁架、梯子上
6	禁止攀登,高压危险!	工作人员上下的铁架邻近可能上下的另外铁架上;运行中变压器的梯子上

7. 普及安全用电常识

(1) 不得随意加大熔体规格。不得以铜丝或铁丝代换原有的铅锡合金熔丝。

(2) 不得超负荷用电;多台大容量设备宜错开使用时间,以免出现过负荷。

(3) 导线上不得晾晒衣物,以防电线绝缘破损,漏电伤人。

(4) 不得在架空线路和室外变配电装置附近放风筝,以免造成短路或接地故障;也不得用鸟枪或弹弓射击线路上的鸟,以免击毁线路瓷绝缘子。

(5) 不得随意攀登电杆和变配电装置的构架。

(6) 移动电器和手持电具的插座,一般应采用带保护接地(PE)插孔的插座。

(7) 当带电导线断落在地上时。不可走近。对落地的高压导线,应离开落地点8~10m以上;更不得用手去捡。遇此断线接地故障,应划定禁止通行区,派人看守,并通知电工或供电部门前来处理。

(8) 如遇有人触电,应按规定方法进行急救处理。

(9) 正确处理电气火灾事故。

① 电气失火的特点。失火的电气设备可能带电。灭火时要防止触电,最好是尽快断开失火设备的电源。失火的电气设备可能充有大量的可燃油,可导致爆炸,使火势蔓延。

② 带电灭火的措施和注意事项,如下:

应使用二氧化碳(CO_2)、四氯化碳(CCl_4)或二氟一氯溴甲烷(简称1211)等灭火器。这些灭火器的灭火剂均不导电,可直接用来扑灭带电设备的失火。但使用 CO_2 灭火器时,要防止冻伤和窒息,因为其 CO_2 是液态的,灭火时它喷射出来后,强烈扩散,大量吸热,形成温度很低(可达-78.5℃)的雪花状干冰,降温灭火,并隔绝氧气。因此使用 CO_2 灭火器时,要打开门窗,并离开火区2~3m,勿使干冰沾着皮肤,以防冻伤。使用 CCl_4 灭火器时,要防止中毒,因 CCl_4 受热时,与空气中的氧(O_2)作用,会生成有毒的光气($COCl_2$)和氯气(Cl_2)。因此,在使用 CCl_4 灭火器时,门窗应打开,有条件时最好戴上防毒面具。

不能用一般泡沫灭火器灭火,因为其灭火剂(水溶液)具有一定的导电性,而且对电气设备的绝缘有一定的腐蚀性。一般也不能用水进行灭火,因水中含有导电的杂质,用水进行带电灭火容易发生触电事故。

可使用干沙覆盖进行带电灭火,但只能是小面积的。

带电灭火时,应采取防触电的可靠措施。如遇有人触电,应及时进行急救处理。

7.1.3 怎样安全用电

为了防止触电事故的发生,必须采取防护措施,一般应注意以下几点:

(1) 使用各种电气设备时,应严格遵守使用规程。

(2) 根据现场情况,使用12~36V的安全电压。

(3) 正确安装电气设备,加装保护接地装置。带电的部分应当有防护罩或者放在不易接触之处或采用联锁装置。

(4) 尽量不带电工作。在危险场所,应严禁带电工作。必须带电工作时,应采用各种安全工具,如绝缘手套、绝缘靴、绝缘棒、绝缘钳和必要的仪器仪表等。

(5) 各种电气设备应定期检查,如发现漏电和其他故障,应及时修理。

(6) 加强安全用电的宣传教育工作。

7.2 触电救护

触电救护必须分秒必争,立即就地迅速用心肺复苏法(心肺复苏法包括人工呼吸法和胸外按压心脏法)进行抢救,并坚持不断地进行,同时及早与医疗部门联系,争取医务人员接替救治。在医务人员未接替救治前,不应放弃现场抢救,更不能只根据没有呼吸或脉搏而擅自判定伤员死亡,放弃抢救。只有医生有权做出伤员死亡的诊断。

7.2.1 脱离电源

触电急救,首先要使触电者迅速脱离电源,越快越好,因为电流作用的时间越长,伤害越重。

（1）脱离电源就是要使触电者接触的那一部分带电设备的开关断开，或设法将触电者与带电设备脱离。在脱离电源时，救护人员既要救人，也要注意保护自己。触电者未脱离电源前，救护人员不得直接用手触及伤员，以免触电。

（2）如触电者触及低压带电设备，救护人员应设法迅速切断电源。如拉开电源开关或拔除电源插头或使用绝缘工具、干燥的木棒等不导电物体解脱触电者；也可抓住触电者干燥而不贴身的衣服将其拖开；也可戴绝缘手套或将手用干燥衣物等包起绝缘后解脱触电者；救护人员也可站在绝缘垫上或干木板上，绝缘自己进行救护，最好用一只手进行。

（3）如触电者触及高压带电设备，救护人员应迅速切断电源或使用适合该电压等级的绝缘工具（戴绝缘手套、穿绝缘靴，并用绝缘棒）解脱触电者。救护人员在抢救过程中应注意保持自身与周围带电部分必要的安全距离。

（4）如触电者处于高处，应考虑到解脱电源后触电者可能从高处坠落，因此要采取相应的安全措施，以防触电者摔伤或致死。

（5）在切断电源救护触电者时，应考虑到断电后的应急照明，以便继续进行急救。

7.2.2　触电伤员脱离电源后的急救处理

触电伤员脱离电源后，应立即根据具体情况进行急救处理，同时赶快通知医生前来救治。

（1）如触电者神志尚清醒，则应使之就地躺平，严密观察，暂时不要站立或走动。

（2）如触电者已神志不清，则应就地仰面躺平，且确保气道通畅，并用5s时间，呼叫伤员或轻拍其肩部，以判定伤员是否意识丧失。禁止摇动伤员头部呼叫伤员。

（3）如触电者失去知觉，停止呼吸，但心脏微有跳动（可用两指轻试一侧喉结旁凹陷处的颈动脉有无搏动）时，应在通畅气道后，立即施行口对口（或口对鼻）的人工呼吸。

（4）如触电者的心跳和呼吸均已停止，完全失去知觉时，则在通畅气道后，立即同时进行口对口（鼻）的人工呼吸和胸外按压心脏的人工循环。如果单人抢救，则先按压15次后吹气2次，如此反复进行；双人抢救，则先由一人按压5次后由另一人吹气1次，如此反复进行。

由于人的生命的维持，主要是靠心脏跳动而造成的血液循环和呼吸而形成的氧气和废气的交换，因此采用胸外按压心脏的人工循环和口对口（鼻）吹气的人工呼吸的心肺复苏法，能对处于因触电而停止了心跳和呼吸的"假死"状态的人起暂时弥补的作用，促使其血液循环和恢复呼吸，达到"起死回生"。

7.2.3　人工呼吸法

人工呼吸法有仰卧压胸法、俯卧压背法和口对口（鼻）吹气法等，这里只介绍现在公认简便易行且效果较好的口对口（鼻）吹气法，如图7-5所示。

（1）首先迅速解开触电者的衣服、裤带，松开上身的紧身衣、围巾等，使其胸部能自由扩张，不致妨碍呼吸。

（2）使触电者仰卧，不垫枕头。头先侧向一边，清除其口腔内的血块、假牙及其他异物。然后将其头部扳正，使之尽量后仰，鼻孔朝天，使气道畅通，见图7-5(a)。如舌根下陷，应将

(a) 鼻孔朝天头后昂　　　　(b) 贴嘴吹气胸扩张　　　　(c) 放开嘴鼻好换气

图 7-5　人工呼吸

舌头拉出。

(3) 救护人位于触电者头部的一侧,用一只手捏紧鼻孔,不使漏气;用另一只手将下颌拉向前下方,使嘴巴张开。嘴上可盖一层纱布,准备接受吹气。

(4) 救护人做深呼吸后,紧贴触电者嘴巴,向其大口吹气,如图 7-5(b) 所示。如果掰不开嘴,亦可捏紧嘴巴,紧贴鼻孔吹气。吹气时要使胸部膨胀。

(5) 救护人吹气完毕后换气时,应立即离开触电者嘴巴(或鼻孔),并放松紧捏的鼻(或嘴),让其自由排气,如图 7-5(c) 所示。

按照上述要求对触电者反复吹气、换气,每分钟约 12 次。对幼小儿童施行此法时,鼻子不捏紧,可任其自由漏气,而且吹气不能过猛,以免肺泡胀破。

7.2.4　胸外按压心脏的人工循环法

按压心脏的人工循环法有胸外按压和开胸直接挤压心脏两种。后者是在胸外按压心脏效果不大的情况下,由胸外科医生进行。这里只介绍胸外按压心脏的人工循环法。

(1) 与上述人工呼吸法的要求一样,首先要解开触电者衣服、裤带及围巾等,并清除口腔内异物,使气道畅通。

(2) 使触电者仰卧,姿势与上述口对口吹气法相同,但其后背着地处的地面必须平整牢固,如硬地或木板之类。

(3) 救护人位于触电者一侧,两手相叠(对儿童可只用一只手),手掌根部放在心窝稍高一点的地方,如图 7-6 所示。

图 7-6　胸外按压心脏的正确压点

(4) 救护人找到触电者的正确压点后,自上而下、垂直均衡地用力向下按压,压出心脏内的血液,如图 7-7(a)所示。对儿童,用力应适当小一些。

(5)按压后,掌根迅速放松(但手掌不要离开胸部),使触电者胸部自动复原,心脏扩张,血液又回到心脏,如图 7-7(b)所示。

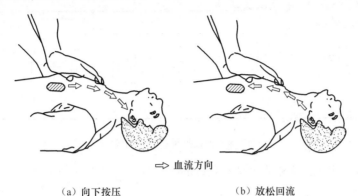

(a)向下按压　　　　　　(b)放松回流

图 7-7　人工呼吸外按压心脏法

按照上述要求反复地对触电者的心脏进行按压和放松,每分钟约 60 次。按压时定位要准确,用力要适当。

在施行上述心肺复苏法时,救护人员应密切观察触电者的反应。只要发现触电者有苏醒征象,如眼皮闪动或嘴唇微动,就应中止操作几秒钟,以让触电者自行呼吸和心跳。

施行人工呼吸和心脏按压,对于救护人员来说,是非常劳累的。但是为了救治触电者,还必须坚持不懈,直到医务人员前来救治为止。事实说明,只要坚持正确地施行人工救治,触电假死的人被抢救过来的概率是很大的。

7.3　电站的接地与接零保护装置

一般电气设备,在正常情况下金属外壳不应带电。但是,一旦内部的绝缘损坏或严重受潮,就会有电传导到外壳上,当人体误触时,就有电流通过人体而发生触电事故,轻者手足酸麻难受,重者昏迷、痉挛或死亡。因此,一切电气设备都应当有相应的保护措施,操作者也应当熟悉操作和掌握它。

7.3.1　电站供电系统触电的可能性

机组采用三相四线制供电系统,一般在容量不大、输电距离也不太远的内燃机电站上,要求采用外壳接地而中性点绝缘的方式,应有接地装置。

1. 外壳和中性点都不接地的情况

如图 7-8 所示,机组的外壳和中性点都不接地,输电线路和大地之间存在着分布阻抗(绝缘电阻 R 和分布电容 C)。

假如 A 相绕组在输出端线上因绝缘损坏,将使机壳带电,其电压值为工频相电压 220V,超过安全电压很多倍。这时,若人体误触机组某处金属外壳,就有电流经过人体、大地和线路分布阻抗构成回路,使人触电。

输电线路越长,分布电容越大,容抗越小,或者因受潮等,机组和线路绝缘电阻过小,对

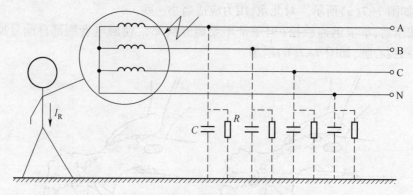

图 7-8 无接地保护的单相碰壳

人的危害也越大。因此,这种情况是不允许的。

2. 外壳接地、中性点不接地的情况

如图 7-9 所示,机组外壳已通过接地器(接地装置)与大地相通——"接地保护"。

1) 单相对地短路的情况

单相对地短路时,因外壳已良好接地,由下面的简单计算可知,这时若人体触及外壳,将不会发生触电危险。

假如接地器的接地电阻 $r_d = 10\Omega$,人体电阻 $r_R = 10k\Omega$,在单相碰壳时,虽然机壳带上相电压为 $U_p = 220V$,由于接地器的强大分流作用,使流过人体的电流 I_R 就很小了,即

$$\frac{I_R}{I_d} = \frac{r_d}{r_R} = \frac{10}{10 \times 1000} = \frac{1}{1000}$$

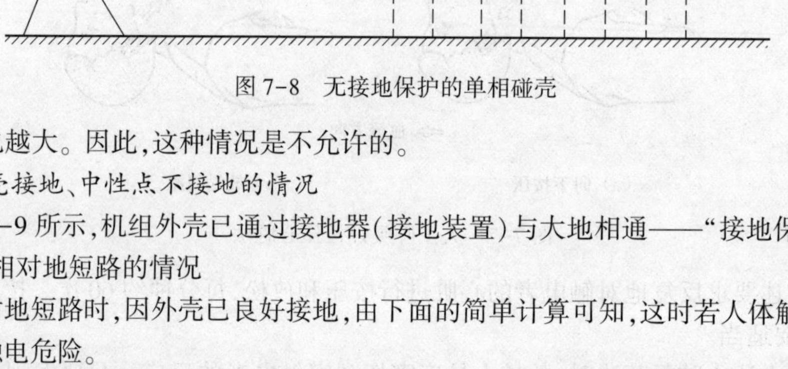

图 7-9 有接地保护的单相碰壳

2) 机组供电系统中发生两相同时对地短路情况

发电机输出端 A 相碰壳,负载侧 B 相也碰壳的短路情况如图 7-10 所示。

假设机组外壳接地电阻为 $r_{d1} = 20\Omega$,负载的接地电阻 $r_{d2} = 30\Omega$,相电压 $U_p = 220V$。若忽略发电机的内阻(其值很小),流经机组和负载的短路电流为

$$I_d = \frac{\sqrt{3} U_p}{r_{d1} + r_{d2}} = \frac{\sqrt{3} \times 220}{20 + 30} = 7.6(A)$$

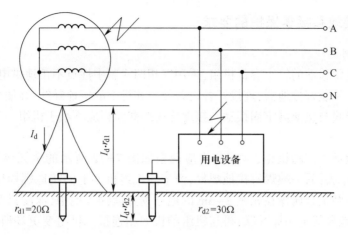

图 7-10 两相对地短路

则机组外壳对地电压为 $U_{d1} = I_{d1} \cdot r_{d1} = 7.6 \times 20 = 152(V)$。同时，负载外壳对地电压为 $U_{d2} = I_{d2} \cdot r_{d2} = 7.6 \times 30 = 228(V)$，显然，在二者的外壳上都带有对人体很危险的电压。这说明，即使接地保护的电阻很小，在两相对地短路时仍不能保障人体安全。

另外，在两相对地短路时，若短路电流小于机组过流保护的动作电流，过流保护不会动作，就使机组外壳长期带有危险的对地电压，这是不能允许的。

因此，在内燃机电站产品上，对中性点不接地系统一般设有绝缘监视装置。该装置的缺点是在三相对地绝缘电阻都下降时失去作用，然而三相同时短路的可能性是很小的。因此，需要经常移动的机组，采用接地保护的同时还应有绝缘监视装置。在机组的保护接地电阻不大于 50Ω 时（标准要求接地装置接地电阻值不大于 4Ω），加强安全监视工作，虽然供电系统的中性点不接地，也可以保障人身安全。

3）机组的外壳和中性点同时接地，负载侧采用保护接零的情况

对于较大容量和不移动的机组，像工业电网的输配电一样要求，采用三相四线制中性点接地的供电方式。在负载侧，把正常情况下不带电的用电设备的金属外壳接到供电线路的中性线（零线）上——"保护接中线"（或称为"保护接零"），这样就使保护系统的作用更加完善。其连接要求如图 7-11 所示。

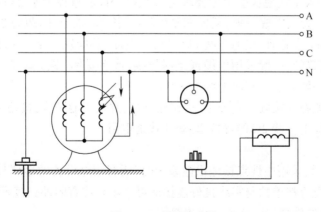

图 7-11 保护接中线

7.3.2 接地和接零保护的要求

1. 在机组侧

（1）对于经常移动的较小容量机组,采用三相四线制中性点不接地供电系统时,要求在启动机组之前必须装好接地器,连接好各设备外壳和机架的接地导线,并使机组机架上的接地螺钉用接地导线与接地器牢固接触。接地导线的截面积应不小于机组一相输电导线截面积的一半。

一般工厂批量生产的机组,常配套供应两根如图 7-12 所示的金属棒接地器,一端有尖,利于锤入地中去,另一端焊有接地螺栓,便于同机组机架上的接地螺栓用接地导线连接起来。使用时将两根金属棒在相距 2~3m 的地方垂直地锤入地中,深度只要露出接地螺钉即可,然后用接地导线把两棒并联,再与机组的机架相连接。机组变更场所时,把它们从地下拔起来,擦拭干净,随机组携带。

对于自行组装的机组,也可照图 7-12 所示的尺寸和形状自制,或用钢管等代替。

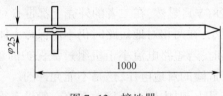

图 7-12 接地器

按《移动电站技术条件》规定:"机组接地装置的接地电阻值不得大于 50Ω(这是对移动电站的要求)。"当然,接地电阻值越小越好。为了减小接地电阻,接地器应选择插在较潮湿的土地中。若土壤干燥,可在接地器的周围土中浇上一桶(约 20kg)2%的食盐水,以改善土壤的导电性。

（2）如果机组安装在室内,早期的电站采用三相四线制中性点接地供电系统,用导线把发电机的中线与控制箱的金属外壳牢固地连接,再与机组机架连接,通过机架上的接地螺钉与接地装置连接好。接地装置的埋设和要求见图 7-13 所示。

目前电站的中性线都不再接地,只将机组外壳接地,作为防护接地。接地电阻要求不大于 4Ω。图 7-13 中人工接地极的尺寸要求是:壁厚 3.5mm、直径大于 25mm 的钢管,或者是壁厚 4mm 的角钢。无论用哪一种,至少都要用两根,长 2m 以上,间距为 2.5m 以上,且把二者用厚 3mm、宽 12m 的扁钢(接地干线)焊接成一整体,共同埋入地下 0.5m 深。接地线是连接机架和接地装置的,一般采用电缆或绝缘导线,或者是铝(铁)扁带,无论用哪一种,接地线最小截面积,一般可取一相输电线截面积的一半。

注意:接地装置各连接处一定要牢靠、接触良好,并且不能刷漆;接地装置附近的土壤要潮湿,埋装时最好浇上一些 2%的食盐水,减小接地电阻。

2. 在负载侧

如图 7-13 所示,采用中性点接地供电系统时,所有用电设备的金属外壳如电动机的机壳、铁盒开关的外壳等都单独与零线良好连接即可。不允许有的外壳接零线而有的又接地;也不许把几个设备的外壳串联连接后再去接零线。

无论是机组侧还是负载侧,中性线上绝对不允许装设熔断器;中性线的截面积不得小于

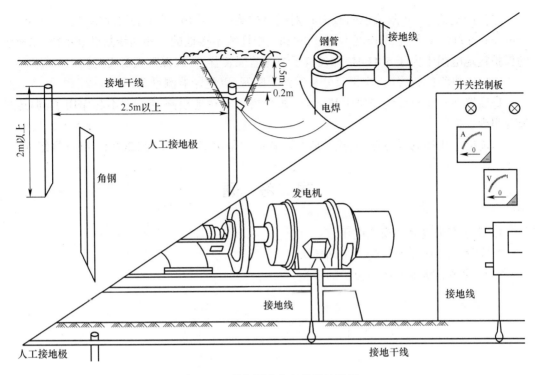

图 7-13 早期固定机组的接地装置

一相输电线的一半。

对于采用中性点不接地的供电系统,各用电设备的金属外壳都应当良好接地,具体要求可参考以上内容。

3. 绝缘监视装置

在中线不接地的机组供电系统中,采用绝缘监视装置,可以帮助值机员及时发现绝缘故障。

绝缘监视装置如图 7-14 所示,图中 NL_1、NL_2 和 NL_3 为 0.5mA、60~70V 的氖灯,R_1、R_2 和 R_3 为限流电阻(300kΩ)。每只氖灯与限流电阻串联后作为负载接成星形,其中点与机组外壳相连。当某一相碰壳或绝缘损坏而漏电严重时,该相的氖灯因电压为零而熄灭,另外两相的氖灯因电压升高 $\sqrt{3}$ 倍,则其亮度增加。值机员就可以根据三相氖灯亮度的变化,了解三相的绝缘状况是否良好,或有无碰壳现象。

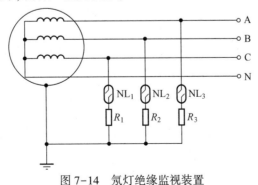

图 7-14 氖灯绝缘监视装置

氖灯的电流很小(限流电阻较大),对线路的绝缘无影响,整个装置简单易行。因此,对于电压在500V以下、电缆长度不超过2000m、中性线不接地的三相四线制供电系统,当机组的保护接地电阻不大于50Ω时,并设置了绝缘监视装置,可以保障人身安全。

在检查机组的绝缘时,应把氖灯从线路上断开,以免影响测量。

该装置在三相对地绝缘电阻都下降(如三相同时对地短路)时,就不起作用了,但这种情况很少发生。

目前电站用控制屏电路中,绝缘监测装置通常采用工作电压为220V的LED灯组成。

思 考 题

1. 简述安全电流和安全电压。
2. 叙述胸外按压心脏的人工循环法。
3. 叙述电站接地和接零保护的措施。

附录 1 半导体基础知识

1. 半导体及其类型

半导体是指导电能力介于导体和绝缘体之间的一类物质,同一块半导体材料,它的导电能力在不同情况下会有非常大的差别,它一会儿像地地道道的导体,但一会儿又变得像典型的绝缘体。半导体材料都是晶体结构,因此人们又把半导体管称为晶体管,一块晶体由许多晶体粒组成,在每一晶体粒内,原子是有规律地、整齐地排列着。晶体粒中的原子的排列虽然是整齐的,但从整块晶体来说,每个晶体粒的方向(称为取向)彼此不同,故原子的排列还是无规律的、不整齐的,这称为多晶体。一般多晶体不能用来做晶体管。因此要把多晶体加以提炼成为单晶体(简称单晶),所谓"拉单晶",就是将多晶体变成单晶体的一种工艺过程。

半导体可分为本征半导体、P 型半导体和 N 型半导体。P 型、N 型半导体的导电能力远高于本征半导体,使用特殊工艺可在 P 型半导体和 N 型半导体界面处形成 PN 结。

1) 本征半导体

本征半导体是指具有完全的晶体结构的纯净的半导体。在工程上最常用的半导体材料是硅(Si)和锗(Ge)的单晶。锗和硅的单个原子结构,如图 A1-1(a)、(b)所示。电子在原子核的周围形成轨道,靠近原子核的里面三层电子由于受原子核的束缚较大,很难有活动的余地,所以它和原子形成一个惯性核,而最外层的四个电子,受原子核的束缚较小称为价电子,硅(Si)和锗(Ge)原子都有 4 个价电子(原子价是四价),故称为四价元素。半导体的导电性能和化学性能都与价电子有很大关系。图 A1-1(c)是由带正电荷的惯性核及其最外层的价电子构成的简化后的惯性核等效模型,图中的"+4"表示除外层的价电子外,所有内层电子和原子核所具有的电荷量,而整个原子呈中性。

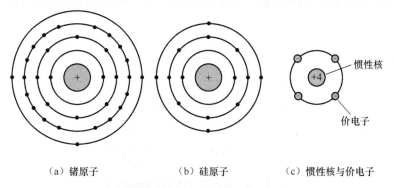

(a) 锗原子   (b) 硅原子   (c) 惯性核与价电子

图 A1-1 硅和锗的单个原子结构示意图

本征半导体硅是纯净的晶体结构完整的单晶硅。在它的晶体结构中,每个原子之间相互结合,构成一种相对稳定的共价键结构,如图 A1-2 所示。

单晶硅中每个原子最外层的 4 个价电子不仅受自身原子核的束缚,而且还与周围相邻的原子发生联系。这时每两个相邻原子之间都共用一对电子，使相邻的两个原子核束缚在一起，形成共价键结构。在绝对零度(-273℃)时，由于共价键的束缚，价电子无法摆脱这种束缚，因此本征半导体中没有自由电子，此时半导体相当于绝缘体。但在室温状态，由于晶体中的束缚电子受热激发获得足够的能量，使少量价电子摆脱了束缚状态，脱离共价键而成为自由电子，同时在原来共价键的位置上就形成一个空位，称为空穴，如图A1-3所示。

空穴由于失掉一个电子而带正电。在本征半导体中，有一个自由电子就必然有一个空穴，这样就形成了电子-空穴对。这种现象称为本征激发。因此，在室温下，本征半导体不再是绝缘体了，当我们在一块半导体两端加上电压，如图A1-4所示，在电流表中就会指示电流。因为，在外加电压的作用下，自由电子将跑向正极，而空穴将跑向负极（实际上并非空穴本身在移动，而是空穴附近的电子在外加电场作用下，脱离了原来的共价键来填充这个空穴），于是在电路中形成了电流，电路中形成的电流由两部分组成，即由自由电子的移动和空穴移动（实质上是受束缚的电子填充空穴所产生的运动）组成，前者称为电子型导电，后者称为空穴型导电。

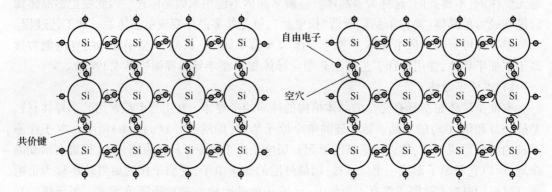

图A1-2 单晶硅的共价键结构示意图　　　　图A1-3 本征激发示意图

在本征半导体中，靠本征激发产生的电子-空穴对是非常少的，因此电路中流通的电流很小（常用微安计量），但它对温度十分敏感，温度越高，电流越大。自由电子和空穴的移动能起导电作用，就是说，它们都是载运电流的带电粒子。所以，把自由电子和空穴都称为载流子。

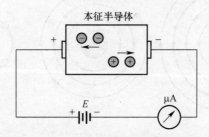

图A1-4 本征半导体中电荷的移动

本征半导体的导电能力很差，但是如果在本征半导体中掺入合适的其他元素（称为杂质），它的导电性能有很大变化，掺杂质的半导体称为杂质半导体。根据掺入杂质的不同，杂质半导体可分为N型半导体和P型半导体。

2) N 型半导体

若在本征半导体硅中,掺入少量五价元素,如磷(As),如图 A1-5 所示。磷原子同相邻四个硅原子结成共价键外,还多余一个电子,这个电子不受共价键束缚,很容易变成自由电子。即磷原子掺入硅晶体后,在常温下就会增加自由电子,因此,这种半导体主要靠电子导电,叫作电子型半导体,或简称为 N 型半导体。在 N 型半导体中,除掺入杂质产生的自由电子外,也还存在着本征激发所产生的电子-空穴对。因此,在 N 型半导体中,参与导电的除数量很多的电子外,还有少数的空穴。为便于区别,在 N 型半导体中,我们将电子称为多数载流子,而空穴称为少数载流子。

在 N 型半导体中,虽然自由电子数远多于空穴的数目,但多出的自由电子所带的负电荷与固定的杂质(As)离子所带的正电荷相等而平衡,因此,N 型半导体对外仍然呈电中性。

3) P 型半导体

若在本征半导体硅中,掺入少量三价元素,如镓(Ga),如图 A1-6 所示。镓原子同相邻四个硅原子结成共价键外,而其中一个键上缺少一个电子,周围共价键上的电子很容易移动到这里来,于是形成一个空穴。这样掺入镓的硅晶体中将产生大量空穴,这种半导体主要由空穴导电,所以称为空穴型半导体,或简称为 P 型半导体。同样,在 P 型半导体中也有本征激发所产生的电子-空穴对。所以在 P 型半导体中,与 N 型半导体相反,空穴是多数载流子,而电子是少数载流子。

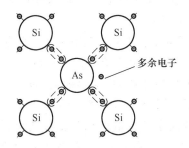
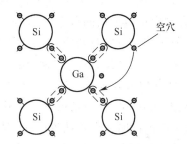

图 A1-5　N 型半导体　　　　图 A1-6　P 型半导体

在 P 型半导体中,虽然空穴数远高于自由电子的数目,但多出的空穴所带的正电荷恰好与固定的杂质(Ga)离子所带的负电荷相等而平衡,因此,P 型半导体对外仍然呈电中性。

杂质半导体虽然使半导体的导电能力有所增强,但单一的 P 型或 N 型半导体还不具备形成半导体器件的能力,如图 A1-7(a)所示。

如果用特殊工艺使 P 型半导体和 N 型半导体相结合,使在交界面处形成 PN 结,就可以使半导体的导电能力得到有效的提高。PN 结是制造各种半导体器件如二极管、三极管的基本构件。

4) PN 结

利用特殊的掺杂工艺,在一块单晶硅(或锗)片的一边形成 P 型半导体,另一边形成 N 型半导体,则在两者的交界处形成一个特殊的空间电荷区薄层,这个薄层就称为 PN 结。

(1) PN 结的形成。当 P 型和 N 型半导体相接触时,由于两块半导体中载流子的浓度相差很大,P 型半导体中的空穴浓度远大于 N 型,因此空穴将向 N 型半导体扩散。同样,N 型半导体中的电子将向 P 型半导体扩散。这种因载流子浓度差而形成的载流子的定向流

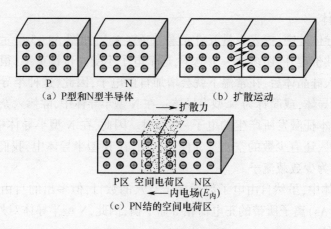

(a) P型和N型半导体　　(b) 扩散运动

(c) PN结的空间电荷区

图A1-7　PN结的形成

动称为扩散运动,如图A1-7(b)所示。

扩散的结果,在P型和N型半导体接触面附近,P型半导体区域空穴减少,如前所述,本来呈现中性的P型半导体,现在由于失去空穴,而在它靠近N型半导体的一边形成一层负电荷。同样,N型半导体由于失去电子而在它靠近P型半导体一边形成一层正电荷。这样,就在交界面两侧形成一个带导电性电荷的很薄的空间电荷区,这个薄的空间电荷区就是PN结,如图A1-7(c)所示。在空间电荷区内,正负电荷将会建立一个空间电场,称为内电场,电场的方向由正电荷指向负电荷,即从N区指向P区。

空间电荷区的内电场有两个方面的作用。一方面,它会阻止多数载流子的扩散,因此,空间电荷区又称为阻挡层;另一方面,由于空间电荷区电荷的出现,当P区的少数载流子(电子)和N区的少数载流子(空穴)到达空间电荷区的边缘时,就会被电场拉向对侧,形成与扩散运动相反的运动,将少数载流子在内电场作用下的运动称为漂移运动。在PN结形成过程中,PN结内同时存在着两种运动,即多数载流子的扩散运动和少数载流子的漂移运动。扩散运动使空间电荷区变宽,内电场增强,导致扩散阻力加大;而漂移运动使空间电荷区变窄,内电场减弱,使扩散变得容易。当多数载流子扩散过去的数量与少数载流子漂移回来的数量达到相等时,则扩散运动和漂移运动处于动态平衡状态。从宏观上看,这时空间电荷区不再增多或减少,因而形成宽度(约为数十微米)稳定的空间电荷区,从而形成稳定的PN结。

(2) PN结的单向导电性。在PN结处于动态平衡状态下,多数载流子的扩散电流和少数载流子的漂移电流两者大小相等、方向相反,宏观上认为通过PN结的电流为零,即PN结处于不导电状态。那么,在PN结上加上正向电压或反向电压后,会出现什么现象呢?

在PN结上加正向电压的电路如图A1-8所示。电压E经电阻R_f加至PN结两端,其中正端接P区,负端接N区。这种在PN结上加正向电压的方式,称为正向偏置(简称为正偏置)。在PN结正偏置后,外电场与内电场的方向相反,因此,外电场削弱了内电场,原来扩散与漂移的动态平衡被破坏。外部电场使P区的多数载流子(空穴)进入空间电荷区与电子复合,同时N区的多数载流子(电子)进入空间电荷区与空穴复合,使空间电荷区电荷量减少,导致空间电荷区变窄,即阻挡层变薄,P区的空穴和N区的电子很容易通过PN结。此时的结电压相当低(一般为0.2~0.6V),表明PN结的正向电阻很小,PN结为正向导通。

形成导通状态后,只要稍加大一点电压,就可有很大的正向电流流通。

在 PN 结上加反向电压的电路如图 A1-9 所示,即外接电压的正端接 N 区,负端接 P 区。这时,加在 PN 结上的电压称为反向电压或反向偏置。PN 结反向偏置时,外电场与内电场的方向一致,因而使内电场加强,空间电荷区变厚,即阻挡层变厚,此时只有部分少数载流子越过 PN 结,形成反向电流 I_R。由于少数载流子的数目较少,故反向电流很小(微安级)。因此,PN 结反向偏置时,PN 结处于高阻截止状态。反向偏置时的反向电流 I_R 不仅小,且在一定温度下,I_R 基本不随外加反向电压的大小变化,故称其为饱和电流。但反向电流 I_R 受温度变化影响大。

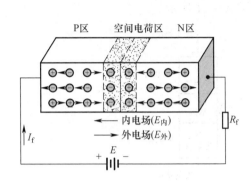
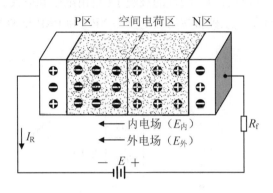

图 A1-8　PN 结外加正向电压　　　　　　图 A1-9　PN 结外加反向电压

综上所述,PN 结在正向偏置下,电阻很小,PN 结导通;当 PN 结反向偏置时,反向电阻很大,PN 结呈截止状态。PN 结的这种特性称为单向导电性。

2. 半导体二极管

半导体二极管又称晶体二极管(简称二极管),它的基本结构是一个 PN 结,将 PN 结加上欧姆接触电极和外引线,再用管壳封装起来,就成为一个二极管。P 区的引出端为阳极(或称正极),N 区的引出端为阴极(或称负极),二极管的结构和图形符号如图 A1-10 所示。箭头指向为二极管正向导通时的电流方向。二极管的基本特性就是 PN 结的特性。

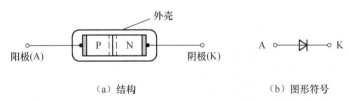

(a) 结构　　　　　　　　(b) 图形符号

图 A1-10　二极管的结构和电路图形符号

当二极管上的正向电压很小时,外电场不足以克服 PN 结内电场对多数载流子扩散运动的阻力,二极管呈现的阻值大,形成的正向电流很小(微安级)。若正向电压增大,内电场随之被削弱,正向电流按指数函数猛增。当二极管加上反向电压时,外电场加强了 PN 结的内电场,二极管处于截断状态,在反向电压的作用下,二极管内少数载流子的漂移运行会形成很小的反向电流。在反向电压不超过某一值时,它的大小基本保持不变,故称它为反向饱和电流,常以 I_R 表示。当加在二极管上的反向电压增加到某一数值时,反向电流会急剧增大,出现反向击穿,这是由过高的反向偏置导致 PN 结被击穿所致。发生击穿时的电压叫作反向击穿电压,常用 U_{BR} 表示。

二极管的基本特性是:在外加正向电压时,单向导通(锗二极管的导通压降约为 0.3V,硅二极管的导通压降约为 0.7V);在一定的反向电压下,有不大的反向饱和电流 I_R,而当反向电压超过一定值(U_{BR})时,二极管会反向击穿,致使二极管失去单向导电性能。

3. 半导体三极管

半导体三极管又称为晶体三极管(简称为三极管或晶体管),它的基本结构都是在一块半导体晶片上制造两个相距很近的 PN 结,再引出三个电极,然后用壳体封装。由于三极管的内部有两种极性的载流子(自由电子和空穴)都参与扩散和漂移运动,故又称为双极型晶体管。三极管按结构上分为 NPN 和 PNP 型两类,如图 A1-11 所示。

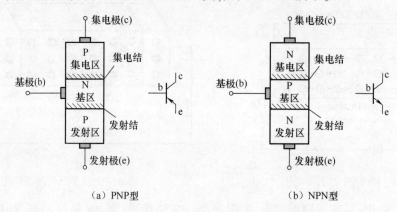

(a) PNP型　　　　　　(b) NPN型

图 A1-11　三极管的结构和电路图形符号

下面以 NPN 型为例说明三极管的工作原理。如图 A1-12 所示,由于发射结加的是正向电压(发射结正偏),因此发射区的多数载流子(电子)很容易在外加电场 $E_{外}$ 的作用下越过发射结而进入基区,即电子从发射区注入到基区。同时,在基区(P 型半导体)的多数载流子(空穴)也会在外加电场作用下跑向发射区,但由于基区杂质浓度很小,故基区的多数载流子(空穴)与发射区多数载流子造成的电流相比可忽略不计。所以,可认为发射极电流 I_e 主要是电子电流。

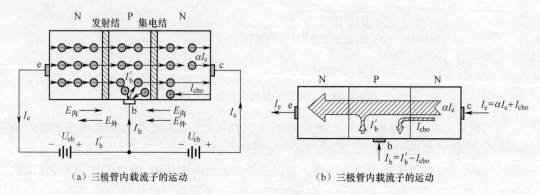

(a) 三极管内载流子的运动　　　　　(b) 三极管内载流子的运动

图 A1-12　三极管的工作原理

由于发射区的电子浓度比基区大,因此进入基区的电子将向集电区方向扩散,同时在扩散的过程中,电子有可能与基区中的空穴相遇,这一部分电子将填充空穴,无法再继续扩散,这叫复合。空穴不断同电子复合,因此基极电源 U_{eb} 要不断供给空穴,这就形成了基极电流 I_b。为了使发射区注入基区的电子尽可能多地到达集电极,因此复合越小越好,为此采取了两个措施:减小基区的杂质浓度和把基区做得很薄。

由于集电结上加的是很大的反向电压(即集电结反偏),因此,这个电压在集电结产生的电场对由基区向集电结扩散的电子来说是加速电场。因此电子只要扩散到集电结,将被这个电场加速而穿过集电结,被集电极吸收,形成集电极电流。

由以上分析可知,三极管是一种电流控制型半导体器件,即基极电流(I_b)能够控制集电极电流(I_c),三极管的这种电流控制作用就决定了其具有电流放大作用,即通过很小的基极电流的变化去控制集电极电流的较大变化。三极管放大作用的外部条件是:发射结加正向偏置电压,集电结加反向偏置电压。

附录 2　TP 型柴油发动机控制器

　　TP 柴油发动机控制器(简称为 TP 表)的功能与第 4 章的 30TP-2 型柴油发动机控制器基本相同,但在参数设置项目和方法不同,接线上也有些区别。该控制器通过微处理器控制,实现一体化多功能柴油机监控和参数显示。可实时显示引擎运行参数,包括温度、油压、转速、蓄电池电压及运行时间。当发生故障时将显示故障原因,必要时会进行声、光报警并可自动控制停机。

　　1. 面板介绍

　　TP 表面板如图 A2-1 所示,面板上装有多功能报警表、三合一仪表、自启动指示灯、充电失败指示灯、启动按钮、停止/复位按钮、电源开关和熔断器。

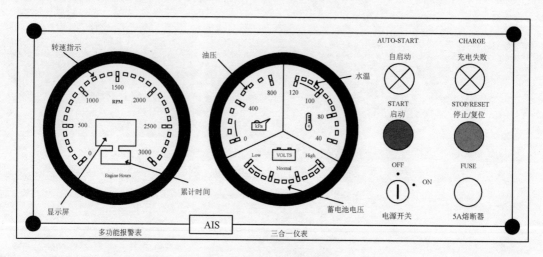

图 A2-1　TP 表面板图

　　1) 多功能报警表

　　(1) 多功能报警表边缘有一排弧形发光二极管,每格表示 100r/min,显示从 0 至 3000 r/min 的柴油机转速,正常情况下发光二极管显示为绿色,故障时会变成红色。

　　(2) 多功能报警表的中间有一个液晶显示屏,分上、中、下三排。上排正常工作时显示转速(显示精度为 10r/min),故障报警时显示故障名称,在调校 TP 表时显示调校项目名称;中排显示上排显示内容的标志,正常工作时显示转速标志(RPM),报警时显示报警标志(A-LARM),调校时显示调校标志(CAL);下排正常工作时显示机组累计运行时间,调校时显示每一项参数的设定值。

　　2) 三合一仪表

　　将柴油机的水温、油压和蓄电池电压集中在一块表上显示,仪表分三个区域,分别以发光二极管显示状态。正常时发光二极管为绿色,出现故障时转为红色。

(1) 油压表在左边,油压显示由 0 至 800kPa,每格显示为 100kPa。

(2) 水温表在右边,水温显示由 40℃ 至 120℃。

(3) 蓄电池电压表在下方,电压值表示为"低"(Low)电压范围为 20~24V、"正常"(Normal)电压范围为 24~28V 和"高"(High)电压范围为 28~32V。

(4) 熔断器(FUSE):串接在 TP 表电源的输入电路中(5A)。

(5) 电源开关:TP 表输入电源的开关。

(6) 启动按钮(START):按下该按钮时启动柴油机。

(7) 停止/复位按钮(STOP/RESET):按下该按钮柴油机停止工作,故障后按此按钮使系统复位。

(8) 黄色自启动(AUTO-START)指示灯:指示灯亮时,表示市电(或另一机组)停电,机组进入自动启动程序。

(9) 红色充电失败指示灯(CHARGE):当充电发电机不给蓄电池充电时,指示灯亮。

2. 背板介绍

TP 表的背板上方中央有一个塑料盖,打开塑料盖,可以看见 4 个小按钮(图 A2-2)。

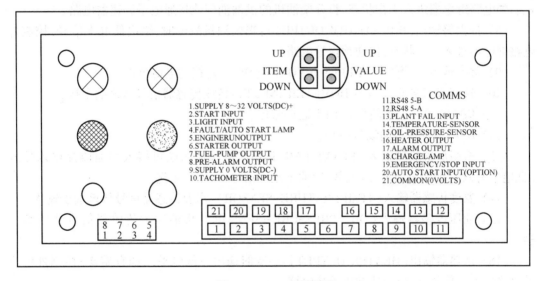

图 A2-2 TP 表背板图

1) 四个小按钮的作用

(1) "上一项目"按钮(ITEM UP):向上选择菜单。

(2) "下一项目"按钮(ITEM DOWN):向下选择菜单。

(3) "数值增加"按钮(VALUE UP):增加所设定项目的参数值。

(4) "数值减少"按钮(VALUE DOWN):减少所设定项目的参数值。

这四个小按钮是用来设定 TP 表的参数的,这些参数通常是由厂方设定,禁止用户擅自设定(但如果用户更换了 TP 表后必须重新调校)。

2) 各接线端子的名称及作用

TP 表通过背板上的插座向外引出 21 根线,现将各端子名称、作用,按背板上的编号分别介绍如下:

(1) 电池组(+)输入(SUPPLY 8~32 VOLTS(DC+)):蓄电池24V+端,经5A熔断器,电源开关接入。

(2) 启动信号输入(START INPUT):通过启动按钮向该端子提供启动信号(0电平有效)。

(3) 视窗灯输入(LIGHT INPUT):接至蓄电池24V+端,向TP表的仪表灯和关机后需要维持高电位的端子提供电源。

(4) 市电故障/自动启动灯输出(FAULT/AUTO START LAMP):当市电(或另一机组)故障时,TP表进入自动启动状态时,向黄色自启动指示灯输出低电平信号,点亮自启动指示灯。

(5) 柴油机运行输出(ENGINE RUN OUTPUT):柴油机启动结束后,送出低电平信号,控制外电路继电器进入工作状态,使电子调速器从怠速状态进入全速工作状态。

(6) 启动器输出(STARTER OUTPUT):按下启动按钮后,该端子输出低电平信号,控制外电路继电器进入工作状态,接通柴油机启动电路。

(7) 供油阀输出(FUEL-PUMP OUTPUT):按下启动按钮后,该端子输出低电平信号,控制外电路继电器进入工作状态,打开柴油机的供油油门或接通电子调速器电路。

(8) 预报警输出(PRE-ALARM OUTPUT):当柴油机故障时,输出低电平信号,控制外电路继电器进入工作状态,接通预报警电路。

(9) 蓄电池组(-)输入(SUPPLY 0 VOLTS (DC-)):接蓄电池负极。

(10) 转速表信号输入(TACHOMETER INPUT):转速传感器信号从该端子接入。

(11) RS485-B(-)通信接口:用于远程监控。

(12) RS485-A(+):同编号(11)。

(13) 机组后备故障输入(PLANT FAIL INPUT):该输入端可接入其他监控输入信号(低电平有效),如配电故障、水位低、燃油不足等信号,由用户自选。

(14) 温度传感器输入(TEMPERATURE-SENSOR):水温传感器信号从该端子输入。

(15) 油压传感器输入(OIL-PRESSURE-SENSOR):机油压力传感器信号从该端子输入。

(16) 预热器输出(HEATER OUTPUT):启动时输出一低电平,(如有需要)控制外电路继电器进入工作状态,接通柴油机预热电路。

(17) 共用报警器输出(ALARM OUTPUT):当柴油机的监控参数(转速、油压、温度)到达所设定的保护值时,输出低电平信号,控制外电路继电器进入工作状态,接通报警灯和电喇叭(同时TP表自动送出关机信号,关闭柴油机,并记忆故障)。

(18) 充电指示灯输入(CHARGE LAMP):面板上的充电失败指示灯一端接入该端子。

(19) 紧急/停机输入(EMERGENCY/STOP INPUT):需要停机时,向该端子输入低电平信号。

(20) 自动启动输入(AUTO START INPUT(OPTION)):该端子输入低电平,机组自动启动,低电平信号消失,机组执行自动停机程序。有线控制距离50m。

(21) 公共低电平(COMMON 0VOLTS):该端子为TP表的公共低电平端(0VOLTS)。

3. 参数设定介绍

TP表参数出厂时已设定完毕,用户无须自行设定。下面的介绍是为了更好地了解TP

表的工作情形。该控制器在康明斯柴油发电机组上应用较多,以下内容所提"本机"参数均指 120GF-W6-2126.4f 型康明斯电站。

参数设定通过背板上的四个小按钮进行。按一下"上一项目"或"下一项目"按钮时,多功能报警表的显示屏将显示(英文)有关项目及数值,此时可对参数进行设置。只有转速读数设定必须在机组运转,输入转速信号时才能进行。其他项目的设定,必须在停机状态下进行。

(1) 设定供油阀种类(FUEL),数值范围:1-触动状态开机、2-触动状态关机。本机所配高压油泵关机状态时供油阀处于关闭,所以属于触动开机型,出厂设定值为 1。

(2) 设定引擎预热时间(HEAT),数值范围:OFF-不设、1~30s。本机未设预热器,出厂设定值为 OFF。

(3) 设定油压过低报警停机值(OIL),数值范围:50~300kPa。本机出厂设定值为 105kPa。

(4) 设定机组温度过高报警停机值(TEMP),数值范围:70~120℃。本机出厂设定值为 98℃。

(5) 设定系统蓄电池额定电压值(BVOLT),数值范围:12V、24V。本机出厂设定值为 24V(这时电压过高或过低值将自动设定为:过高 28~32V、过低 20~24V)。

(6) 设定蓄电池电压过低启动预报警修定值(LVOLT),数值范围:20~24V。本机出厂设定值为 23V。

(7) 设定蓄电池电压过高启动预报警修定值,保证蓄电池不会过度充电(HVOLT),数值范围:28~32V。本机出厂设定值为 29V。

(8) 设定起动机切断时机组转速(CREV),数值范围:200~1000r/min。本机出厂设定值为 300r/min。

(9) 设定转速过低报警停机值(UREV),数值范围:OFF-不设、500~1500r/min(额定转速)。本机出厂设定值为 OFF。

(10) 设定转速过高报警停机值(OREV),数值范围:1500(额定转速)~3000r/min。本机出厂设定值为 1650r/min。

(11) 调校转速表读数(TACHO),该项目应在所有项目设定完成后,开机调校。方法是:启动柴油机,柴油机在额定转速运行后,按动背板上的加、减数值按钮,使之显示为额定转速(如 1500r/min)。然后让机组再运转 10 min,TP 表便会记录下转速传感器送来的脉冲与实际转速之间的对应关系,以后会按此数据自动控制机组运行,准确显示柴油机的转速。

(12) 设定收到市电失效信号后,自动触发启动机组的延迟时间(BLACK),数值范围:OFF-不设、1~255s。本机未用该功能(此参数可以不设),本机出厂设定值为 OFF。

(13) 设定机组启动时间和启动间隔周期(CRANK),该参数设定 TP 表启动程序的时间和相邻两次启动程序运行的间隔时间,数值范围:1~60s。本机出厂设定值为 10s,即启动持续时间最长 10s,两次启动间隔时间也是 10s。

(14) 设定启动尝试次数(TRIES),数值范围:1~10。本机出厂设定值为 3(次)。

(15) 设定保护系统延迟工作时间(DELAY),因柴油机刚刚启动时的转速、油压等参数不可能马上到达正常值,这时 TP 表的保护电路如果工作,机组就无法启动。该参数的作用就是在柴油机刚启动的过程中让保护电路暂时不工作。数值范围:AUTO(自动)或 2~30s。

当设定为"自动"时,延迟时间为当油压低于过低报警值后2s,触发保护系统。本机出厂设定值为 AUTO。

(16) 设定在自动模式下,机组停止前空转冷却时间(COOL),数值范围:OFF-不设、1~60min,机组设为手动模式时,该参数无效。本机出厂设定值为 1min。

(17) 设定为转速表或频率表(HERTZ),数值范围:OFF(状态为数字转速表)、ON(状态为数字频率表)。本机出厂设定值为 OFF。

(18) 设定备用输入选择(PLANT),数值范围:PLANT-配电故障、H_2O(水位低)、LFUEL(燃油低)。该功能本机未用。

4. TP 表的工作情形

接通电源开关时,TP 表将进入自检查系统状态程序;发光二极管由红色转为绿色,多功能报警表上格视窗将按程序出现:HEAT、CRANK、DELAY、TACHO 等信息,直至显示器上的发光二极管熄灭,剩下转速仪表左下方的灯呈红色,充电失败指示灯亮。这时系统处于备用正常状态。

当 TP 表自检发现故障时,预报警输出将会启动(8端输出低电平信号),同时多功能报警表内上格视窗会显示故障情况;三合一仪表发光二极管的变化表示内容如下:

(1) 绿灯:仪表读数正确。
(2) 红灯:仪表读数超出预设定值(太高或太低)、传感器失效或连接线短路。
(3) 红/绿灯跳动:传感器失效或连接线开路。

TP 表因油压、温度或机组后备故障预报警信号发生时,不能启动机组;但如发生蓄电池电压过高或过低时,机组控制指令仍能启动 TP 表。

系统自检正常后,按下启动按钮,机组按程序启动,机组运转后,保护系统按设定开始工作。如遇机组在启动时发生故障,预报警将触发,多功能报警表上格视窗将出现故障信号和停机(HALT)信息。当停机时限过后(20s)可按停止/复位按钮使系统重新复位。

机组正常运转后,充电机正常工作并把工作信号送入端子18,此时充电失败指示灯熄灭。机组外界输入停止运转有两种情况:手动按下停止按钮或紧急停机按钮。

5. 故障显示

TP 表具备自我检测及系统检测功能。如遇保护系统起作用时,视窗将显示有关故障情况及名称,如表 A2-1 所列。

表 A2-1 有关故障情况及名称

显示形式	故障名称	显示形式	故障名称
ERROR1:2	转速表调校工作未完成	ESTOP	紧急停机
ERROR1:3	系统参数未设定	LREV	转速过低
FUEL	未做初次转速设定	OREV	转速过高
START	起动失效	OIL	油压过低
FSTOP	机组不能停机	TEMP	温度过高
HIREV	起始转速过高	LOVLT	蓄电池电压过低
TACHO	转速信号未输入	HOVLT	蓄电池电压过高

附录 3　HF4-14-40 型控制屏电路原理图

附录 4 HF4-81-75c 型控制屏电路原理图

附录 5　PF3-24 型控制屏电路原理图

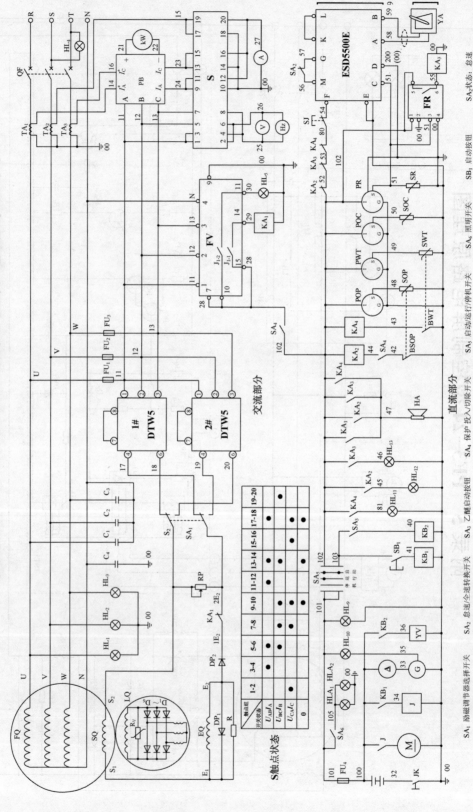

附录6 P15.25.25c型控制屏电路原理图

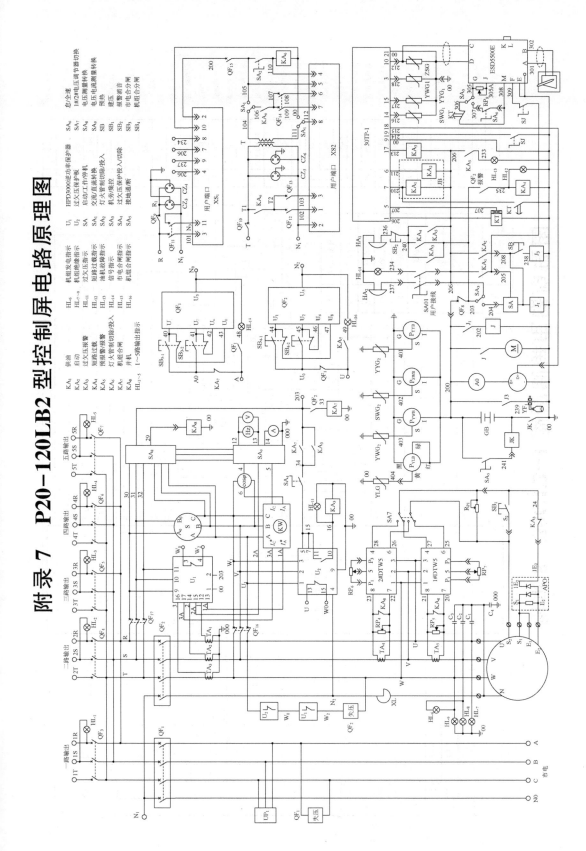

附录7 P20-120LB2型控制屏电路原理图

附录 8 30GF2-1 型控制屏电路原理图

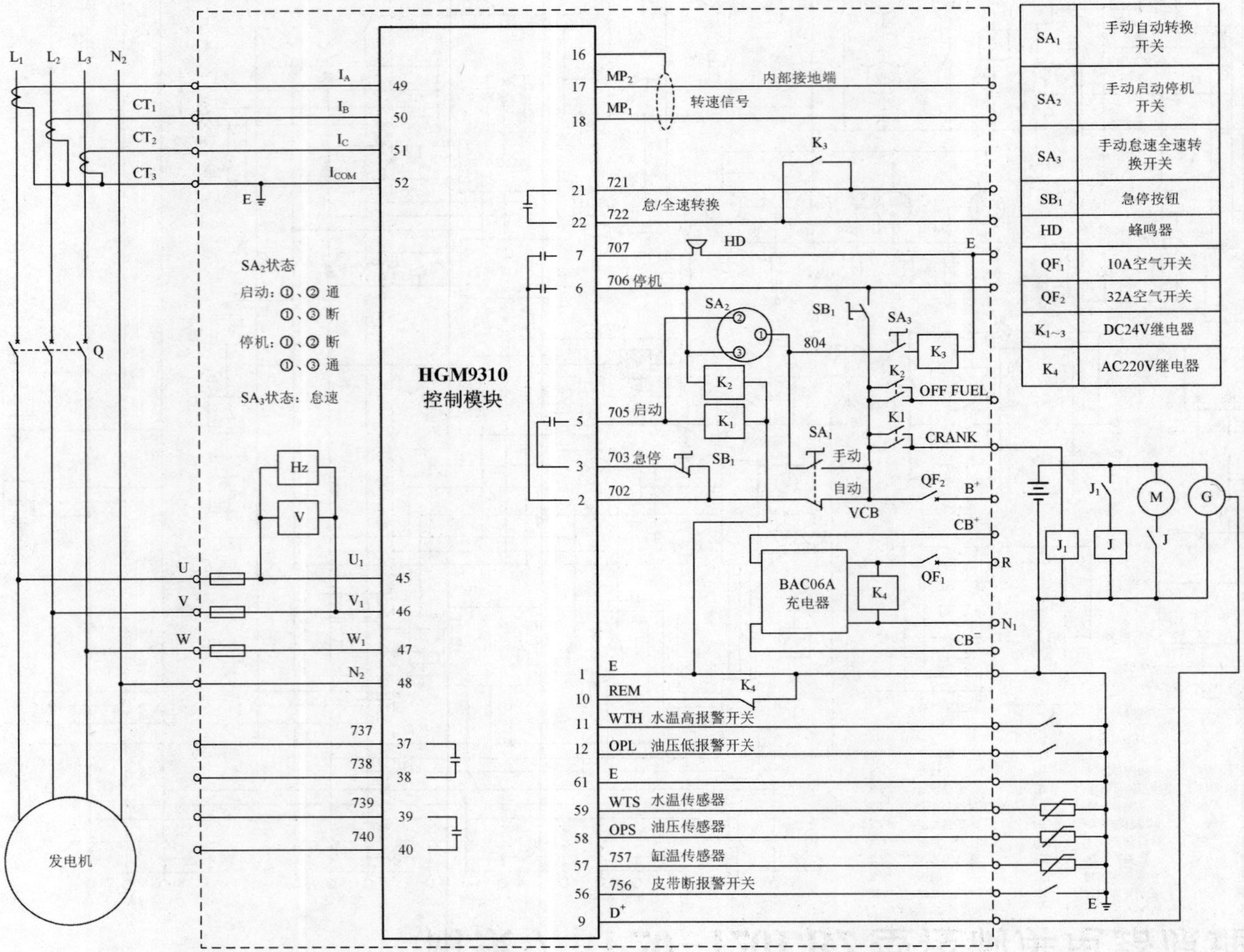

附录9 30GF2-2型控制屏电路原理图

接线端		
1	I_A	A相电流
2	I_B	B相电流
3	I_C	C相电流
4	I_{COM}	电流公共端
5	U	A相电压
6	V	B相电压
7	W	C相电压
8	N2	中性线
9	OPL	油压低报警
10	WTH	油温高报警
11	OPS	油压传感器
12	WTS	水温传感器
13	756	皮带断报警
14	757	缸温传感器
15	MP_1	转速传感器
16	MP_2	转速传感器
17	D^+	接充电发电机
18	CRANK	接启动外扩继电器
19	B^+	蓄电池正极
20	E	蓄电池负极
21	E	蓄电池负极
22	CB^+	充电器输出+
23	CB^-	充电器输出-
24	FUEL	接燃油阀
25	721	怠速控制
26	722	
27	706	输出口1
28	737	
29	738	输出口5
30	739	
31	740	输出口6
32	R	市电火线
33	N_1	市电零线

SA_1	手动自动转换开关	
SA_2	手动启动停机开关	
SA_3	手动怠速全速转换开关	
SB_1	急停按钮	
HD	蜂鸣器	
QF_1	10A空气开关	
QF_2	32A空气开关	
$K_{1\sim3}$	DC24V继电器	
K_4	AC220V继电器	

附录10 64GF2型控制屏电路原理图

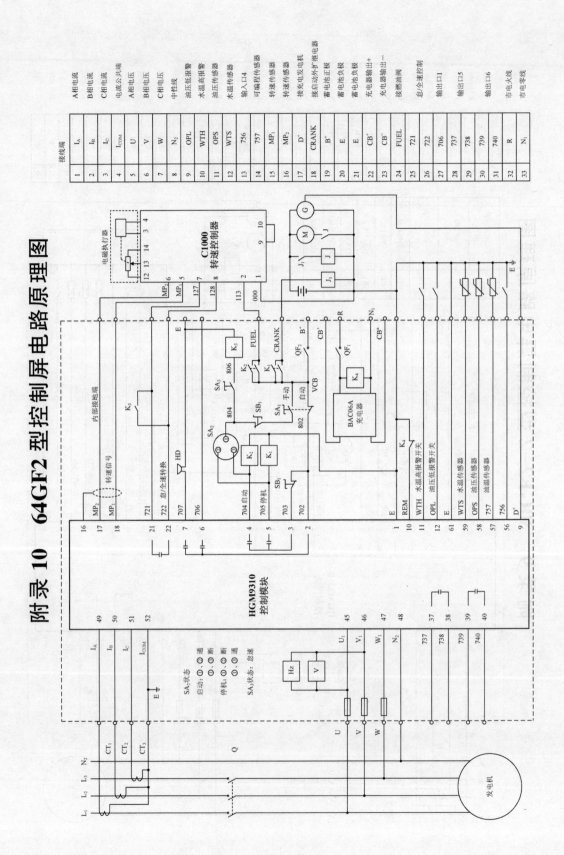

附录 11 P52.28.26a 型控制屏交流电路原理图(断路器带失压脱扣器)

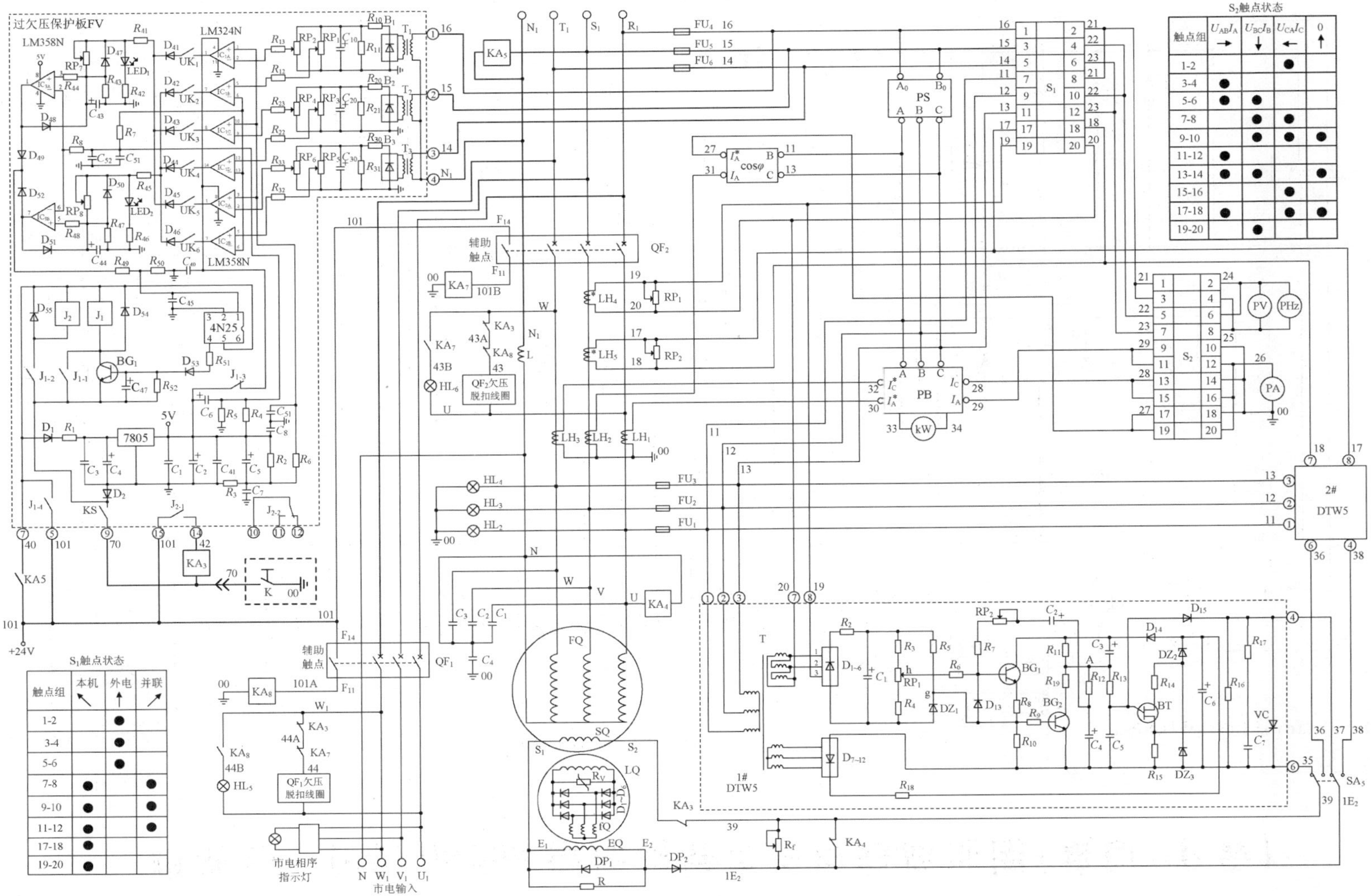

S₂触点状态

触点组	$U_{AB}I_A$ →	$U_{BC}I_B$ ↓	$U_{CA}I_C$ ←	0 ↑
1-2			●	
3-4	●			
5-6	●	●		
7-8		●	●	
9-10		●	●	●
11-12	●			
13-14	●	●		●
15-16			●	
17-18	●		●	●
19-20		●		

S₁触点状态

触点组	本机 ↖	外电 ↑	并联 ↗
1-2		●	
3-4		●	
5-6		●	
7-8	●		●
9-10	●		●
11-12	●		●
17-18	●		
19-20	●		

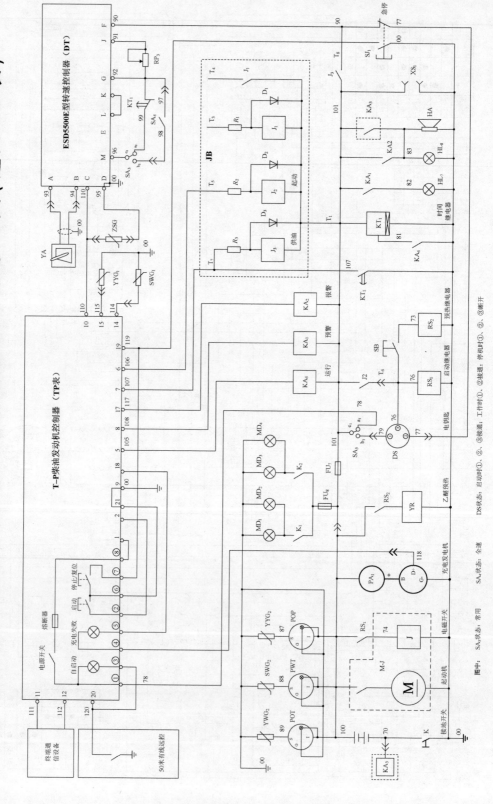

附录 12　P52.28.26a 型控制屏直流电路原理图（进口 TP 表）

附录 13　P50.25.25 型控制屏电路接线图

附录 14　P50.25.25 型控制屏电路原理图

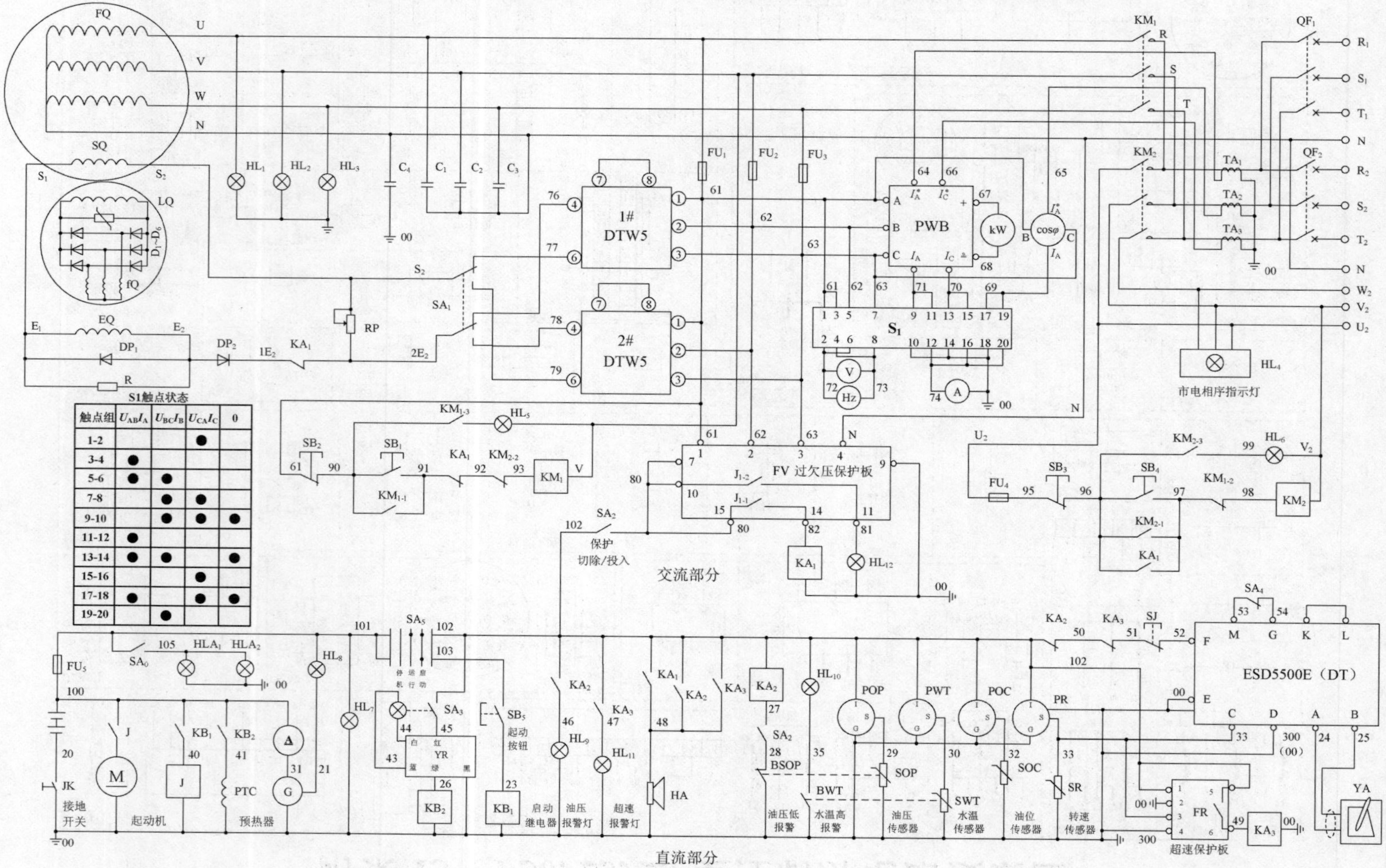

S1触点状态

触点组	$U_{AB}I_A$	$U_{BC}I_B$	$U_{CA}I_C$	0
1-2			●	
3-4	●			
5-6	●	●		
7-8		●	●	
9-10		●	●	●
11-12	●			
13-14	●	●		●
15-16			●	
17-18	●		●	●
19-20		●		

附录 15　P52.28.26a 型控制屏电路接线图

附录 16 P52. 28. 26a 型控制屏电路(交流部分)原理图

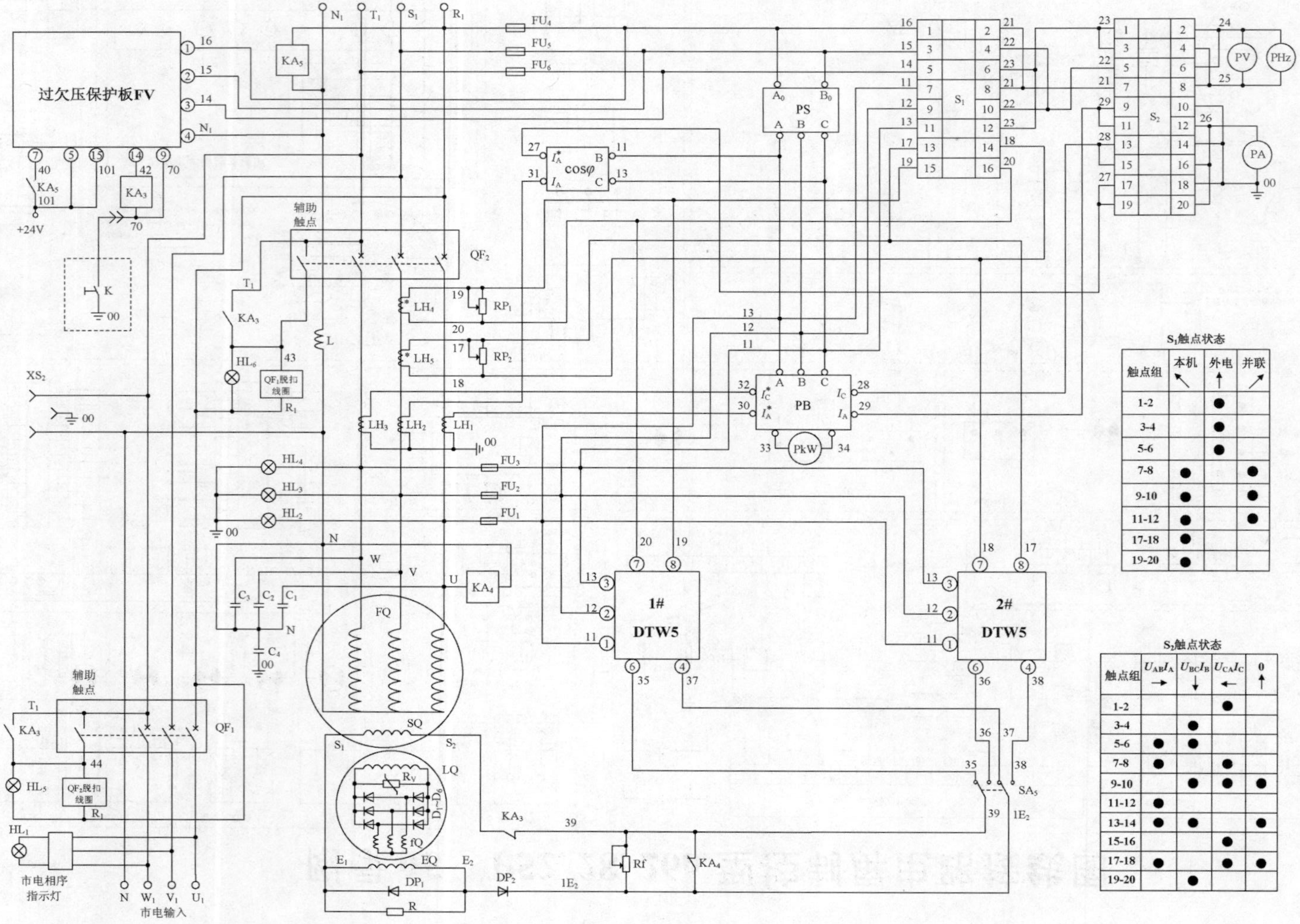

S₁触点状态

触点组	本机 ↖	外电 ↑	并联 ↗
1-2		●	
3-4		●	
5-6		●	
7-8	●		●
9-10	●		●
11-12	●		●
17-18	●		
19-20	●		

S₂触点状态

触点组	$U_{AB}I_A$ →	$U_{BC}I_B$ ↓	$U_{CA}I_C$ ←	0 ↑
1-2			●	
3-4		●		
5-6	●	●		
7-8	●		●	
9-10		●	●	●
11-12	●			
13-14	●	●		●
15-16			●	
17-18	●		●	●
19-20		●		

附录 17 P52.28.26a 型控制屏电路（直流部分）原理图

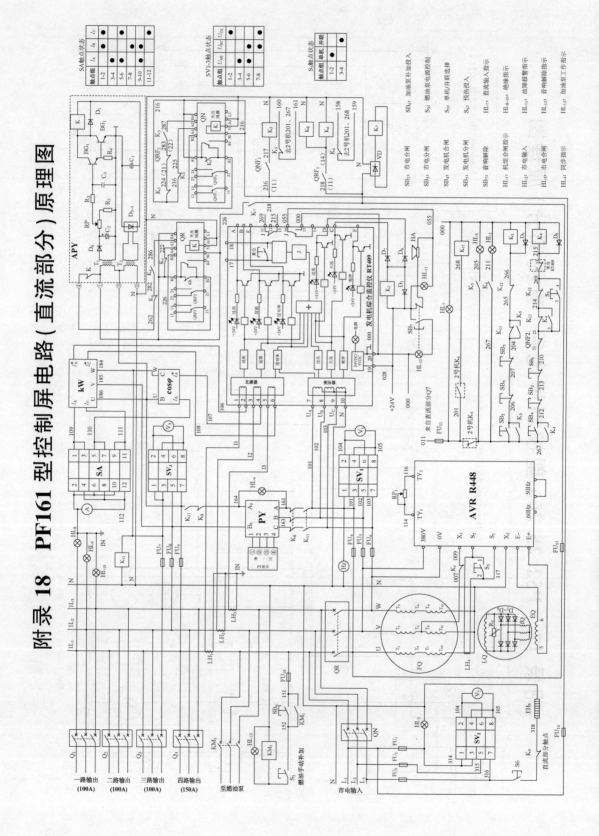

附录18 PF161型控制屏电路（直流部分）原理图

附录 19 PF161 型控制屏电路（交流部分）原理图

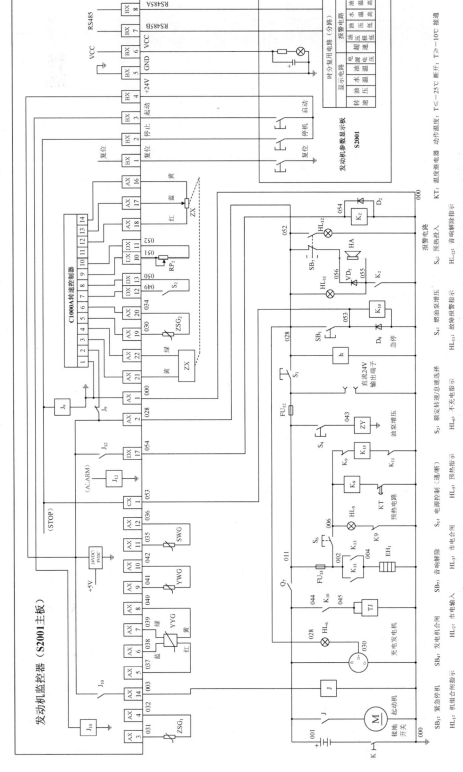

附录 20 主控制柜、开联控制柜电路原理图

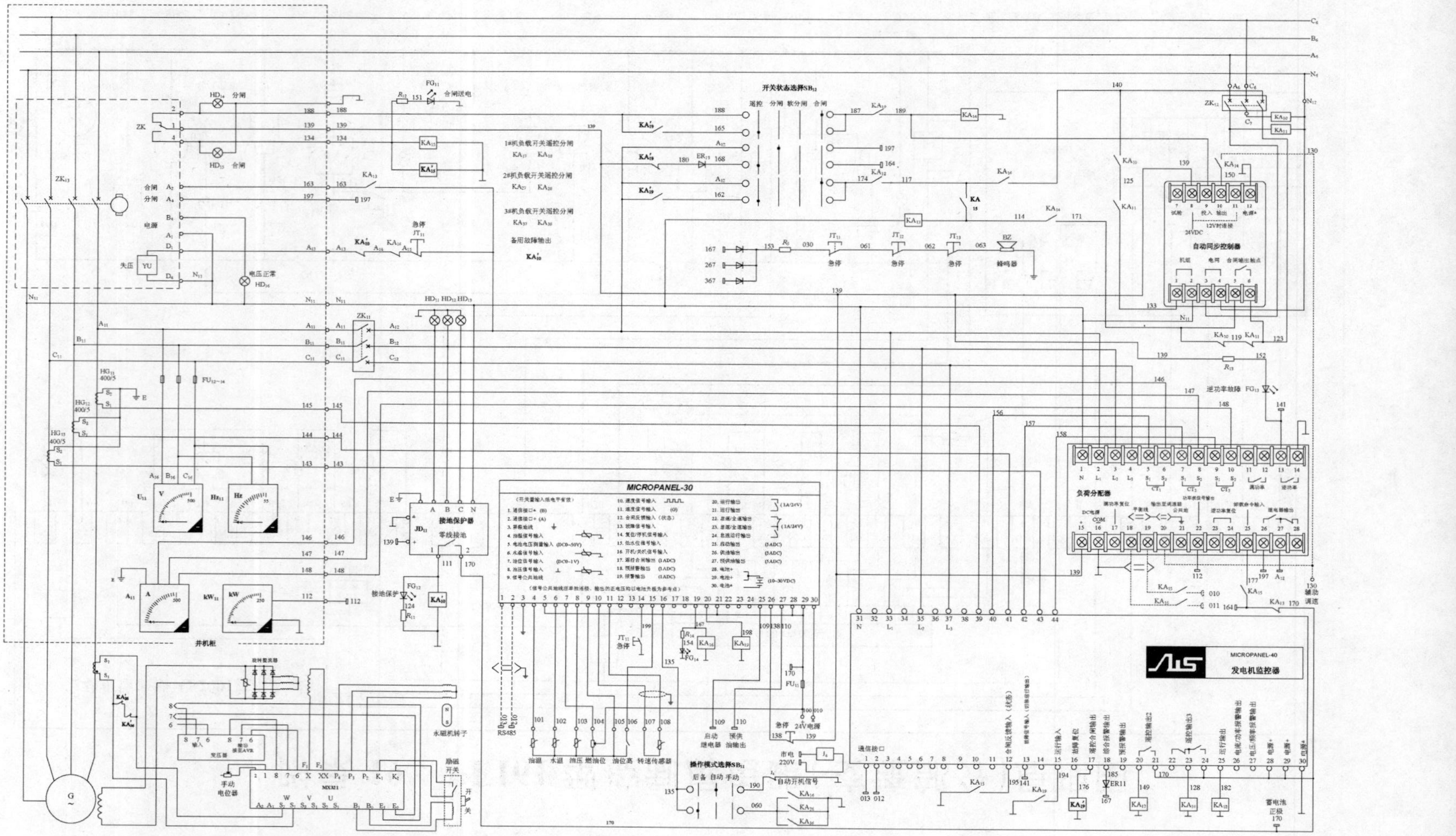

附录 21 ATS 切换控制柜电路原理图

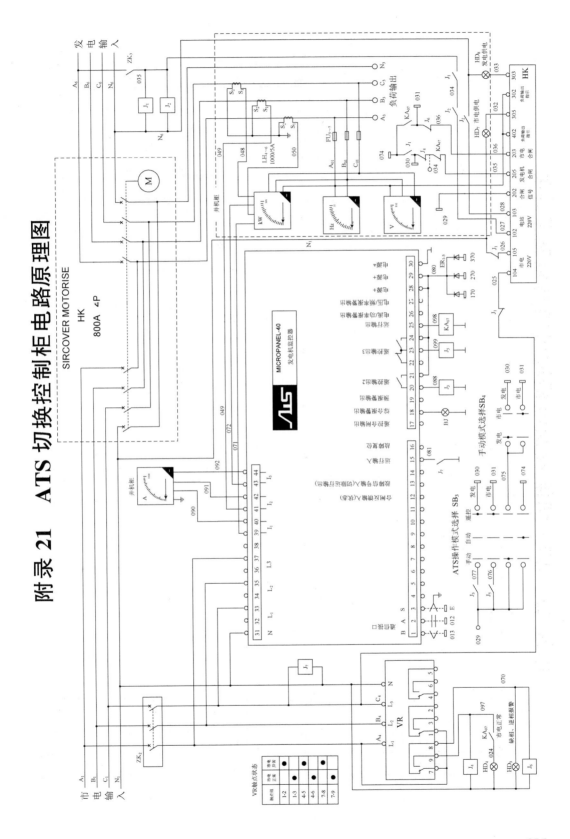

305

附录22 ATS切换及配电柜输出控制电路原理图

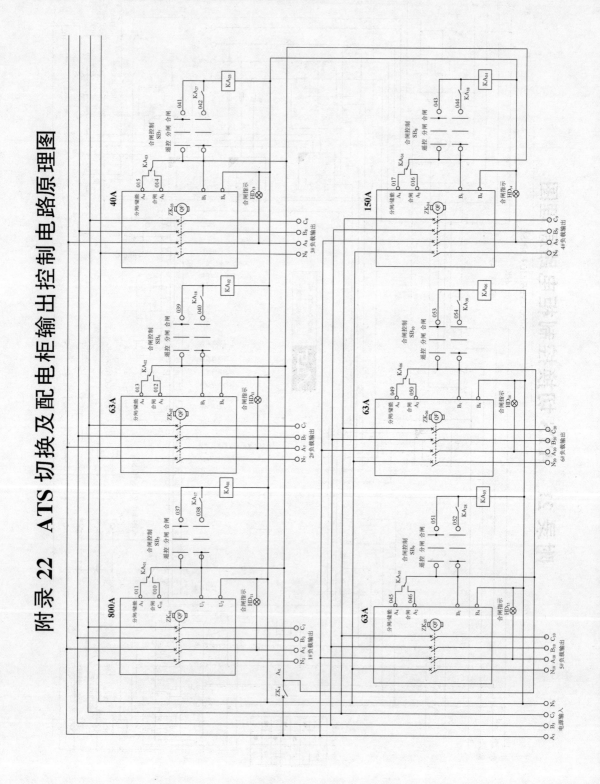

参 考 文 献

[1] 陈汉友,张友荣,等.发电机与配电箱设备[G].武汉:空军雷达学院,1995.
[2] 张友荣.军用电站供配电系统[G].武汉:空军雷达学院,2009.
[3] 李尊许.内燃机维护与修理[G].桂林:空军高炮学院,1992.
[4] 赵新房,孟庆利,许友,等.教你检修柴油发电机组[M].北京:电子工业出版社,2007.
[5] 黄国治,傅丰礼.中小旋转电机设计手册[M].2版.北京:中国电力出版社,2014.
[6] 冯静.简明电工手册[M].北京:电子工业出版社,2009.
[7] 白玉岷.仪表电工实用技术技能[M].北京:机械工业出版社,2011.
[8] 郑州众智科技股份有限公司.HGM6110K型发电机组控制器用户手册[G].郑州:郑州众智科技股份有限公司,2014.
[9] 郑州众智科技股份有限公司.HGM93××MPU(CAN)系列发电机组控制器用户手册[G].郑州:郑州众智科技股份有限公司,2014.